环保公益性行业科研专项经费项目系列丛书

稀散多金属采选冶废弃物减量化、资源化与污染控制研究

姚　俊　倪　文　刘兴宇　周建民　高　巍

刘建丽　王　飞　张明江　王　琼　朱潇哲　　　著

U0389214

科 学 出 版 社

北 京

内 容 简 介

本书根据学科发展和国家重大需求及"可持续发展"战略，由中国地质大学（北京）、北京科技大学、有研科技集团有限公司与生态环境部华南环境科学研究所等院所教师共同编写而成。

本书以稀散多金属采选冶集中区的环境保护与可持续发展为主线，系统阐述稀散多金属矿区尾矿库重金属污染特征、微生物分布特点、重金属与浮选药剂复合生态毒理效应，尾矿库风险评估方法和模型构建，新型深部充填减量化技术和微生物原位成矿技术工程应用等内容。全书共分为尾矿库重金属和微生物分布调查、稀散多金属采选冶废弃物污染源风险评估、稀散多金属采选冶废弃物减量化、资源化及污染控制技术和稀散多金属采选冶废弃物污染控制技术示范工程四章。

本书可供地球科学、矿物加工工程、环境科学与工程和生态修复工程等领域的学生和相关科研人员阅读参考。

图书在版编目（CIP）数据

稀散多金属采选冶废弃物减量化、资源化与污染控制研究/姚俊等著.
—北京：科学出版社，2020.5

（环保公益性行业科研专项经费项目系列丛书）

ISBN 978-7-03-064989-8

Ⅰ. ①稀… Ⅱ. ①姚… Ⅲ. ①稀散金属–有色金属冶金–废物综合利用–研究②稀散金属–有色金属冶金–污染防治–研究 Ⅳ. ①X758

中国版本图书馆 CIP 数据核字 (2020) 第 072252 号

责任编辑：霍志国 李丽娇/责任校对：杜子昂
责任印制：吴兆东/封面设计：东方人华

科 学 出 版 社 出版
北京东黄城根北街 16 号
邮政编码：100717
http://www.sciencep.com

北京中石油彩色印刷有限责任公司 印刷
科学出版社发行 各地新华书店经销
*
2020 年 5 月第 一 版 开本：787×1092 1/16
2020 年 5 月第一次印刷 印张：14 3/4
字数：342 000

定价：118.00 元
（如有印装质量问题，我社负责调换）

《环保公益性行业科研专项经费项目系列丛书》
编著委员会

顾　问　黄润秋
组　长　邹首民
副组长　王开宇
成　员　禹　军　　陈　胜　　刘海波

环保公益性行业科研专项经费项目系列丛书
序　言

目前，全球性和区域性环境问题不断加剧，已经成为限制各国经济社会发展的主要因素，解决环境问题的需求十分迫切。环境问题也是我国经济社会发展面临的困难之一，特别是在我国快速工业化、城镇化进程中，这个问题变得更加突出。党中央、国务院高度重视环境保护工作，积极推动我国生态文明建设进程。党的十八大以来，按照"五位一体"总体布局、"四个全面"战略布局以及"五大发展"理念，党中央、国务院把生态文明建设和环境保护摆在更加重要的战略地位，先后出台了《环境保护法》、《关于加快推进生态文明建设的意见》、《生态文明体制改革总体方案》、《大气污染防治行动计划》、《水污染防治行动计划》、《土壤污染防治行动计划》等一批法律法规和政策文件，我国环境治理力度前所未有，环境保护工作和生态文明建设的进程明显加快，环境质量有所改善。

在党中央、国务院的坚强领导下，环境问题全社会共治的局面正在逐步形成，环境管理正在走向系统化、科学化、法治化、精细化和信息化。科技是解决环境问题的利器，科技创新和科技进步是提升环境管理系统化、科学化、法治化、精细化和信息化的基础，必须加快建立持续改善环境质量的科技支撑体系，加快建立科学有效防控人群健康和环境风险的科技基础体系，建立开拓进取、充满活力的环保科技创新体系。

"十一五"以来，中央财政加大对环保科技的投入，先后启动实施水体污染控制与治理科技重大专项、清洁空气研究计划、蓝天科技工程专项等专项，同时设立了环保公益性行业科研专项。根据财政部、科技部的总体部署，环保公益性行业科研专项紧密围绕《国家中长期科学和技术发展规划纲要（2006—2020年）》、《国家创新驱动发展战略纲要》、《国家科技创新规划》和《国家环境保护科技发展规划》，立足环境管理中的科技需求，积极开展应急性、培育性、基础性科学研究。"十一五"以来，环境保护部（现生态环境部）组织实施了公益性行业科研专项项目479项，涉及大气、水、生态、土壤、固废、化学品、核与辐射等领域，共有包括中央级科研院所、高等院校、地方环保科研单位和企业等几百家单位参与，逐步形成了优势互补、团结协作、良性竞争、共同发展的环保科技"统一战线"。目前，专项取得了重要研究成果，已验收的项目中，共提交各类标准、技术规范1232项，各类政策建议与咨询报告592项，授权专利626项，出版专著367余部，专项研究成果在各级环保部门中得到较好的应用，为解决我国环境问题和提升环境管理水平提供了重要的科技支撑。

为广泛共享环保公益性行业科研专项项目研究成果，及时总结项目组织管理经验，环境保护部（现生态环境部）科技标准司组织出版环保公益性行业科研专项经费系列丛书。

该丛书汇集了一批专项研究的代表性成果，具有较强的学术性和实用性，是环境领域不可多得的资料文献。丛书的组织出版，在科技管理上也是一次很好的尝试，我们希望通过这一尝试，能够进一步活跃环保科技的学术氛围，促进科技成果的转化与应用，不断提高环境治理能力现代化水平，为持续改善我国环境质量提供强有力的科技支撑。

中华人民共和国生态环境部部长
黄润秋

目　录

绪　　论

  我国是有色及稀散金属资源大国，产量更是在全球具有重要地位。其中铟资源约占世界探明储量的 62%；锑资源储量占全球总量的 2/5，我国是世界上锑资源出口量最大的国家，占据世界锑交易额的 90%；新发现的位于内蒙古准格尔的超大型镓矿床，镓的储量达我国目前探明储量的 8.5 倍，并将全世界镓的工业储量一举提高将近一倍；已探明的锗储量中，我国居世界第二，但产量和出口量居世界第一。

  我国有色及稀散金属矿的一个重要特征，是以多种有色及稀散金属共伴生为主，复杂难选贫矿多，易选富矿少。以我国有色金属资源重要基地——广西河池南丹县大厂矿田为例，矿体中伴生有铟、镓、镉等稀散金属，以及锑、锡、铅、锌、砷、铜等金属及类金属。大厂矿田铟资源保有储量占全国 87.6%。2013 年，广西铟的产量占全球的 28%，居世界首位；镉金属储量保有近 2 万吨，位居单体矿田储量前列；探明锑储量 82 万吨，约占全国的 41.3%；探明的锡、铅、锌等金属储量位于我国单体矿田储量前列。

  稀散有色金属矿的开发利用给我国带来巨大的经济效益，与此同时也带来了严重的环境重金属污染。稀散有色金属矿经开采、选、冶加工后，会遗留大量的尾矿渣、冶炼渣和各种尘泥。目前我国的稀散有色金属尾矿除少量用于胶结充填采矿和生产建筑材料外，大部分在尾矿库中堆存处置。已闭库的老尾矿大多还含有较多的黄铁矿、磁黄铁矿、砷黄铁矿、方铅矿、黄铜矿、闪锌矿、辰砂、雄黄、雌黄等矿物，从地球生物化学角度检视，上述尾矿库中硫化矿物尾矿在浮选废水浸泡下，在水、氧气及微生物的作用下，将进一步催化溶出并形成含重金属废水，源源不断地从尾矿库中渗出，进入地下或地表水系。另外，稀散有色金属尾矿保水性差，呈砂质，易随风飘向周边，扬起大量的粉尘，粉尘进入土壤还会造成土壤沙化，降低耕地的质量，不利于植物生长。土壤及溶出水中重金属污染不仅会降低土壤肥力和农作物的产量与品质，而且会恶化环境，并通过食物链危及人类的生命和健康。而有色冶炼渣和各种尘泥部分被作为危险固体废弃物，需要花费高昂的代价进行地表处置和管理，并积累了越来越大的企业负担和环境安全威胁；此外有色冶炼渣和各种尘泥被随意堆存或丢弃，正在给环境造成严重污染。如果尾矿库或湿法冶炼堆场发生意外状况，会酿成灾难性后果。以大厂矿区所在的河池市为例，1999年 6 月，暴雨引发的山洪冲垮了广西河池环江的多家选矿场，尾砂和废水冲入环江，使650 公顷农田受重金属污染，380 公顷田地因严重污染而废弃。2000 年 10 月 18 日上午，广西南丹大厂镇鸿图选矿厂尾矿库垮坝，尾砂 1 万多立方米倾泻而出，除造成人员当场死亡和财产受损失外，尾砂中的重金属给下游的河道和农田造成了难以恢复的灾难。特别是 2012 年 1 月 15 日发生的广西河池龙江段的镉污染事件，估算入河镉金属量超 20吨，造成沿河的 4 万千克成鱼和 100 多万尾鱼苗死亡，河流下游饮用水源取水中断，虽然采取了紧急措施，但该河段受到的重金属污染影响短期内难以消除。

  从全国范围来看，重金属污染已经成为当前严重的环境问题。我国每年因重金属污染导致的粮食减产超过 1000 万吨，被重金属污染的粮食多达 1200 万吨，合计经济损失至少 200 亿元。据农业部环境监测系统近年的调查，我国 24 个省(市)城郊、污水灌溉区、工矿等经济发展较快地区的 320 个重点污染区中，污染超标的大田农作物种植面积为60.6 万公顷，占调查总面积的 20%。其中重金属含量超标的农作物种植面积约占污染物超标农作物种植面积的 80%以上，尤其是 Pb、Cd、Hg、Cu 及其复合污染最为突出。全国每年因污灌而引起的粮食减产达 25 亿千克，被污染的粮食有 50 多亿千克。

重金属污染的治理问题已成为当前环境科学界的重大课题。稀散多金属采选冶集中区是我国重金属污染的重要源头。稀散多金属采选冶集中区重金属污染问题已经成为周边社会风险诱因并严重影响周边农业用水及城市用水安全。例如，大厂矿区所处的河池市，其环江和龙江河水系均经柳江汇入珠江。因此河池市的重金属污染直接威胁着下游珠江水系的整体水环境安全，并影响对港澳地区的饮用水安全保障。河池市也是广西壮族自治区少数民族的聚居地，地处与贵州省的交界处，境内聚居着壮族、汉族、瑶族、仫佬族、毛南族、苗族、侗族、水族等多个少数民族，少数民族人口 317.71 万，占总人口的 83.67%，是广西壮族自治区少数民族聚居最多的地区之一。稀散有色金属污染控制及资源开发相关产业的可持续发展对于进一步加强民族团结和维护社会稳定具有重要的基础作用。

重金属污染防治采取"源头控制和污染治理"相结合已是国内外共同遵循的基本原则。传统的重金属污染治理方法存在修复成本高、需要扰动土壤结构、只能小面积治理等不足。在这种背景下对环境扰动少、修复成本低且能大面积推广的尾矿库重金属污染微生物源头固化控制技术应运而生，为重金属污染治理提供了新途径，具有广阔的应用前景。

从环保和安全角度来说，稀散多金属采选冶废弃物是重大的污染源和危险源，控制固体废弃物污染特别是矿业固体废弃物，成为中国环境保护领域的重要问题之一。开展稀散多金属矿采选冶废弃物的风险评估，建立稀散多金属采选冶废弃物污染风险数据库和风险评估技术规范，并在此基础上，研究稀散多金属矿尾矿库污染场地的处理处置技术，建立污染场地综合修复技术体系是非常重要和必要的。研究建议的稀散多金属采选冶废弃物减量化、资源化与污染控制及环境管理研究，构建稀散多金属矿尾矿库重金属污染生态控制与修复的科技研发、工程建设及生产、项目运行以及安全管理等环节的技术与管理标准体系，注重相关方面的政策、法律法规、标准等方面的研究和制度建设，能够准确评价稀散多金属矿尾矿库土壤质量状况，及时发现土壤重金属污染并采取控制与修复措施；同时有效预防复垦作物的重金属污染，规范稀散多金属矿区复垦管理及工作程序，进而促进相关产业及区域经济的健康发展，保护矿区及周边环境和确保相关人群身体健康，必将产生显著的社会经济及环境安全效益。

本书针对我国含稀散金属多金属硫化矿采选冶废弃物易引起氧化淋溶、存在溃坝风险和对周边及重大流域构成的严重环境威胁等问题，研究采选冶废弃物处置环境风险评估方法，建立稀散多金属采选冶废弃物处理处置污染控制技术评估方法；利用冶炼废渣及尾矿库内堆存尾矿，研发新型膏体充填减量化、资源化技术；针对在运行尾矿库，利用硫酸盐还原菌及寡营养铁还原菌研发尾矿库尾矿微生物原位成矿修复技术；针对待闭库及无主尾矿库，基于矿物学-生物地球化学协同作用，研发重度污染区的多层强还原矿化修复技术；组合应用上述技术，在典型稀散金属多金属采选冶集中区开展技术示范和技术评估；最终形成"基于风险控制的稀散金属采选冶废弃物减量化、资源化处理与处置和污染控制方案"，为我国稀散金属多金属污染防控提供技术支撑和工程示范。

第1章 尾矿库重金属和微生物分布调查

1.1 中国广西多座尾矿库重金属污染特征研究

1.1.1 尾矿库的选取与样品采集

于南丹县内以大厂镇、车河镇为中心的典型多金属尾矿库集中区中,选取了11座尾矿库进行尾矿样品的采集。采样尾矿库位置如图1-1所示。

选取的11座尾矿库中,尾矿库C、F、H、J、K为现役尾矿库,尾矿库A、B、D、E、G、I为闭库2年以上的闭库尾矿库。

每座尾矿库内,采用均匀布点法,根据尾矿库可采样区域大小的不同,设置至少三个采样点位;在每个采样点位,在允许的条件下分别采集表面0~20 cm、0.5 m深两个深度的样品,并在该点位的周围分别采集表面样品三次,然后混合均匀作为一个样品,并详细记录采样点环境状况,所有样品保存在密封的塑料封口袋中。所有尾矿样品置于4℃条件下保存备用。

1.1.2 尾矿样品的理化性质及重金属含量

1. 尾矿样品的理化性质

使用电位法测定尾矿样品的pH及电导率(electrical conductivity,EC)。测定结果如

(a)

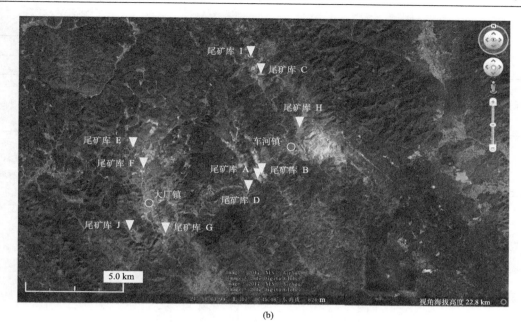

(b)

图 1-1　尾矿库集中区十余座尾矿库采样位点图

(b) 为 (a) 中方框的放大图

表 1-1 所示。所测样品的 pH 和 EC 值符合正偏态分布。其中 pH 表现为向右偏的峰，偏度为 −2.94；EC 值表现为向左偏的峰，偏度为 1.32，如图 1-2 所示。

表 1-1　尾矿库集中区尾矿样品理化参数统计表

理化参数		pH	EC	重金属总量/(mg/kg)						
				As	Cd	Cr	Cu	Pb	Sb	Zn
样品量		109	109	111	111	111	111	111	111	111
几何平均值		6.82	1.17	7790.90	29.10	8.51	105.29	698.46	1003.74	2817.91
算术平均值		7.06	1.53	13573.37	37.35	14.51	168.34	1499.89	1843.91	3864.08
标准偏差		1.38	1.04	18099.42	26.62	14.16	167.02	2779.15	2754.15	2904.56
变异系数/%		19.57	67.79	133.35	71.26	97.63	99.21	185.29	149.36	75.19
最小值		1.79	0.09	417.04	2.38	ND[1]	5.89	54.58	54.31	135.69
百分位值	10[th2]	6.74	0.42	1932.05	10.69	2.07	25.04	220.79	260.46	996.63
	25th	7.27	0.66	4232.13	18.33	3.56	51.90	317.44	396.64	1734.31
	50th	7.44	1.56	8832.79	28.90	8.53	105.80	562.32	1035.15	2942.21
	75th	7.57	2.19	18023.07	49.10	22.23	219.60	1302.37	2103.65	5233.46
	90th	7.76	2.35	26469.60	74.17	35.35	430.74	3476.15	3377.81	7301.24
最大值		8.25	5.71	123993.13	152.05	75.50	1009.47	21870.13	18039.11	15018.94
峰度		7.35	3.30	19.59	3.09	2.76	5.32	28.16	16.10	2.62
偏度		−2.94	1.32	3.99	1.53	1.54	1.96	4.71	3.74	1.45

续表

理化参数	pH	EC	重金属总量/(mg/kg)						
			As	Cd	Cr	Cu	Pb	Sb	Zn
广西土壤背景值	—	—	20.5	0.267	82.1	27.8	21	2.93	75.6
土壤环境质量三级标准 [3]	—	—	40	1.0	300	400	500	—	500
土壤修复行动值 [4]	—	—	80	22	610	600	600	82	1500

1) 未检出：以检出限(0.400 mg/kg)的 1/2 参加统计。

2) 10th 表示该样本中所有数值由小到大排列后第 10% 的数字；25th、50th、75th、90th 含义类似。其中，50th 又称"中位数"。

3) 《土壤环境质量标准》(GB 15618—1995)；该标准中并无 Sb 元素限值。考虑到 As 与 Sb 具有类似的性质，参考《展览会用地土壤环境质量评价标准(暂行)》(HJ 350—2007)，设定 Sb 元素三级标准限值为 40 mg/kg。

4) 《展览会用地土壤环境质量评价标准(暂行)》(HJ 350—2007)。

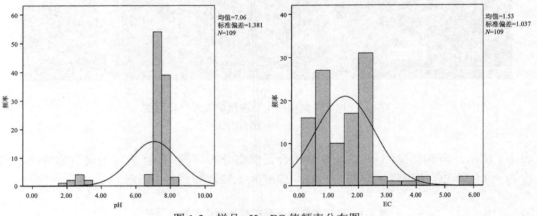

图 1-2　样品 pH、EC 值频率分布图

样品 pH 趋于碱性偏中性(1.79～8.25，平均值 7.06，中位值 7.44)。部分尾矿样品呈较强酸性的原因是尾矿中剩余的金属硫化物风化淋溶，释放大量的酸，使尾矿 pH 降低。

而大部分样品呈弱碱性则与选冶过程有关：混合浮选硫化矿流程中加入的大量浮选药剂硫化钠、碱石灰与矿物结合牢固，残留的碱性药剂随尾矿进入尾矿库中。产酸反应和酸碱中和反应相互作用使 pH 保持平衡，最终维持在中性或弱碱性。

尾矿样品 EC 值(0.09～5.71 mS/cm，平均值 1.53 mS/cm，中位值 1.56 mS/cm)显著高于普通土壤，甚至高于矿区重金属污染土壤，表明样品中含盐量较高，考虑到电导率与重金属有效态含量之间的正相关关系，高电导率表明样品中重金属有效态及总量明显高于普通矿区重金属污染土壤。同时，样品的 EC 值变异系数达到 67.79%，说明样品 EC 值差异比较明显，体现了样品间的不均一性。

2. 尾矿样品的重金属总量

使用王水消解尾矿样品中的重金属，电感耦合等离子体发射光谱仪(inductively coupled plasma optical emission spectrometer，ICP-OES)测定消解液中的重金属总量。选取的测定元素为 As、Cd、Cr、Cu、Pb、Sb、Zn。

样品的测定中，使用两种与被测尾矿样品组成相似的成分分析标准物质——土壤成分分析标准物质黄红壤[GBW 07405(GSS-5)]及多金属贫矿石成分分析标准物质[GBW 07162(GSO-1)]以及不小于10%的平行双样进行质量保证和质量控制。测定结果显示,所测定的元素 As、Cd、Cr、Cu、Pb、Sb、Zn 的标准物质加标回收率均在85%～110%之间,平行双样相对偏差均小于15%,符合相关质量控制要求,测定结果准确可信(表1-2)。

表1-2 方法质量保证与质量控制

元素	测定波长 /nm	检出限 /(mg/kg)	平行双样测定相对偏差 /%	加标回收率/%	
				GSO-1 (n=6)	GSS-5 (n=6)
As	193.696	2.00	0.34～7.54	98.82～109.83	102.3～209.84
Cd	226.502	0.100	0.30～7.07	100.65～108.41	92.0～205.56
Cr	267.716	0.400	0.96～9.52	—	90.13～93.12
Cu	324.754	0.100	0.78～9.69	106.21～110.74	87.60～96.95
Pb	220.353	1.00	0.15～10.02	105.45～113.25	99.05～108.13
Sb	206.833	0.600	0.27～11.06	100.67～108.86	99.29～106.86
Zn	213.856	0.100	0.19～6.21	104.58～107.26	98.45～104.28

注:《土壤和沉积物 12种金属元素的测定 王水提取-电感耦合等离子体质谱法》(HJ 803—2016)规定,As、Cr、Cu、Pb、Zn的相对偏差应小于30%,Cd、Sb的相对偏差应小于40%。As、Cd、Cr、Cu、Pb、Zn的加标回收率应控制在70%～125%之间,Sb的加标回收率应控制在50%～125%之间。

7种重金属元素的测定结果如表 1-1 所示。各重金属总量的分布均表现为向左偏的峰,说明这些元素的分布特征符合正偏态分布,如图 1-3 所示。

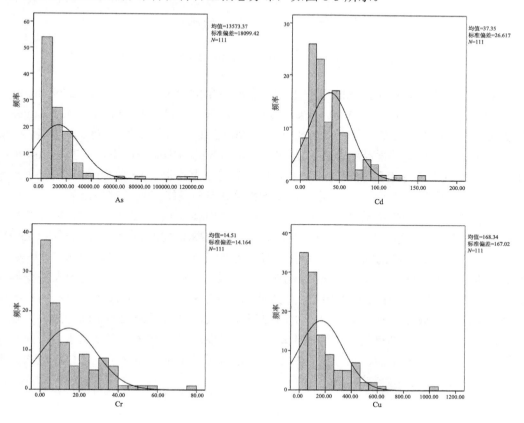

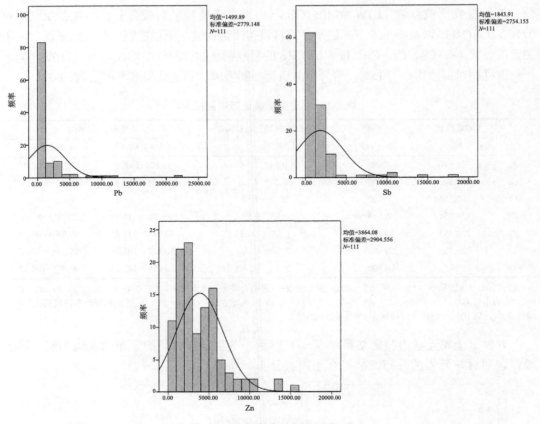

图 1-3　重金属总量频率分布图

　　As、Cd、Cr、Cu、Pb、Sb、Zn 七种重金属总量的中位值分别为 8832.79 mg/kg、28.90 mg/kg、8.53 mg/kg、105.80 mg/kg、562.32 mg/kg、1035.15 mg/kg、2942.21 mg/kg，分别为土壤环境质量三级标准的 220.82 倍、28.90 倍、0.028 倍、0.2645 倍、1.12 倍、25.88 倍、5.88 倍，可知尾矿样品中 As、Cd、Sb、Zn、Pb 的污染比较严重，尤其是 As、Cd、Sb 三种，超过土壤环境质量三级标准限值几十倍甚至上百倍。As 和 Sb 更是超过了土壤修复行动值十数倍至上百倍，说明当地重金属污染问题亟待修复治理加以解决。

　　七种重金属的变异系数（标准偏差/算术平均值×100%）范围在 71.26%（Cd）～185.29%（Pb）之间。根据变异系数分类标准，变异系数高于 100% 的重金属 As（133.35%）、Sb（149.36%）、Pb（185.29%）为高度变异，变异系数介于 10% 至 100% 的 Cd（71.26%）、Zn（75.19%）、Cr（97.63%）、Cu（99.21%）四种重金属元素则为中度变异。较大的变异系数，说明重金属在尾矿中分布不均匀，尤其是 Pb（185.29%）、Sb（149.36%）、As（133.35%）三种重金属，相较于其他重金属具有更高的变异系数，显示了较大的空间异质性。这一方面是由于样品本身具有类似土壤的不均一性的特性；另一方面，则是由于各个尾矿库之间使用年限、尾矿来源、处理工艺的不同，导致尾矿中重金属含量变化范围较大，即人类工业活动对其具有影响。

3. 尾矿样品的重金属酸浸出量

参考中华人民共和国环境保护行业标准《固体废物　浸出毒性浸出方法　硫酸硝酸法》(HJ/T 299—2007)，以硝酸/硫酸混合溶液为浸提剂，模拟废物在不规范填埋处置、堆存或经无害化处理后废物的土地利用时，其中的有害组分在酸性降水的影响下，从废物中浸出而进入环境的过程。

使用 ICP-OES 测定硝酸/硫酸浸出液中 As、Cd、Cr、Cu、Pb、Sb、Zn 等七种重金属的含量，将测定结果对照中华人民共和国国家标准《危险废物鉴别标准　浸出毒性鉴别》(GB 5085.3—2007)进行判别，发现有 31 个点位的浸出液中的某种有毒有害成分超过标准限值，因此判定此 31 个点位的尾矿为具有浸出毒性特征的危险废物。其中，24 个点位锑(Sb)超标，6 个点位砷(As)超标，1 个点位锑、砷均超标，如表 1-3 所示。

表 1-3　硝酸/硫酸浸出液中的重金属浓度与毒性鉴别标准限值比较表(n=108)

	As	Cd	Cr	Cu	Pb	Sb	Zn
浸出浓度限值	5	1	15	100	5	—	100
超标点位	7	0	0	0	0	25	0

注：该标准中并无 Sb 元素限值。考虑到 As 与 Sb 具有相似化学毒理性质，参考《生活饮用水卫生标准》(GB 5749—2006)，本研究设定 Sb 元素浸出浓度限值为 2。

考虑到硝酸/硫酸浸出液及尾矿样品中较高的 Cd 含量，因此选定 As、Sb、Cd 三种元素的酸浸出量(记为 H-As、H-Sb、H-Cd)、总量(记为 As、Sb、Cd)与 pH 及 EC 值进行相关性分析，结果如表 1-4 所示。

表 1-4　三种重金属硝酸/硫酸浸出量、总量、pH 与 EC 之间的相关性分析

	pH	EC	As	Cd	Sb
H-As	−0.611**	0.525**	−0.047	—	—
H-Cd	−0.580**	0.382**	—	−0.002	—
H-Sb	0.171	−0.029	—	—	0.233*

*在 0.05 水平(双侧)上显著相关；

**在 0.01 水平(双侧)上显著相关。

由表 1-4 可知，pH 与 H-As、H-Cd 显著负相关(P<0.01)，说明 As、Cd 两种重金属的硝酸/硫酸浸出量与尾矿样品的酸性显著正相关。酸性环境改变了尾矿中 As、Cd 两种重金属的迁移性，使得两种重金属更容易被酸性降水浸出，进而进入周边环境造成污染。另外，偏酸性的环境促进了部分元素的释放，提高了尾矿样品的含盐量，进而导致了 EC 值的升高，这解释了 EC 与 H-As、H-Cd 的显著正相关性(P<0.01)。

值得注意的是，H-Sb 与 pH 正相关、与 EC 负相关且相关性较差、无显著性，但是H-Sb 与 Sb 总量之间还是存在较显著正相关(P<0.05)，是唯一显示出了酸浸出量与总量正相关关系的元素，说明元素 Sb 在尾矿样品中较为稳定，其可溶出部分不易受到理化条件变化的影响。

1.1.3 尾矿样品理化性质及重金属的多元统计分析

1. 理化性质与重金属总量的相关性分析

使用 SPSS Statistics 21 进行样品理化性质与重金属总量的相关性分析，计算得到相应的 Pearson 相关系数。Pearson 相关系数矩阵如表 1-5 所示。

表 1-5　尾矿样品重金属含量、pH 与 EC 的相关性分析

	pH	EC	As	Cd	Cr	Cu	Pb	Sb	Zn
pH	1								
EC	−0.694**	1							
As	0.064	−0.094	1						
Cd	0.129	0.030	0.416**	1					
Cr	0.052	0.022	−0.002	0.019	1				
Cu	0.031	0.048	0.562**	0.566**	0.339**	1			
Pb	−0.413**	0.503**	0.102	0.235*	−0.147	0.106	1		
Sb	−0.282**	0.388**	0.011	0.198**	0.223*	0.111	0.830**	1	
Zn	0.170	0.022	0.393**	0.982**	−0.011	0.566**	0.222*	0.154	1

*在 0.05 水平(双侧)上显著相关；

**在 0.01 水平(双侧)上显著相关。

分析 pH、EC 与不同的重金属总量之间的 Pearson 相关系数，发现 EC 与 pH 呈显著负相关，同时与 Pb、Sb 呈显著正相关($P<0.01$)，说明尾矿样品的酸性与电导率值、Pb 及 Sb 总量之间具有显著正相关性，这可能是由于样品中高含量的 Pb、Sb 以硫化矿物的形式存在，风化淋溶过程中的产酸过程释放的酸使得尾矿 pH 降低；而酸性尾矿促进了部分元素的释放，提高了尾矿含盐量，进而导致了 EC 值的升高。

对不同重金属总量之间的相关性而言，Pb 与 Sb 之间具有显著正相关性($P<0.01$)，表明二者的来源、污染水平相似。同时，As、Cd、Cu、Zn 互相之间的正相关性也非常显著($P<0.01$)，尤其是 Cd 与 Zn 之间的正相关性极高，表明这四种重金属——尤其是 Cd 与 Zn——来源、污染水平相类似。由于尾矿库中的尾矿是选矿厂的副产物，因此可以判定，相关的铅锌锑采选冶工业活动造成了尾矿库中重金属的富集和污染。

除了上述两大类具有显著相关性的重金属元素组合，Cr 与 Cu($P<0.01$)、Cr 与 Sb($P<0.05$)、Pb 与 Zn($P<0.05$)之间也具有一定的相关性及显著性。

2. 重金属总量的主成分分析

使用 SPSS Statistics 21 进行样品重金属总量的主成分分析。首先对尾矿样品中各种污染物进行因子分析，得出其各种相关指标，发现各污染物之间具有较强的相关性，且 Bartlett 球度检验相伴概率为 0.000，小于显著性水平 0.05，因此本研究中的数据适合于做因子分析，分析结果如表 1-6、表 1-7 所示。

表 1-6　重金属总量的主成分提取

成分	初始特征值			主成分的特征值及贡献率		
	特征值	贡献率/%	累积贡献率/%	特征值	贡献率/%	累积贡献率/%
F1	2.951	42.152	42.152	2.951	42.152	42.152
F2	1.687	24.094	66.245	1.687	24.094	66.245
F3	1.189	16.983	83.228	1.189	16.983	83.228
F4	0.768	10.975	94.203			
F5	0.307	4.383	98.586			
F6	0.084	1.203	99.788			
F7	0.015	0.212	100.000			

表 1-7　主成分的载荷矩阵

重金属类别	主成分		
	F1	F2	F3
As	0.616	−0.308	−0.043
Cd	0.897	−0.162	−0.202
Cr	0.151	−0.048	0.956
Cu	0.769	−0.295	0.325
Pb	0.448	0.840	−0.159
Sb	0.416	0.858	0.217
Zn	0.882	−0.186	−0.232

通过主成分分析计算，尾矿样品中七种重金属污染物(七个变量)的全部信息可由三个特征值大于 1 的主成分 F1、F2 和 F3 反映。它们的特征值之和为 5.827，累积贡献率达到了 83.228%，即此三个主成分可以解释数据中 83.228%的差异性，基本上反映了七种重金属的全部信息，因此可用主成分 F1、F2 和 F3 代表重金属的含量进行讨论。

由表 1-7 载荷矩阵可看出，第一主成分 F1 可以解释 42.152%的差异性，其中重金属 Cd、Zn、Cu、As 占有较高的正载荷，分别为 0.897、0.882、0.769、0.616，由表 1-5 中的 Pearson 相关系数可以看出，As、Cd、Cu、Zn 之间具有较强的正相关性，相关系数从 0.393(As—Zn)至 0.982(Cd—Zn)，可知第一主成分主要支配着尾矿中重金属 Cd 和 Zn 的来源，部分支配 As、Cu 的来源；考虑到这四种重金属含量较高且为中高度变异，可以判定第一主成分代表了人为来源。研究区中，Cd 主要以类质同象形式赋存于闪锌矿中，其在锌的精炼中会作为副产物被释放到环境中，这与本研究发现的 Cd 与 Zn 之间 0.982 的 Pearson 相关系数一致。因此，第一主成分代表了锌、砷采选冶工业活动，推测来源为采选冶过程中使用的锌矿床及其共生、伴生的镉矿、黄铜矿及砷矿等矿石原料。

第二主成分 F2 则可以解释 24.093%的差异性，其中 Sb 和 Pb 分别占有 0.858 和 0.840 的载荷，考虑到此两种重金属极高的浓度和极大的变异系数，因此也判定第二主成分为另一人为来源——铅、锑采选冶工业活动，其来源应当是铅、锑采选冶工业过程中使用的硫锑铅矿$(Pb_5Sb_4S_{11})$、辉锑铅矿$(Pb_9Sb_{22}S_{42})$等铅锑矿物矿石原料。

　　第三主成分 F3 解释了 16.983%的差异性，主要是 Cr(0.956)。考虑到样品中 Cr 的含量极低，甚至其中的最高值都小于广西土壤背景值，因此判定第三主成分 F3 主要表征了地球化学成分的变化对该地的多金属矿物，进而对尾矿中污染物的影响。

　　图 1-4 为各重金属的主成分载荷图。各个重金属元素之间的离散程度较直观地反映出了尾矿中重金属污染物的三个主要来源，即 Zn、Cd、As、Cu(尤其是 Zn 和 Cd)主要来源为锌、砷采选冶工业活动，Pb、Sb 主要来源为铅、锑采选冶工业活动，Cr 主要来源于地球化学成分。该载荷图进一步说明了七种重金属来自三种污染源：锌、砷采选冶过程；铅、锑采选冶过程；地球化学自然来源。

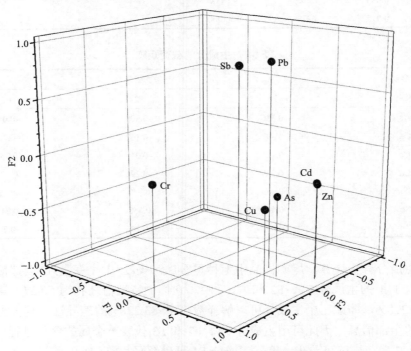

图 1-4　各重金属元素的主成分载荷图

3. 重金属总量的聚类分析

　　聚类分析树状图见图 1-5。由图 1-5 可以看出，Cd、Zn 归为一类型后，进一步分别与 Cu、As 归为一类型，Pb、Sb 归为一类型，Cr 单独归为一类型。这与重金属总量、相关性分析、主成分分析的结果一致，表明 As、Cd、Cu、Zn 四种重金属污染物，尤其是其中的 Cd 与 Zn 来源相似；类似地，Pb、Sb 来源与 As 等四种重金属不同但是比较相似：此六种重金属均来源于采选冶工业活动，推测其污染源为相关有色金属采选冶过程中使用的矿物原料，其中，Zn、Cd、As、Cu(尤其是 Zn 和 Cd)为锌矿床及其共生、伴生的镉矿、黄铜矿及砷矿；Pb、Sb 为硫锑铅矿$(Pb_5Sb_4S_{11})$、辉锑铅矿$(Pb_9Sb_{22}S_{42})$等铅锑矿物。Cr 的来源主要是地球化学背景成分。

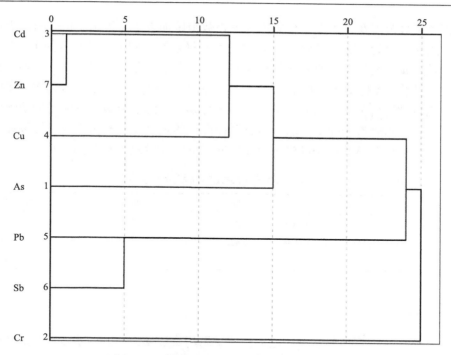

图 1-5　重金属污染物种类聚类分析树状图

1.1.4　尾矿重金属污染评价

1. 单因子指数法和内梅罗指数法

图 1-6 显示了使用单因子指数法及内梅罗指数法评价重金属污染的结果。七种重金

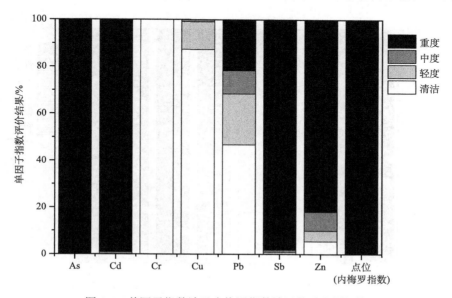

图 1-6　单因子指数法及内梅罗指数法评价重金属污染

属的单因子指数范围及 111 个点位的内梅罗指数范围如表 1-8 所示。可知所有点位的内梅罗指数的最小值为 13.64，远高于 3，说明所有样点都受到了极其严重的重金属污染，被评价为重金属重度污染，所有样品也均被单因子指数法评价为重度 As 污染，且其指数极大，说明采样点位受到了极重的 As 污染；另外，分别有 99.10%、98.20%、81.98%、21.62% 的点位被评价为重度 Cd、Sb、Zn、Pb 污染。不同重金属的单因子指数评价污染顺序为：As>Cd>Sb>Zn>Pb>Cu>Cr。所有采样点位的重金属 Cr 污染等级均被评价为清洁。另外，分别有 87.39%、46.85% 的点位 Cu、Pb 污染等级被评价为清洁。

表 1-8　单因子指数及内梅罗指数范围

	As	Cd	Cr	Cu	Pb	Sb	Zn	内梅罗指数
最小值	10.46	2.38	0.0004	0.015	0.11	1.36	0.27	13.64
平均值	339.33	37.35	0.048	0.42	3.00	46.10	7.73	248.49
最大值	3099.83	152.05	0.25	2.528	43.74	450.98	30.04	2215.53

2. 地累积指数法

图 1-7 显示了使用地累积指数法评价重金属污染的结果。7 种重金属的地累积指数范围及 111 个点位的地累积指数范围如表 1-9 所示。可知所有点位的地累积指数的最小值为 5.38，高于 5，说明所有样点都受到了严重的重金属污染，均被评价为重金属重度污染，有 96.40% 的采样点位也被评价为严重 As 污染，且其指数极大，说明样点受到了极重的 As 污染；另外，分别有 97.30%、86.49%、45.95%、30.63% 的样点被评价为严重 Sb、Cd、Zn、Pb 污染。不同重金属的地累积指数评价污染顺序为：As>Sb>Cd>Zn>Pb>Cu>Cr。所有样点的重金属 Cr 污染等级都被评价为清洁。另有 21.62% 的样点 Cu 污染等级被评价为清洁。

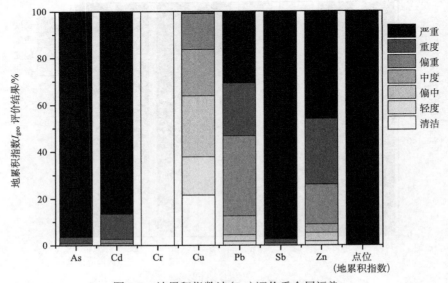

图 1-7　地累积指数法 (I_{geo}) 评价重金属污染

表 1-9 地累积指数(I_{geo})范围

	As	Cd	Cr	Cu	Pb	Sb	Zn	样点 I_{geo}
最小值	3.76	2.57	−9.96	−2.82	0.79	3.63	0.26	5.38
平均值	7.99	6.18	−3.85	1.34	4.47	7.84	4.64	8.69
最大值	11.98	8.57	−0.71	4.60	9.44	12.00	7.05	12.00

3. 潜在生态危害指数(RI)法

图 1-8 显示了使用潜在生态危害指数法评价重金属污染的结果。七种重金属的潜在生态危害指数范围及 111 个点位的潜在生态危害指数范围如表 1-10 所示。可知所有点位的潜在生态危害指数的最小值为 1313.71,高于 600,均被评价为严重生态危害,有 99.10%的采样点位的 Cd 和 Sb 被评价为具有严重生态危害;另外,分别有 98.20%、24.32%的样点的 As、Pb 被评价为具有生态危害。不同重金属的潜在生态危害指数评价生态危害顺序为:Sb≈Cd>As>Pb>Zn>Cu>Cr。所有样点的重金属 Cr 都被评价为仅有轻微生态危害。另有 21.62%的样点 Cu 污染等级被评价为清洁。

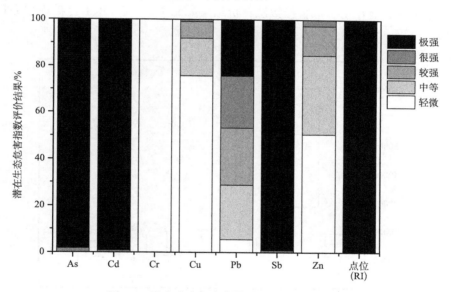

图 1-8 潜在生态危害指数法评价重金属污染

表 1-10 潜在生态危害指数(RI)范围

	As	Cd	Cr	Cu	Pb	Sb	Zn	RI
最小值	203.43	267.93	0.003	1.06	13.00	185.36	1.79	1313.71
平均值	6621.15	4197.04	0.35	30.28	357.12	6293.22	51.11	17550.27
最大值	60484.45	17084.50	1.84	181.56	5207.17	61566.92	198.66	74210.45

4. 不同评价方法的结果比较

本研究采用了单因子指数法、内梅罗指数法、地累积指数法和潜在生态危害指数法四种方法对尾矿样品重金属污染进行了综合评价。四种方法的评价结果均显示，本研究的所有采样点位均受到严重的重金属污染，具有严重生态危害。但是四种方法得到的单种重金属污染顺序/生态危害顺序不同，主要体现在 As-Cd-Sb、Zn-Pb 的排序上。

其原因有三点，一是土壤环境质量三级标准对 Cd 及 Sb 的限值差距较大，影响了单因子指数法及内梅罗指数法的计算结果；二是地累积指数法主要考虑外源重金属的富集程度；三是潜在生态危害指数法在地累积指数法基础上还考虑了不同重金属的生物毒性的影响。综合考虑，潜在生态危害指数法能够更好地综合评价尾矿样品的重金属污染及生态危害情况，因此本研究中各种重金属的污染/生态危害等级排序为：Sb≈Cd>As>Pb>Zn>Cu>Cr。在日后针对研究区域的治理过程中，应当着重考虑 Sb、Cd、As、Pb、Zn 的污染状况与修复效果。

1.1.5　不同尾矿库的生态危害评价

不同尾矿库的潜在生态危害指数法评价结果如图 1-9 所示。B、F 尾矿库样品量较少，因此未列入比较。

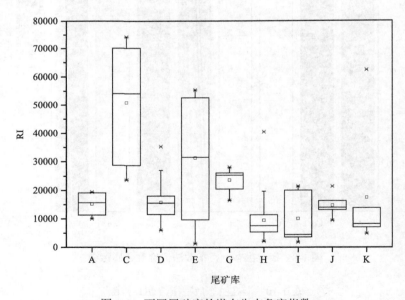

图 1-9　不同尾矿库的潜在生态危害指数

所有的尾矿库的潜在生态危害指数(RI)均超过 600，说明各个尾矿库均具有严重生态危害。其中，尾矿库 A、D、G、H、J、K 的 RI 比较集中，说明其污染程度比较平均；尾矿库 C、E、I 的 RI 范围跨度较大，说明其尾矿库内部污染程度不一。尾矿库 H 规模巨大、管理规范，污染程度相对较低。整体而言，各个尾矿库的重金属污染程度及生态危害程度排序为：C>E>G>I>A>D>J>K>H。

1.2　中国广西典型有色金属闭库和现役尾矿库中细菌群落结构及代谢功能研究

中国多数有色金属尾矿库属于贫矿，其采选冶过程较为复杂困难。因此，大批的选冶药剂，如黄药、黑药等被投入使用。多数剩余的有色金属固体废弃物堆积在尾矿库中，在氧化及产生酸性废水过程中会改变重金属的迁移性及重金属的形态，这将诱发严重的环境污染问题。微生物在有色金属矿物的降解、元素释放、迁移、沉淀及富集等过程发挥重要的作用。微生物能够通过复杂的生物地球化学过程和矿物表面结构损坏，加速有色矿物的氧化分解及重金属的释放和排出，重金属快速释放加快有色金属矿物的氧化分解，从而导致尾矿周边土壤及水系的污染。

目前研究主要集中在酸性矿山废水及特定类型尾矿库中微生物和重金属的分布研究。尾矿库中重金属和选冶药剂的复合污染及现役和闭库尾矿库中细菌群落结构的差异性鲜有报道。多数研究忽略了重金属和有机物的复合污染，它能改变重金属的存在形态，使得重金属更加容易迁移转化，进而进入食物链，从而威胁周围环境。尾矿库中小规模的尾矿库植物固化过程中微生物丰度及活性的研究也已开展。与纯中性-碱性尾矿库相比较，植物修复尾矿库中 *Proteobacteria* 和 *Bacteroidetes* 为优势菌群，然而抗性菌株的优势已然很大。因此关于单一尾矿库具有修复功能菌群研究非常有必要性，复合污染条件下闭库和现役尾矿库中微生物的分布也需要做出系统的研究。

广西壮族自治区河池市属于喀斯特地貌，被誉为"有色金属之乡"，尾矿库多达 70 座都未得到有效的修复。据报道，尾矿库中的重金属可以迁移至土壤、水体、空气、生物体及其他生态系统中。近年来，河池市发生过镉污染龙江事件，而龙江是柳江流域最大的分支之一。而柳江作为主要的饮用水来源之一，位于珠江流域的上游。因此，柳江生态环境的安全直接关系到下游香港和澳门地区饮用水的安全。本研究基于不同的选冶工艺方法，采集 9 个闭库和 4 个现役尾矿库。

本研究对尾矿库重金属和尾矿库复合污染环境下的微生物群落进行了系统研究。相比于变性梯度凝胶电泳、克隆文库和其他分子生物学技术，高通量测序技术因其高灵敏度和微丰度种群检测的优点用来检测细菌群落多样性及丰度。通过对 16S rRNA 基因进行测序，分析样品的 pH、总有机碳(total organic carbon，TOC)、总氮(total nitrogen，TN)、总磷(total phosphorus，TP)和重金属总含量等理化性质，同时采用半定量技术分析有机物含量及种类，有助于更好地理解现役和闭库尾矿库中微生物的差异性，为不同类型尾矿库的生物修复和生态环境的重建提供基本的数据。

1.2.1　材料与方法

1. 样品采集及理化性质测试

本研究的样点区位于中国广西壮族自治区河池市(107°N, 24°E)，如图 1-10 所示。该地区属于亚热带，常年阳光雨水充足。多数地区日照时间在 1447～1600 h，全年平均气

温为 16.9～21.5℃，总降水量为 1200～1600 mm。根据《土壤环境监测技术规范》
（HJ/T 166—2004），采用随机采样法进行样品采集。2016 年 6 月 9 个闭库（标记为 C1～
C9）和 4 个现役尾矿库（标记为 U1～U4）表层 0～20 cm 深的样品得到采集。其中 C1、C2、
C3、C4 和 C6 呈弱酸性，C5、C7、C8、U1 和 U2 呈酸性，C9、U3 和 U4 呈弱碱性。样
品放置在塑料管内，保存在生物医用冷藏箱（保持在 4℃），于 48 h 内运回北京科技大学。
约 500 g 样品保存在–20℃用于分子生物学分析；另外 500 g 风干并过 100 目和 200 目（美
国标准）筛子进行预处理用于理化性质的分析及微生物活性的测试。

图 1-10　样点分布图，现役尾矿库（T_Active）和闭库尾矿库（T_Aband）

pH 的测试采用水土比为 2.5∶1，TOC 和 TN 分别采用 TOC-VCPH 和 TNM-1
（Shimadzu）进行测试。总重金属（As、Cd、Co、Cr、Cu、Fe、Mn、Pb、Sb、Ti 和 Zn）
和 TP 含量由硝酸∶盐酸∶氢氟酸（5∶3∶2）经微波消解后通过 ICP（iCAP 7000 SERIES,
Thermo Scientific）进行测试。重金属标品（GSB 02767-2004）（100 µg/mL）从国家有色金属
及电子材料分析测试中心购买，且于 4℃保存。根据国家水质标准（GB 11893—1989）分

析测试 TP 含量。样品加标回收率为 82.50%～103.2%（Table S5）。气相色谱-质谱仪（gas chromatography-mass spectrometer，GC-MS）（Pegasus 4D, LECO Corp）用来半定量检测有机物，200 目样品的预处理方法参照相关文献。

气相方法如下：

色谱柱 1：Rxi-5SilMS（30 m×0.25 mm×0.25 μm）；色谱柱 2：Rtx-200（1.5 m×0.18 mm×0.2 μm）；柱温箱：80℃保持 2 min，以 5℃/min 的速率升至 300℃，保持 10 min；调制周期：5 s，热吹 1 s；二维炉箱和调制器补偿温度：5℃和 25℃；进样口：280℃，不分流进样；载气（高纯 He，纯度为 99.999%）：恒流，1 mL/min；传输线温度：280℃。

质谱方法如下：

离子源类型：EI 源（电子轰击源）；离子源温度：250℃；溶剂延时：4 min；采集质量范围：35～500；采集频率：100 spec/s；检测器电压：1650 V。

2. DNA 的提取及 16S rRNA 序列分析

为了提取足够浓度的 DNA，采用土壤 DNA 提取试剂盒（CWBio, Bejing, China）对 10 g 样品提取 DNA。DNA 的浓度及纯度用 NanoDrop2000（Thermo Fisher Scientific, USA）测试，用 0.8%的凝胶电泳在 5 V/cm、30 min 条件下检测 DNA 的完整性。用上海美吉生物医药科技有限公司 Illumina MiSeq 测序平台（Shanghai Majorbio Bio-pharm Technology Corporation, Shanghai, China）进行测序。16S rRNA 基因 PCR 扩增采用带有 8 bp barcode 的引物 338F/806R，PCR 条件为 95℃ 3 min；27 个循环，95℃ 30 s，55℃ 30 s，72℃ 45 s；72℃ 10 min。PCR 扩增体系为 5×FastPfu Buffer 4 μL，2.5 mmol/L dNTPs 2 μL，上/下游引物（5 μmol/L）各 0.8 μL，FastPfu Polymerase 0.4 μL，bovine serum albumin 0.2 μL，DNA 模板 10 ng 用超纯水补充体积至 20 μL。每组样品设置三个重复，PCR 产物用 AxyPrep DNA 凝胶回收试剂盒（AXYGEN Biosciences, Corning, NY, USA）进行纯化。采用上海美吉生物医药科技有限公司的 Illumina MiSeq 测序平台。

3. 生物信息学统计分析

基于河池市土壤重金属背景值，重金属的超标倍数计算方式如下：

$$超标倍数=\frac{(A-B)}{B} \tag{1-1}$$

其中，A 为每个样品中每种重金属所测试出的浓度；B 为每种重金属的背景值。

采用 OriginPro 8.0 分析重金属的分布，有机物数据的分析采用 ChromaTOF V4.51，定性处理二维峰宽设为 0.1 s，S/N 阈值为 200∶1，similarity 阈值为 700。

MiSeq 测序得到的是双端序列数据，首先根据双末端序列（paired-end reads, PE reads）之间的重叠（overlap）关系，将成对的序列（reads）拼接（merge）成一条序列，同时对 reads 的质量和 merge 的效果进行质控过滤，根据序列首尾两端的标签（barcode）和引物序列区分样品得到有效序列，并校正序列方向，即为优化数据。数据去杂采用 Trimmomatic 0.33，去杂方法和参数如下：

（1）过滤 reads 尾部质量值 20 以下的碱基，设置 50 bp 的窗口，如果窗口内的平均质量值低于 20，从窗口开始截去后端碱基，过滤质控后 50 bp 以下的 reads，去除含 N 碱基的 reads；

（2）根据 PE reads 之间的重叠关系，将成对的序列拼接（merge）成一条序列，最小 overlap 长度为 10 bp；

（3）拼接序列的 overlap 区允许的最大错配比例为 0.2，筛选不符合序列；

（4）根据序列首尾两端的标签和引物区分样品，并调整序列方向，标签序列允许的错配数为 0，最大引物错配数为 2。

为了便于进行分析，人为给某一个分类单元（品系、属、种、分组等）设置统一标志。要了解一个样本测序结果中的菌种、菌属等数目信息，就需要对序列进行聚类（cluster）。通过聚类操作，将序列按照彼此的相似性分归为许多小组，一个小组就是一个 OTU（Operational Taxonomic Units）。可根据不同的相似度水平，对所有序列进行 OTU 划分，通常在 97% 的相似水平下对 OTU 进行生物信息统计分析。为了得到每个 OTU 对应的物种分类信息，采用 RDP classifier 贝叶斯算法对 97% 相似水平的 OTU 代表序列进行分类学分析，并分别在域（domain）、界（kingdom）、门（phylum）、纲（class）、目（order）、科（family）、属（genus）、种（species）各个分类水平统计各样本的群落组成。比对数据库为 Silva（Release128 细菌 16S rRNA 数据库 http://www.arb-silva.de）。同时得到 Rank-Abundance 曲线、α-多样性指数（如覆盖度、群落丰度指数 ace 和群落多样性指标 Shannon 指数）等分析。细菌群落的丰度及其样本中的分布用 Circos-0.67-7 进行分析。R v.3.0.1 软件用于 db-RDA（distance-based redundancy analysis）分析，以此来表征样本中细菌群落的差异性及细菌群落与环境因子之间的相关性。细菌门水平和属水平各物种丰度与环境因子之间的相关性采用 Pearson 检验。

本研究使用 PICRUSt 软件对 16S rRNA 序列进行功能预测。16S 功能预测是通过 PICRUSt（PICRUSt 软件存储了 greengene id 对应的 COG 信息和 KO 信息）对 OTU 丰度表进行标准化，即去除 16S marker gene 在物种基因组中的拷贝数目的影响；然后通过每个 OTU 对应的 greengene id，获得 OTU 对应的 COG 家族信息和 KO 信息；并计算各 COG 的丰度和 KO 丰度。根据 COG 数据库的信息，可以从 eggNOG（evolutionary genealogy of genes: non-supervised orthologous groups）数据库中解析到各个 COG 的描述信息，以及其功能信息，从而得到功能丰度谱；根据 KEGG 数据库的信息，可以获得 KO、代谢通路、EC 信息，并能根据 OTU 丰度计算各功能类别的丰度。此外，针对代谢通路，运用 PICRUSt 可获得代谢通路的 3 个水平信息，并分别得到各个水平的丰度表。

eggNOG 数据库：是国际上普遍认可的同源聚类基因群的专业注释数据库，包括来自原始 COG/KOG 的功能分类，以及基于分类学的功能注释。目前该数据库（v4.0）包含 170 万个直系同源类群，覆盖了 3686 个物种，给定了 107 个不同的分类级别的同源群。

KEGG 数据库（Kyoto encyclopedia of genes and genomes，京都基因和基因组百科全书，http://www.genome.jp/kegg/）是系统分析基因功能、联系基因组信息和功能信息的大型知识库。KEGG GENES 数据库提供关于在基因组计划中发现的基因和蛋白质的序列信息；KEGG PATHWAY 数据库包括各种代谢通路、合成通路、膜转运、信号传递、细胞周期及疾病相关通路等。此外还收集了各种化学分子、酶及酶促反应等相关信息。KEGG

Module 数据库是 KEGG 收集的一系列功能单元，用于基因组注释和生物学解释。KEGG Orthology（KO）系统通过把分子网络的相关信息连接到基因组中，提供了跨物种注释流程。

1.2.2　结果与讨论

1. 理化性质分析及细菌群落 α-多样性分析

样品的理化性质具体数据参见表 1-11。pH 介于 2.11～7.71。13 个尾矿库样品中 TOC、TN、TP 含量（mg/kg）分别介于 38.97～327.12、169.00～14203.20、118.71～2142.67 之间，含量均低于国家土壤背景值，表明有色金属尾矿库处于贫营养的状态。Mn、Zn、As、Cd 和 Pb 的含量均超出河池市土壤背景值几十倍甚至上百倍。尽管 Fe、Cu 和 Sb 也超出了土壤背景值，但是 Ti、Co、Cr 并未超标。另外，现役和闭库尾矿库之间的环境因子，pH、TOC、TN、TP 以及 As、Cd、Pd 等重金属含量没有显著差异（$P>0.05$），而 Sb 元素存在显著差异（$P<0.05$）。有机物 GC-MS 半定量分析结果显示尾矿样品中有机物的类型包括：多环芳烃（polycyclic aromatic hydrocarbons，PAHs）、烷烃类（alkanes）、烷基硅氧烷（alkyl siloxane）、酯类（esters）、酚类（phenols）、含氧/硫杂环化合物（heterocyclic compounds containing oxygen and sulfur）及其他九种有机物（表 1-12）。其中呋喃（Furan，0.23%）、长链烷基硅烷（long-chain-alkyl silane，3.49%）和邻苯二甲酸酯类（phthalate esters，1.03%）与矿物选治有机物有关。而 PAHs（0.55%）、烷烃类（10.93%）、醇类（0.66%）及其他苯环类有机物可能与选治药剂的代谢有关。

表 1-11　现役和闭库尾矿库中环境性质及其差异性

		背景值	Min	Med	Max	Avg	SD	P 值
pH	Active	6.7	2.42	5.18	7.71	5.12	2.90	0.95
	Aband		2.11	6.38	7.56	5.23	2.15	
TN/(mg/kg)	Active	1270	39.0	52.0	95.4	59.6	24.8	0.50
	Aband		43.7	50.3	327	82.9	91.9	
TOC/(mg/kg)	Active	23600	538	1290	2950	1520	1140	0.68
	Aband		169	762	14200	2200	4510	
TP/(mg/kg)	Active	5300	119	847	1700	879	832	0.67
	Aband		164	1170	2140	1100	801	
As 含量/(mg/kg)	Active	11.2	105	1790	4520	2050	2180	0.12
	Aband		176	4870	18900	5760	5750	
Cd 含量/(mg/kg)	Active	0.097	0.6	5.4	54.8	16.6	25.7	0.54
	Aband		1.0	18.0	62.2	26.4	21.7	
Cu 含量/(mg/kg)	Active	22.6	7.7	149	332	160	176	0.83
	Aband		5.8	140	466	183	174	
Fe 含量/(mg/kg)	Active	2.94	0.00	27100	69700	31000	35300	0.92
	Aband		0.00	29100	86900	33100	32200	

续表

		背景值	Min	Med	Max	Avg	SD	P 值
Mn 含量/(mg/kg)	Active	583	211	1660	4690	2060	2000	0.92
	Aband		0.00	1280	5010	2190	1940	
Pb 含量/(mg/kg)	Active	26	14.2	298	2320	733	1080	0.26
	Aband		19.4	828	31600	4900	10200	
Sb 含量/(mg/kg)	Active	1.20	1.25	10.1	39.3	15.2	17.9	0.01*
	Aband		1.5	94.4	151	77.8	58.6	
Zn 含量/(mg/kg)	Active	74.2	67.0	317.2	6600	1820	3190	0.73
	Aband		0.00	1850	6920	2470	2350	

注：Min，最小值；Med，中间值；Max，最大值；Avg，平均值；SD，标准偏差；*显著差异 $P < 0.05$。

13 个尾矿库样品共获得 490581 条细菌 16S rRNA 有效序列，片段平均长度为 474 bp± 12 bp（均值 ± SD）。按照 97%相似性，采用贝叶斯计算方式，这些序列归属于 2152 个 OTU，见表 1-12。其中 97%以上的序列能够在门水平得到归类，64.08%以上的序列能够在属水平得到归类，这一水平远高于其他尾矿库的报道。这些 OTU 归属于 35 个门、83 个纲、183 个目、341 个科、593 个属和 1039 个种。Shannon 指数介于 1.49～5.03 之间，ace 丰度指数介于 191.79～907.97 之间，见表 1-13。相比较于其他尾矿库样点，T_Aband_7 样点的细菌群落多样性指数和丰度指数最低，T_Aband_6 样点的多样性指数最高，T_Aband_3 样点的丰度指数最高，说明 T_Aband_3、T_Aband_6、T_Aband_7 样点细菌群落分布与 pH、Mn、Sb、Cu 含量有关。测序深度高于 99.39%，说明测序结果能够真实地反映尾矿库中细菌群落结构，即使增加测序量也只能获取极少量的新物种。

表 1-12　基于 GC-MS 对现役和闭库尾矿库环境中有机物半定量分析

有机物类型	峰面积/%
多环芳烃类[polycyclic aromatic hydrocarbons（PAHs）]	0.547
酯类（esters）	0.04
链烷烃类（alkanes）	10.92
醇类（alcohols）	0.631
杂环化合物（heterocyclic compounds）	0.227
苯环类（benzodiazepines）	13.57
有机酸（organic acids）	0.22
链烯烃（alkene）	0.43
酚类（phenols）	0.262
酮类（ketones）	14.74
酰胺（amides）	1.317
醛类（aldehydes）	1.846
醚类（ethers）	0.016
长链烷基硅烷（long-chain-alkyl silane）	3.493
醌类（quinones）	0.003
其他峰面积<200	51.5

表 1-13　尾矿库中微生物群落的 α-多样性指数及功能预测 NSTI 值

尾矿类型	样品编号	标准化序列数	群落覆盖度	Shannon指数	ace	unclassified 序列/%		NSTI
						门水平	属水平	
现役尾矿库	T_Active_1	31600	0.998	3.885	399	0.00	7.68	0.12
	T_Active_2	31600	0.998	3.574	466	0.04	5.87	0.10
	T_Active_3	31600	0.998	4.763	601	2.16	17.0	0.17
	T_Active_4	31600	0.997	4.316	553	0.63	20.0	0.18
闭库尾矿库	T_Aband_1	31600	0.995	2.923	740	0.02	2.00	0.33
	T_Aband_2	31600	0.997	3.712	732	0.30	7.40	0.13
	T_Aband_3	31600	0.996	4.707	782	11.6	26.0	0.21
	T_Aband_4	31600	0.996	4.484	683	1.45	12.0	0.18
	T_Aband_5	31600	0.999	3.322	501	0.36	5.00	0.26
	T_Aband_6	31600	0.997	4.854	724	0.85	8.00	0.18
	T_Aband_7	31600	0.999	1.477	180	0.00	0.20	0.03
	T_Aband_8	31600	0.999	3.115	274	0.10	2.00	0.09
	T_Aband_9	31600	0.998	3.026	557	0.20	32.0	0.18

注：NSTI, 16S rRNA 序列的 PICRUSt 预测精确度指数。

2. 基于 16S rRNA 测序的细菌群落结构分析

在闭库和现役尾矿库相对丰度大于 1%的种群中，优势种群为 *Proteobacteria*、*Actinobacteria*、*Firmicutes*、*Nitrospirae*、*Acidobacteria* 和 *Bacteroidetes*，见图 1-11(a)。Proteobacteria 包括 8 个已知的纲，其中 Gammaproteobacteria 是多样性和丰度最高的纲。Actinobacteria 和 Acidobacteria 门都只包括一个纲，研究表明土壤环境中 Acidobacteria 的平均丰度为 20%(5%~46%)。但是在本研究中 Acidobacteria 的丰度仅仅占了 0.02%~12.53%。在闭库尾矿库中，Firmicutes 和 Nitrospirae 门相对丰度最大，相对丰度分别为 12%和 5.7%。在 T_Aband_2 和 T_Aband_8 样点中，Firmicutes 门的分布主要受 TN、TOC 和 Pb 含量的影响[$P < 0.023$，图 1-12(a)]。*Nitrospirae* 是一种化能自养型 N 氧化菌，在 T_Aband_5 样点的丰度最高，高达 39.90%。另外，检测到仅包含两个目(Thermales 和 Deinococcales)的低丰度物种 *Deinococcus-Thermus*，而且在 T_Aband_2、T_Aband_4、T_Active_4 中相对丰度偏高，该种群的分布与 TN、TOC、Mn 含量显著相关[$P<0.043$，图 1-12(a)]。*Deinococcus-Thermus* 作为极端微生物之一，能够适应极端的电离和紫外线辐射条件下的中温、极端高温环境。

属水平上，闭库和现役尾矿库细菌群落组成也有显著的差异，见图 1-11(b)。在 593 个属中，*Thiobacillus* 和 *Acidiferrobacter* 为优势种群，其中 *Thiobacillus* 占总序列的 34.57%，在 13 个尾矿库样品中均能检测到，而且在 T_Aband_1、T_Active_1、T_Active_2 样点中相对丰度最高。*Thiobacillus* 属于兼性厌氧的 S-/Fe- 氧化、嗜酸、耐热菌属，在一些 N 驱动下硫酸盐氧化环境中常作为优势菌群出现，而 *bacterium_EJ10-S-29* 是目前报道的唯一能够鉴定的种。*Acidiferrobacter* 在沿海沉积物(潮汐和近岸的砂质沉积物)、山地河林

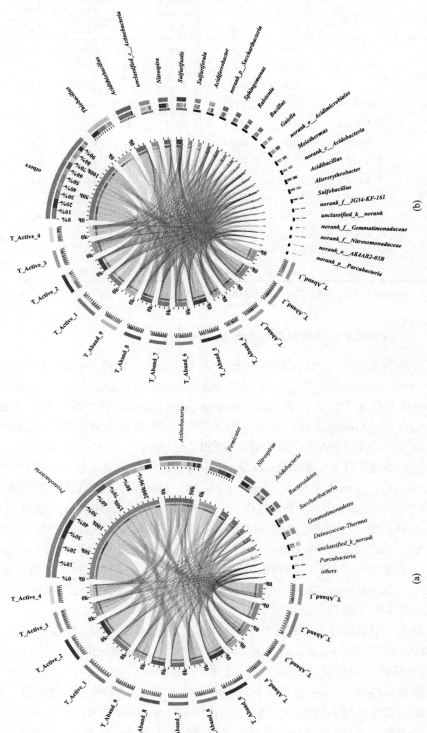

图 1-11　门属水平闭库和现役尾矿库中微生物群落组成及丰度变化

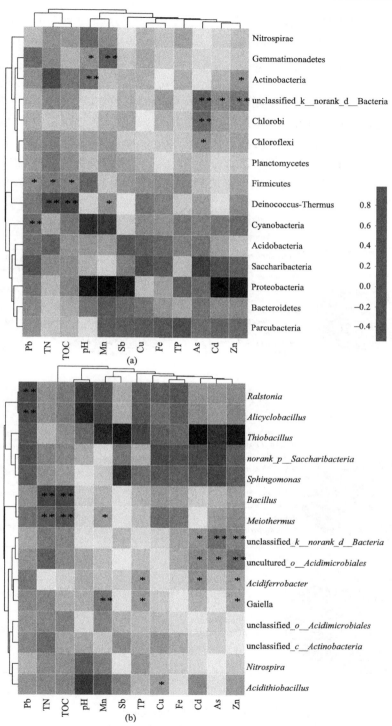

图 1-12　运用 Pearson 检验细菌群落门属水平与环境性质之间相关性分析

(a)门水平；(b)属水平

* 0.01 <P≤0.05；** 0.001< P≤0.01；***P≤0.001

岸土壤(邻近矿井排水铅锌冶炼厂)、湖泊,甚至在柱形的厌氧折流板反应器中都有检测到。该物种的分布与 TP、Cd 和 Zn 含量显著相关[$P < 0.046$,图 1-12(b)]。

3. 闭库和现役尾矿库细菌群落的差异性

为了进一步了解闭库和现役尾矿库中细菌群落的差异性,门水平和属水平的 Venn 图用来解释细菌的分布。闭库和现役尾矿库有 21 个共同的门,见图 1-13(a)。在闭库中,*Fusobacteria*、*Latescibacteria*、*JL-ETNP-Z39*、*Candidate_division_WS6*、*Tenericutes*、*Hydrogenedentes*、*Omnitrophica* 和 *Candidate_division_SR1* 为特殊菌群,其中 *Fusobacteria* 属于 *Gram-* 阴性厌氧杆菌,能够编码释放酶基因(*rlx*)和复制基因(*repA*)。*Tenericutes* 不

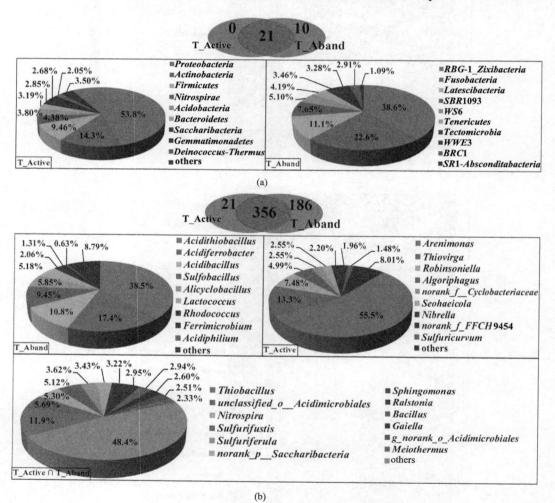

图 1-13　尾矿库中共有及特殊细菌群落分析

(a)门水平;　(b)属水平

T_Active 和 T_Aband 分别表示现役和闭库尾矿库,且图中仅显示相对丰度大于 1% 的细菌群落

含细胞壁且缺少三羧酸循环体系，能够将单糖作为底物进行厌氧发酵，同时也含有一些特殊的代谢途径，如氢化酶和一个简化的电子传递链（*RNF complex*、cytochrome bd oxidase 和 *complex I*）。然而在现役尾矿库中没有特殊菌群。

在属水平，闭库和现役尾矿库共同的菌属包括 *Nitrospira*、*Sphingomonas*、*Ralstonia*、*Bacillus* 和其他 356 个属[图 1-13(b)]。*Ralstonia* 能够编码许多病原蛋白，且分布与 Pb 显著相关（$P=0.0001$，图 1-12）。闭库中相对丰度大于 1%的特殊菌群为 *Acidithiobacillus*、*Alicyclobacillus*、*Sulfobacillus*、*Lactococcus*、*Rhodococcus* 和 *Ferrimicrobium*（图 1-12），这些菌群在酸性废水、火山湖、铜矿、精喹禾灵污染的土壤、污泥、极端酸性的水果产品等环境中均有检测到。*Acidithiobacillus* 菌群能够编码 S-/Fe- 氧化及抗砷基因，同时也能够编码 β-葡萄糖醛酸酶（*gusA*）、亚砷酸激活腺苷三磷酸酶（*arsA*）、砷流通蛋白（*arsB*）、砷酸盐还原酶（*arsC*）、耐砷操纵子抑制蛋白（*arsD*）和耐砷蛋白（*arsH*）等基因。*Acidithiobacillus* 在尾矿库中出现说明该菌群在重金属的迁移转化中扮演着重要的角色。*Sulfobacillus* 属于 Fe-氧化嗜热嗜酸和极端嗜酸菌，需要足够浓度的 CO_2 才能够满足最佳的自养生长，它的进化与基因水平转移和基因缺失有关。而在现役尾矿库中，*Arenimonas*、*Thiovirga*、*Robinsoniella*、*Nibrella* 和 *Sulfuricurvum* 为特殊菌群。*Arenimonas* 属于 Proteobacteria 门 Xanthomonadaceae 科，从河口沉积物、饮用水管网、水稻田土壤、自来水及富营养化的水库环境中筛选出。两株硫氧化菌 *Thiovirga* 和 *Sulfuricurvum* 能够将硫化物、硫代硫酸盐和氢作为电子供体，氧作为电子受体。总之，尾矿库中优势菌属在重金属的生物转化、有机物降解及尾矿库酸度的控制中扮演着重要的角色。

4. 细菌群落组成的主要环境驱动因子

细菌群落的组成及多样性受尾矿库生态系统中生物和非生物因子的影响。细菌群落在不同的尾矿库中丰度差异较大，尽管有研究认为 pH、温度、TOC、溶解氧和离子组成对细菌多样性有影响，然而即使跨地球化学梯度季节的变化对微生物的组成影响也不大。本研究发现尾矿库的地球化学特性包括 pH、TN、TOC、Mn、Sb、As、Cd、Zn 和 Pb 含量在门水平对细菌群落的组成有着显著的影响[$P \leqslant 0.05$，图 1-12(a)]；而在属水平细菌群落的组成主要影响因子为 TN、TOC、TP 及 Mn、Cu、Zn、Cd、As 和 Pb 的含量[图 1-13(b)]。

db-RDA 分析用来进一步了解闭库和现役尾矿库中细菌群落的空间分布。尾矿库的类型及环境因子对细菌群落的分布有着显著的影响（$P=0.001$）（图 1-14）。结果显示现役尾矿库 T_Active_1 和 T_Active_2 中细菌群落与 T_Active_3 和 T_Active_4 存在差异，而现役尾矿库的样点 T_Active_3 与闭库 T_Aband_4 样点聚在一起。现役尾矿库的 T_Active_1 和 T_Active_2 样点菌群相似度高于闭库样点。总之，主要的环境驱动因子为 TN、TOC、As、Zn 和 Pb 含量及尾矿库的类型，这一研究结果与前人研究结果一致。

5. 尾矿库中细菌代谢功能分析

与未受污染的环境相比较，如水稻或饮用水环境，尾矿库中重金属含量超标，并且存在选冶药剂和重金属的复合污染（表 1-11），尾矿库可以划分为极端环境。在该环境下微生物是如何生存的呢？细菌仅需要一些编码蛋白的基因，以此调节不同基因的表达。

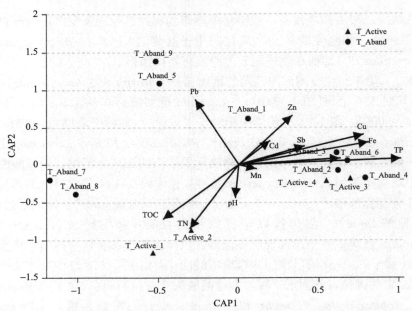

图 1-14　基于 OTU 运用 unweighted-unifra 计算法分析 13 个尾矿库中细菌群落及环境因子之间的关系

T_Aband：闭库尾矿库，T_Active：现役尾矿库

蛋白相邻类的聚簇（cluster of orthologous groups，COG）通过比较编码全基因组的蛋白序列对细菌群落的功能进行注释。在 25 个 COG 分类中，闭库和现役尾矿库中丰度相对较大的 COG 依次为 S 类的"function unknown"（2 407 899 基因序列，9.14%）、E 类"氨基酸转运及代谢"（2 109 288 基因序列，8.01%）、R 类"一般功能预测"（2 075 862 基因序列，7.88%）和 C 类"能量产生与转换"（1 996 612 基因序列，7.58%）（图 1-15）。在本研究范围内的尾矿库中微生物在极端环境中生存的机理，主要是通过：①功能基因参与重金属的固定及流出；②细菌的活性蛋白质和渗透压的平衡参与渗透溶质的新陈代谢；③物种的重金属转化和胞外分泌。分析结果表明，尾矿库中部分丰度较大的 COG，如转录调控子（COG0664、COG2207、COG0583、COG1846、COG0789、COG2197、COG2204、COG0848、COG1175 和 COG0395）、水解酶和脱氢酶（COG1012 和 COG 1028）与重金属的解毒及有机物的降解有关。

京都基因与基因组百科全书（KEGG）能够从分子水平了解高级功能和生物系统，主要由四部分数据库组成，其中代谢途径数据库主要是用来了解代谢、基因及包括信号传导的环境过程。16S rRNA 基因序列被划分为 250 个 KEGG 途径，其中丰度为前 20 KEGG 分类见表 1-14。在闭库和现役尾矿库中与代谢相关的基因相对丰度最高，包括碳代谢（ko00010、ko00650、ko00640、ko00020、ko00620 和 ko00520）、能量代谢（ko00190、ko00680、ko00910 和 ko00720）、核苷酸代谢（ko00230 和 ko00240）、氨基酸代谢（ko00330、ko00260 和 ko00250）和卟啉和叶绿素代谢（ko00860）。细菌基因的表达能够通过蛋白代谢物的相互作用得到控制，而这一相互作用反过来由可以通过蛋白的修复得到调节。另外信号通道相关的代谢途径在本研究中也有发现。很有可能是单一的或双信号通路体系在细菌群落中存在，通过细胞理化适应在极端环境中做出响应。

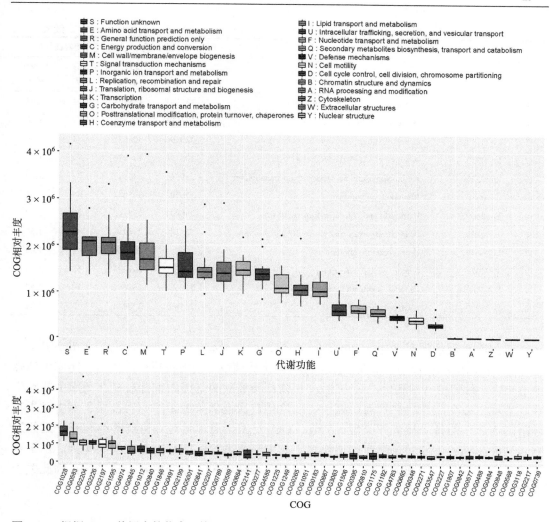

图 1-15　根据 COG 数据库的信息，基于 16S rRNA 基因序列信息分析 13 个尾矿库中 COG 的分布特点

表 1-14　闭库和现役尾矿库中前 20 的 KEGG 代谢通路

序号	KEGG 代谢通路	通路描述	序列数		相对比例/%	
			闭库尾矿库	现役尾矿库	闭库尾矿库	现役尾矿库
1	ko02010	ABC transporters	797582	865923	4.59	4.78
2	ko00230	Purine metabolism	578990	563279	3.33	3.11
3	ko03010	Ribosome	550676	520860	3.17	2.87
4	ko02020	Two-component system	532968	578814	3.06	3.19
5	ko00190	Oxidative phosphorylation	487870	451831	2.81	2.49
6	ko00240	Pyrimidine metabolism	392567	389357	2.26	2.15
7	ko00680	Methane metabolism	347048	318776	2.00	1.76
8	ko00620	Pyruvate metabolism	341008	317607	1.96	1.75

续表

序号	KEGG 代谢通路	通路描述	序列数		相对比例/%	
			闭库尾矿库	现役尾矿库	闭库尾矿库	现役尾矿库
9	ko00330	Arginine and proline metabolism	332391	346308	1.91	1.91
10	ko00010	Glycolysis / Gluconeogenesis	324886	304125	1.87	1.68
11	ko00720	Carbon fixation pathways in prokaryotes	320396	306581	1.84	1.69
12	ko00970	Aminoacyl-tRNA biosynthesis	303118	284236	1.74	1.57
13	ko00520	Amino sugar and nucleotide sugar metabolism	299361	295046	1.72	1.63
14	ko00650	Butanoate metabolism	270707	305044	1.56	1.68
15	ko00860	Porphyrin and chlorophyll metabolism	256941	257102	1.48	1.42
16	ko00250	Alanine, aspartate and glutamate metabolism	253149	274918	1.46	1.52
17	ko00640	Propanoate metabolism	249094	268786	1.43	1.48
18	ko00020	Citrate cycle (TCA cycle)	240830	241038	1.38	1.33
19	ko00260	Glycine, serine and threonine metabolism	232602	258663	1.34	1.43
20	ko00910	Nitrogen metabolism	231663	238444	1.33	1.32

在闭库和现役尾矿库中，*Proteobacteria*、*Actinobacteria*、*Firmicutes*、*Chloroflexi*、*Nitrospirae*、*Acidobacteria* 和 *Bacteroidetes* 为优势菌群。较现役尾矿库而言，闭库中特殊菌群更多。编码 S-/Fe-氧化、As 抗性及 β-葡萄糖醛酸酶基因的细菌群落在闭库中能够生存，实现生态功能性。据目前研究调研，这是首次提供关于闭库和现役尾矿库中微生物群落的信息。另外，尾矿库类型、TN、TOC 及重金属含量对细菌群落结构有一定的影响。功能注释分析显示在闭库和现役尾矿库中与代谢相关的基因是主要的基因。由于双通道信号传导系统是细菌在不同类型尾矿库极端环境中生存的主要方式之一，因此关于双通道信号传导系统需要做出更加系统的研究。

1.3　广西典型有色金属废弃尾矿库复合污染环境下细菌群落结构的垂直变化

中国仅 2011 年就产生了 13 亿～14 亿吨的有色金属固体废弃物，而且 80%的固体废弃物只能堆积在尾矿库中。作为人为的极端环境，有色金属尾矿库已经带来了严重的重金属和选冶药剂的复合污染环境问题。广西壮族自治区是主要的有色金属源地，而且多数是贫矿。因此，选冶过程中大量选冶药剂的投入，如乙黄药、苯胺黑药、二乙胺黄酸钠等，会对周边土壤及下游的珠江水系构成污染，而且该现象并未得到治理。尾矿库中微生物群落分布能够为化学物理变化提供更好的理解。因此，应开展尾矿库中微生物群落变化的研究。而且，细菌作为微生物最大的类群之一，广泛地存在于各种环境中，如土壤、水体及空气。然而，广西有色金属尾矿库中微生物多样性、分布及细菌数并未得到充分的研究。

为了检测微生物的变化，与变性梯度凝胶电泳(denaturing gradient gel electrophoresis，DGGE)相比较，测序技术更加灵敏，能够检测到丰度微量级的细菌，提供更多的功能微生物信息。多数研究主要集中在表层环境中微生物多样性，抗性菌株的筛选，抗性基因及抗重金属(如 As、Pb、Zn、Cu、P 等)功能基因的研究。定量 PCR 是一种高度灵敏的分子生物检测技术，能够定量研究细菌 16S rRNA 基因的细菌数。然而，在尾矿库中随着深度的增加，重金属的含量呈指数级的变化，同时对微生物群落有影响。因此，应展开有色金属尾矿库微生物的垂直变化的研究。

本研究采集了尾矿库垂直样品，并展开了分析。主要包括：①采用测序及定量 PCR 技术定性定量地检测表层及深层微生物细菌群落的变化；②生物标记物能够为有色金属尾矿库的生物修复提供信息；③运用统计学工具探索环境因子对细菌群落分布的影响。

1.3.1　材料与方法

1. 采样及理化性质分析

本研究星鑫尾矿库位于中国广西壮族自治区河池市，有色金属尾矿存储时间为 1999~2012 年($107°38'12.69''$E，$24°50'14.36''$N)。河池市的气候属于亚热带，年均雨量为 1475.18 mm，年均温度为 20.58℃，年均光照时间为 1341.28 h。尾矿库的面积约 3.33 hm²。尾矿库内生长的植物类型主要包括草本植物 Houttuynia cordata、芒草 miscanthus。尾矿库周边森林主要植物包括 Platycladus orientalis (L.) 和 Francoptmxjjkmsc，周边未受污染的农田主要种植水稻。

本研究根据《中国土壤环境监测技术规范》(HJ/T 166—2004)采用随机采样法分别采集了表层及深层(50 cm、100 cm 和 200 cm)尾矿样品。为了探究尾矿环境中菌群空间分布特征，基于团队对桂西北尾矿库重金属污染特征的调研结果，将尾矿分为轻度(L，29800 mg/kg±854 mg/kg)、中度(M，54500 mg/kg±2060 mg/kg)和重度(H，123000 mg/kg±9420 mg/kg)污染三个独立的采样区进行样品采集，依次标记为 L(E，F)、M(C，D)、H(A，B)。使用塑料及木头铲子挖约 80 cm 宽、2 m 深的大坑进行采样。部分样品保存在–20℃，用于 DNA 提取。其他样品 24 h 风干，过 100 目筛子，保存在 4℃用于理化性质的测定。理化性质包括：TOC、TN、TP、pH 以及重金属(包括 Ti、V、Cr、Mn、Fe、Co、Cu、Zn、As、Se、Mo、Cd、Sb 和 Pb)总含量。在酸化去除非有机碳后，TOC 和 TN 分析采用 TOC 分析仪(Shimadzu，TOC-VCPN)和 TN 分析仪(Shimadzu，TNM-1)。pH 的测定采用电位法(STARTER 300，OHRUS)，水土比 2.5∶1。TP 及重金属总含量采用硝酸∶盐酸∶氢氟酸比为 5∶3∶2 进行酸化，用 ICP-OES(Thermo Scientific，iCAP 7000 Series)进行测定。

2. DNA 提取及测序

根据说明书采用 DNA 提取试剂盒(CWBio，Beijing，China)对 5.0 g 样品三个重复提取总 DNA。总 DNA 浓度的测试在 260 nm 吸光度下使用 NanoDrop 2000 (Thermo Fisher Scientific，USA)进行测试，总 DNA 浓度为 1.4~8.8 ng/μL。用 338F/806R 对 16S rRNA

的 V3-V4 进行 PCR 扩增,PCR 条件为 95℃ 3 min;27 个循环,95℃ 30 s, 55℃ 30 s, 72℃ 45 s; 72℃ 10 min。PCR 扩增体系为 5×FastPfu Buffer 4 μL, 2.5 mmol/L dNTPs 2 μL, 上/下游引物(5 μmol/L)各 0.8 μL, FastPfu Polymerase 0.4 μL, bovine serum albumin 0.2 μL, DNA 模板 10 ng 用超纯水补充体积至 20 μL。每组样品设置三个重复,PCR 产物用 AxyPrep DNA 凝胶回收试剂盒(AXYGEN Biosciences, Corning, NY, USA)进行纯化。采用上海美吉生物医药科技有限公司的 Illumina MiSeq 测序平台。

3. 定量 PCR

采用 341F/518R 引物对细菌细胞进行计数。SYBR Green Ⅱ体系包括 2×Ultra SYBR (CWBio) 10 μL, 上/下游引物 0.2 μmol/L, DNA 模板 2 μL, 超纯水补充终体积至 20 μL。反应条件为 95℃ 10 min、40 个循环 95℃ 15 s、60℃ 1 min。溶解曲线反应条件为 95℃ 15 s、60℃ 1 min、95℃ 15 s 和 60℃ 15 s。所有的样品都有三个重复,并且用超纯水作为空白对照。

4. 统计分析

用 OriginPro 8.0(OriginLab Corp)对重金属的垂直分布进行分析。MiSeq 测序得到的是双端序列数据,首先根据 PE reads 之间的 overlap 关系,将成对的 reads 拼接(merge)成一条序列,同时对 reads 的质量和 merge 的效果进行质控过滤,根据序列首尾两端的 barcode 和引物序列区分样品得到有效序列,并校正序列方向,即为优化数据。数据去杂方法和参数:

(1)过滤 reads 尾部质量值 20 以下的碱基,设置 50 bp 的窗口,如果窗口内的平均质量值低于 20,从窗口开始截去后端碱基,过滤质控后 50 bp 以下的 reads,去除含 N 碱基的 reads;

(2)根据 PE reads 之间的 overlap 关系,将成对 reads 拼接(merge)成一条序列,最小 overlap 长度为 10 bp;

(3)拼接序列的 overlap 区允许的最大错配比例为 0.2,筛选不符合序列;

(4)根据序列首尾两端的 barcode 和引物区分样品,并调整序列方向,barcode 允许的错配数为 0,最大引物错配数为 2。

使用软件:FLASH、Trimmomatic。

在系统发生学或群体遗传学研究中,为了便于进行分析,对序列进行聚类(cluster),即根据不同的相似度水平,对所有序列在 97% 的相似水平下进行 OTU 划分,软件平台:Usearch(vsesion 7.0, http://drive5.com/uparse/)。为了得到每个 OTU 对应的物种分类信息,采用 RDP classifier 贝叶斯算法对 97% 相似水平的 OTU 代表序列进行分类学分析,并分别在 domain(域)、kingdom(界)、phylum(门)、class(纲)、order(目)、family(科)、genus(属)、species(种)各个分类水平统计各样本的群落组成。比对数据库为 Silva(Release128 细菌 16S rRNA 数据库, http://www.arb-silva.de)。用 R 语言 1.35.1 作饼图、heatmap 图及 LEfSe[the linear discriminant analysis (LDA) effect size]多级物种差异判别分析。通过 P 值检验分析门水平环境因子与物种丰度之间的关系,并分析环境因子与细胞数之间的关系。

1.3.2　结果与讨论

1. 有色金属尾矿库理化性质分析

该尾矿库 pH 约 6.22，营养较低，TN 值介于 70.0～742.5 mg/kg 之间，TOC 值介于 1168～3438 mg/kg 之间，但是重金属含量较高。与广西土壤背景值相比较，表层样品中，Zn、As、Cd、Sb、Mn、Cu 和 Pb 的含量分别超标 123.5 倍、414.6 倍、1923.93 倍、37.76 倍、31.7 倍、25.1 倍和 31.2 倍。这些值都远远超过该地区的土壤背景值。飞灰也有可能是造成表层污染严重的因素之一。然而，Ti、Fe、Co 和 Cr 的含量与背景值几乎相当（表 1-15）。总之，表层和 50 cm 深层样品中重金属的含量远高于 100 cm 和 200 cm 深层的样品。As、Mn 和 Sb 的含量在 50 cm 深层样品中含量最高。

表 1-15　样本理化性质及其细胞数

	水平方向					垂直方向					
	位点			Std.	P 值	深度/cm				Std.	P 值
	L	M	H			0～10	50	100	200		
pH	6.30	6.38	5.98	0.24	0.489	6.32	6.12	6.23	6.20	0.28	0.957
TOC	1630	1860	15900	2740	0.779	370	300	234	206	41.5	0.050
TN	289	347	196	36.0	0.506	19400	16900	16500	14900	3170	0.757
TP	2660	2040	1990	229	0.127	2210	2020	2240	2440	264	0.683
Ti	403	197	293	90.4	0.265	487	205	246	253	104	0.259
Mn	3680	6560	7220	890	0.861	5480	7470	5980	4340	1030	0.175
Fe	19200	37800	62200	7530	0.083	43700	44600	35500	35200	8690	0.870
Co	3.18	6.37	11.0	1.09	0.124	7.38	8.99	5.85	5.16	1.26	0.174
Cu	187	264	455	87.3	0.103	523	242	239	204	101	0.151
As	3050	7000	13700	1530	0.190	8490	9810	6520	6890	1770	0.565
Cd	63.1	86.5	176	21.7	0.731	135	121	91.1	87.5	25.1	0.556
Sb	6100	127	113	2210	0.163	3060	555	4660	177	255	0.610
Pb	619	516	462	60.7	0.190	609	602	454	464	70.1	0.421
Cr	59	92	142	37.3	0.281	64.9	78.3	170	77.6	43.0	0.339
Zn	2030	3010	5100	1200	0.194	6400	2430	2350	2330	1380	0.197
lg N	6.49	5.70	5.96	0.32	0.203	7.16	5.54	5.68	5.83	0.36	0.080

2. 基于 OTU 微生物群落分类学分析

12 个样品共得到 889834 条原始序列，有效序列 444917 条。片段长度 447 bp± 3 bp。在分类学水平上 1299 个 OTU 分类单元包括 33 门、52 纲、112 目、204 科、227 属和 118 种。其中 65.96% 的 OTU 属于 Firmicutes，21.81%属于 Proteobacteria，4.16% 属于

Deinococcus-Thermus，1.67% 属于 Actinobacteria，1.64% 属于 Bacteroidetes，1.24% 属于 Chloroflexi，3.49% 属于余下的 27 个门（图 1-16）。多数 OTU 已在食品、深海沉积物、温泉、矿山废水及人体肠道中被发现。Firmicutes 门包括 4 个纲和 5 个目，其中 Bacilli 和 Clostridia 分别是丰度最大和多样性最高的纲，Bacillales 和 Clostridiales 分别是丰度最大和多样性最高的目。Proteobacteria 包括了 9 个纲和 45 个目，其中 Betaproteobacteria 和 Gammaproteobacteria 分别是丰度最大和多样性最高的纲，Hydrogenophilales 和 Legionellales 分别是丰度最大和多样性最高的目。Bacteroidetes 门包括 4 个纲和 5 个目，其中 Sphingobacteriales 纲和 Sphingobacteriia 目丰度和多样性最高。

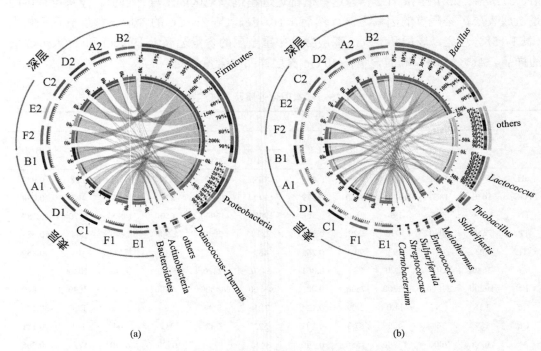

(a)　　　　　　　　　　　　　(b)

图 1-16　表层和深层环境中样本与细菌群落的物种关系图

(a)门水平；(b)属水平

图中仅显示相对丰度大于 1%的门和属

Bacillus、*Lactococcus*、*Streptococcus*、*Paenibacillus*、*Cronobacter*、*Pseudomonas* 和 *Enterobacter* 是主要的细菌属，其中 *Bacillus* 和 *Lactococcus* 是优势属，并且在酸性 Cu/Pb-Zn 尾矿中有报道。*Bacillus* 有嗜热、嗜冷、嗜酸、嗜碱、耐盐等特点。*Lactococcus* 能够适应多种环境，如抗生素、酸性、氧化、渗透压力和热环境。一些 S-/Fe- 氧化菌也被发现，包括 *Thiobacillus*、*Enterococcus* 和 *Acidiferrobacter*，在 12 个样品中占 OTU 比例为 4.2%～7.2%。而 *Enterococcus*、*Streptococcus* 和 *Acidiferrobacter* 分别能够编码胡敏酸降解基因、*LuxS* 基因和碳固定基因。与深层样品相比较，在表层样品中 *Acidiferrobacter* 的丰度更大，而 *Streptococcus* 与之相反。其他低丰度的菌属，如 *Meiothermus* 和 *Sphingomonas* 也被检测到。有趣的是，*Meiothermus* 属于 Deinococcus-Thermus 门，仅包

含一个纲(Deinococci)和两个目(Meiothermus 和 Thermus)，常出现在温泉及其他高温环境。*Sphingomonas* 能够在寡营养环境生存，并且可以将疏水多环芳烃作为碳源。这些抗性菌株的适应性可能与抗性基因的表达有关。

3. 细菌群落的垂直分布

用 Good's coverage、Chao1 和 Shannon 指数来评估表层和深层环境中细菌群落的 α-多样性(表 1-16)。Good's coverage 指数介于 99.54%～99.83%之间，说明测序结果能够代表真实环境。Chao1 和 Shannon 指数表明除了样点 E 和 F，表层样品的多样性高于深层样品，样点 E 和 F 有可能受 TN 含量的影响。说明表层和深层样品中细菌丰度差异性较大。同时，表层样品细菌细胞数介于 2.39×10^6～4.59×10^8 拷贝数/g(干土)之间　　　(表1-15)。深层样品细胞数明显降低，除了样点 F。相关性分析表明，Zn 含量与细胞数呈正相关，相关性系数为 0.512(表 1-17)。

表 1-16　表层和深层样本中物种 α-多样性指数

样点		读长	97%的相似水平				NSTI
			OTU	Chao 1	coverage	Shannon	
表层环境	E1	34075	185	235	0.998	1.43	0.05
				211,282		(1.41, 1.45)	
	F1	31409	717	821	0.995	3.89	0.11
				785,875		(3.87, 3.92)	
	C1	30209	508	623	0.996	3.12	0.12
				579,693		(3.09, 3.14)	
	D1	39127	674	776	0.997	3.82	0.13
				739,833		(3.8, 3.84)	
	A1	40212	507	569	0.998	3.12	0.08
				544,612		(3.1, 3.15)	
	B1	35750	637	702	0.997	3.47	0.12
				676,745		(3.45, 3.5)	
深层环境	E2	38692	280	333	0.998	1.78	0.04
				309,376		(1.76, 1.8)	
	F2	40103	748	883	0.996	3.87	0.11
				840,947		(3.85, 3.89)	
	C2	34791	193	260	0.998	1.41	0.04
				229,317		(1.39, 1.43)	
	D2	36078	493	579	0.997	2.17	0.07
				546,632		(2.14, 2.2)	
	A2	32824	266	367	0.997	1.81	0.05
				327,434		(1.78, 1.83)	
	B2	35281	390	508	0.996	1.74	0.05
				465,575		(1.71, 1.76)	

表 1-17 基于环境因子和 16S rRNA 细胞数之间的相关性分析 ($n=24$)

	pH	TN	TOC	TP	Ti	Mn	Fe	Co	Cu	Zn	As	Cd	Sb	Pb	Cr	lg N
pH	1															
TN	0.433*	1														
TOC	0.308	0.359	1													
TP	0.481*	0.215	0.064	1												
Ti	0.447*	0.144	0.058	0.523**	1											
Mn	-0.249	-0.047	0.155	-0.497*	-0.241	1										
Fe	-0.453*	-0.271	0.024	-0.454*	-0.164	0.628**	1									
Co	-0.361	-0.196	0.100	-0.371	-0.087	0.646**	0.900**	1								
Cu	-0.058	-0.003	0.353	-0.049	0.160	0.202	0.560**	0.575**	1							
Zn	-0.180	-0.083	0.299	-0.139	0.167	0.113	0.490*	0.474*	0.935**	1						
As	-0.447*	-0.329	-0.103	-0.328	-0.034	0.611**	0.863**	0.924**	0.441*	0.381	1					
Cd	-0.330	-0.287	0.056	-0.202	0.070	0.433*	0.768**	0.862**	0.783**	0.726**	0.854**	1				
Sb	0.509*	0.122	-0.165	0.358	0.577**	-0.318	-0.479*	-0.402	-0.124	-0.133	-0.338	-0.143	1			
Pb	-0.003	0.496*	0.148	0.343	0.130	0.091	0.074	0.049	0.235	0.146	-0.011	0.050	-0.086	1		
Cr	0.057	-0.060	-0.050	-0.138	-0.232	-0.044	-0.138	-0.122	-0.181	-0.129	-0.100	-0.168	-0.114	-0.441*	1	
lg N	-0.362	-0.007	-0.011	-0.048	0.158	-0.098	0.197	0.059	0.388	0.481*	0.070	0.212	-0.207	0.341	-0.122	1

注: TOC, 总有机碳; TN, 总氮; TP, 总磷; lg N, 16S rRNA 基因拷贝数。

* $P < 0.05$;

** $0.001 < P \leq 0.01$。

　　通过聚类分析进一步地分析各样点之间的差异[图 1-17(a)]。结果显示样点 A1 和 B1、C1 和 F2、A2 和 E2、B2 和 D2 之间差异性最小。尽管尾矿库的堆积是随机的、不均匀的，但是深层环境中细菌分布的均匀度高于表层，这一现象的出现有可能与 Pb 含量有关(图 1-17)。表层和深层样品中，Firmicutes 和 Proteobacteria 门是优势物种。而在 Cu 表层尾矿中，Proteobacteria 占 40%，Actinobacteria 占 19%，Euryarchaeota 占 12%，

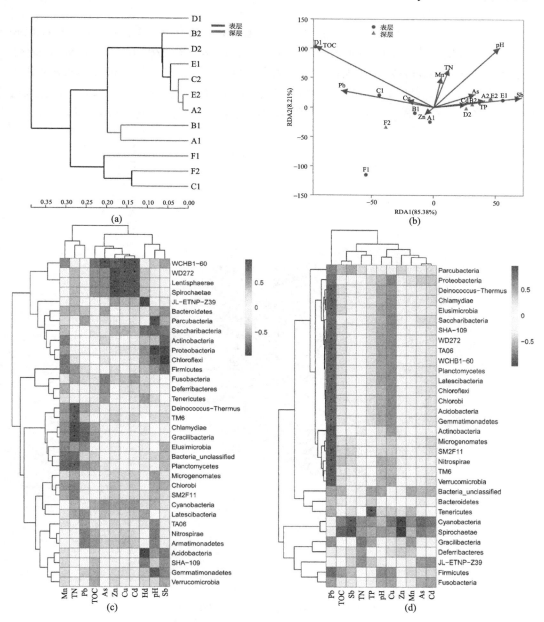

图 1-17　(a)基于贝叶斯层级聚类分析；(b)基于 OTU 对理化性质和样点之间的 RDA 分析；(c)和(d)物种与理化性质之间的相关性分析，其中 TOP32 的物种用于相关性分析

Firmicutes 占 9.5%；在中性酸性尾矿废水中，Deinococcus-Thermus 为优势物种。表层环境中 Saccharibacteria 和 Chlamydiae 是特殊门，*Gaiella*、*Leeia*、*Acidithiobacillus*（S-氧化菌）、*Metallibacterium*（金属抗性菌属）、*Lachnospiraceae NK4A136* 和 *Prevotellaceae UCG*-001 为特殊菌属。深层环境中，Nitrospirae、Parcubacteria 和 Chlorobi 为特殊门，*Nitrospira*、*Massilia*、*Sulfuricurvum* 和 *Sulfuricella* 为特殊菌属。微生物类群的差异性主要受 pH 和重金属含量的影响。

　　LEfSe 分析进一步表明了表层和深层环境中微生物分布的差异性及生物标记物（图 1-18）。表层环境中从门到属水平，以 *Actinobacteria*、*WCHB*1-60、*Planctomycetes*、*Cyanobacteria* 和 *Elusimicrobia* 菌群的变化为主。深层环境以厌氧菌 *Spirochaetae* 变化为主，而且 Zn、Cu、Cd 含量对其分布影响较大。*Actinobacteria* 和 *Cyanobacteria* 在表层和深层环境中差异性最大，可以作为生物标记物用来检测尾矿库复合污染的程度。

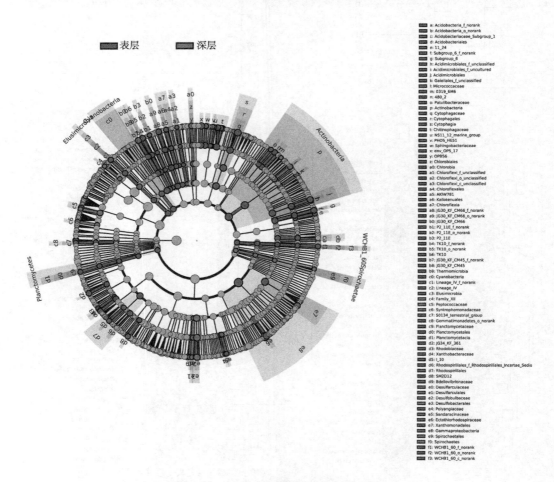

图 1-18　LEfSe 多级物种差异判别分析

　　是什么导致尾矿库中细菌群落丰度及分布的差异性？环境因子的变化能够趋使微生物群落的进化，而且每一个环境因子对微生物的进化有着不均一的影响，其中一两个因子为主导因子。已有研究认为 pH、TC、TN、电导率、总硫(total sulfur, TS)、总铁等对微生物群落有一定的影响。同时微生物也通过改变抗性机理、细胞膜的通透性、细胞功能及 DNA 结构来适应环境。表层环境中。细菌的分布与 TN、As、Zn、Cu 和 Cd 含量呈正相关,而与 pH、TP 和 Sb 含量呈负相关[图 1-17(c)和图 1-17(d)]。这些因素对表层细菌分布的影响并不均一,同时,Chlamydiae、Deinococcus-Thermus、Gracilibacteria、Planctomycetes 和 TM6 门与 TN 含量相关,JL-ETNP-Z29 和 Acidobacteria 门与 pH 呈负相关。Proteobacteria 和 Chloroflexi 与 TP 和 Sb 含量呈负相关。低丰度物种 WCHB1-60、WD272、Lentisphaerae 和 Spirochaetae 与 Cu、Zn、Cd 含量相关。另外,As 含量与 WCHB1-60 呈正相关。而在深层环境中,一些主导因子,如 Pb、Sb、Zn、TP 含量对细菌分布也有一定影响。Pb 含量对大多数细菌群落有影响[图 1-17(c)和图 1-17(d)]。Cyanobacteria 和 Spirochaetae 门的分布与 Sb 和 Zn 含量有关。总之,pH、TN、TP、Pb、Cu、Zn、Sb 和 Cd 含量的变化可以很好地预测细菌群落的变化。

众所周知,金属抗性机理研究是基于染色体,本研究的统计分析都是基于尾矿库压力选择环境下基因的水平转移。细菌门水平的分类,包括了代表性的 γ-阴性/阳性细菌、蓝藻细菌、Thermus spp. 和 Deinococcus spp. 都有一定的 DNA 转移能力。多数研究主要集中在嗜压菌、嗜热菌及一些抗性微生物。本研究中,优势菌群 Bacillus 和 Lactococcus 属于 γ-阳性细菌。作为一种人工的极端环境,S-/Fe- 氧化、重金属抗性、有机物降解及嗜热菌属的出现能够为后期有色金属尾矿库的生物修复提供更多的信息。为了在更大尺度上进一步了解微生物的分布变化,在后期的研究中季节性变化应当考虑在内。

总之,在表层和深层环境中 Firmicutes 和 Proteobacteria 为优势门。微生物的垂直分布及生物标记物(Actinobacteria 和 Cyanobacteria)能够为有色金属尾矿库原位生物修复提供指导。深层环境中细菌细胞数明显下降,同时 TN、TP、Zn、Cu、Cd、Sb 和 Pb 含量是生物修复的限制性因子。

1.4 磷投加对重金属有效性及微生物群落的影响研究

利用含磷物质钝化修复该地区污染土壤,并利用化学提取方法评估重金属固定效率。同时,土壤是一个"类生命体",其中土壤微生物群落广泛参与土壤 C、N、P 等元素循环,而且对环境变化较为敏感。外源修复物质的添加及修复过程引起的重金属有效态与其他土壤理化性质的变化必然影响土壤微生物群落,进而对土壤生态系统产生影响。但是,目前大量的研究多集中于单独利用化学方法评估修复效果,忽视了修复过程对土壤生态系统的潜在负面影响。因此,本章介绍利用多种生物学方法研究修复过程对土壤微生物群落的影响。

1.4.1 重金属修复模拟实验

分别投加两种磷酸盐到污染土壤中,并研究磷投加对土壤重金属的固定效果及修复过程对微生物群落的影响。两种磷酸盐分别为磷酸二氢钾(KH_2PO_4)和磷酸氢二钾(K_2HPO_4)。土壤处理方案为:称量风干土壤 50 g 置于 PP 材质塑料杯中;向杯中喷洒提前配制好的不同浓度的磷酸二氢钾或磷酸氢二钾水溶液，最终使土壤含水率为 18%，而投加的磷酸根含量与土壤中 Pb、Zn、Cd 三种重金属元素含量的摩尔质量比（P∶HMs）分别为 1∶1、2∶1 及 5∶1；用干净的塑料棒搅拌，使水分与磷酸盐在土壤样品中均匀分布；将所有样品置于 30℃培养箱中培养 30 d，并每隔 3 d 取出，添加去离子水保持含水率。同时设置一个对照组，每种处理设置三个重复。本章共设置 21 个样品进行实验。

培养实验结束后，收集土壤样品。每份土壤样品分为两部分，一部分直接保存于 4℃冰箱中，用于微生物活性分析及微生物群落结构分析等；另一部分经风干、碾磨、过筛等，用于 pH 测定和 BCR 法提取实验。

1.4.2 原始重金属污染程度评估

原始土壤样品的重金属含量等统计于表 1-18 中。该土壤样品的重金属 Pb、Cd 和 Zn 全量分别为 1141.60 mg/kg、31.83 mg/kg 和 2119.28 mg/kg，明显高于它们在《农用地土壤环境质量标准》中相应的含量限值，超标倍数分别为 13.27 倍、78.58 倍和 9.60 倍。以往的重金属采选冶活动造成了该研究点位土壤严重的重金属污染。BCR 提取方法第一步（BCR1）的提取结果显示 Pb、Cd 和 Zn 三种重金属的有效态含量依旧明显高于它们在《农用地土壤环境质量标准》中相应的总量含量限值，表明该土壤中 Pb、Cd 和 Zn 等重金属的有效性与迁移性较高，会污染周边环境或被植物吸收而进入食物链，最终危害人体健康。因此，该研究点位的土壤污染亟须治理。

表 1-18　原始土壤样品的重金属含量（mg/kg）

重金属	全量	含量限值	BCR1 可提取量
Pb	1141.60 ± 76.08	80.00	130.27 ± 5.03
Cd	31.83 ± 0.44	0.40	21.29 ± 0.30
Zn	2119.28 ± 156.98	200.00	904.67 ± 15.51

1.4.3 磷投加对土壤 pH 的影响

修复实验结束后，各土壤样品的 pH 如图 1-19 所示。无磷酸盐投加的土壤样品（对照组）在 30 d 的培养周期后，pH 为 6.30。而投加了不同磷酸盐的土壤样品 pH 均有不同程度的上升，而且 pH 随着磷酸盐投加量的增多而升高。在酸性体系中（$2.15 < pH < 7.20$），磷酸根以 $H_2PO_4^-$ 为主。磷酸根与土壤的吸附位点有很高的亲和力，可以被土壤专性吸附。土壤对磷酸根的吸附机理为配位基交换反应，每吸附一个 $H_2PO_4^-$，净释放一个 OH^-，引起土壤胶体表面负电荷增加或土壤溶液的 pH 升高。一般铵-磷酸盐和钙-磷酸盐会降低土壤 pH，而其他磷酸盐类提高土壤 pH。Hong 等的研究也报道了类似结果：投加磷酸氢二钾和磷酸二氢钾至 Cd 污染土壤中显著提高了土壤的 pH。

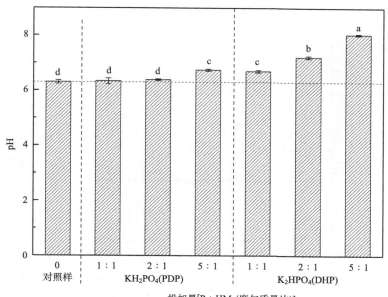

图 1-19　磷酸盐投加后各土样 pH

但是,两种磷酸盐对土壤 pH 的影响存在部分差异。与磷酸氢二钾相比,磷酸二氢钾对土壤 pH 的影响较小。当磷酸二氢钾的投加剂量为 P∶HMs(摩尔质量比)=5∶1 时,土壤 pH 由 6.30 升至 6.74。但是磷酸氢二钾在投加剂量为 P∶HMs(摩尔质量比)=1∶1 时,已经使土壤 pH 由 6.30 升至 6.70;并且,随着磷酸氢二钾投加剂量升高至 P∶HMs(摩尔质量比)=5∶1 时,土壤 pH 升至 8.04。

1.4.4　磷投加对重金属迁移性和有效性的影响

BCR 方法的第一步(BCR1)可提取土壤样品中水溶态和可交换态的重金属,其包含最不稳定和易迁移的重金属组分,并对微生物群落产生危害。因此,BCR1 被用于提取不同处理土样中水溶态和可交换态的重金属,并评价修复前后的土壤样品中重金属迁移性和有效性,实验结果如图 1-20 所示。只添加了去离子水的土壤样品中,各重金属的 BCR1 可提取含量与原始土壤相比,差异较小。磷酸盐投加对 Pb、Cd 和 Zn 三种重金属 BCR1 可提取含量产生了不同的影响。

1. 磷投加对土壤 Pb 的 BCR1 可提取含量的影响

两种磷酸盐的投加显著降低了土壤中 Pb 的 BCR1 可提取含量(BCR1-Pb);随着磷酸盐投加量的增加,土壤 BCR1-Pb 含量呈显著的降低趋势。原始土壤中 BCR1-Pb 含量为 130.27 mg/kg,Pb 具备较高的危害性。当土壤中两种磷酸盐的投加量为 P∶HMs(摩尔质量比)=5∶1 时,土壤 BCR1-Pb 含量分别被磷酸二氢钾和磷酸氢二钾显著($P<0.05$)降低至 12.56 mg/kg 和 17.99 mg/kg,其对应的固定率分别为 90.36% 和 86.19%,表明磷酸盐能够显著降低土壤中 Pb 的迁移性和生态风险。近年来,投加含磷物质固定土壤中 Pb 元

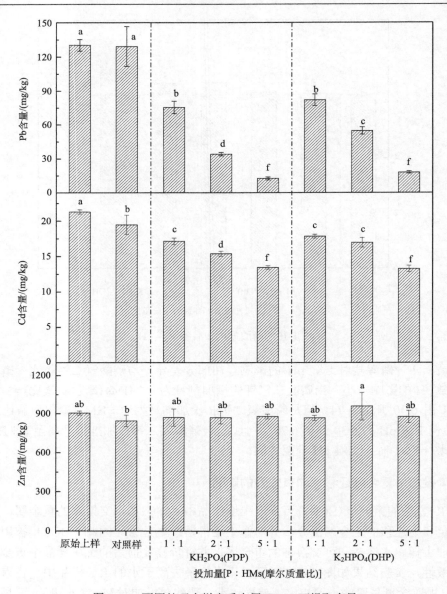

图 1-20 不同处理土样中重金属 BCR1 可提取含量

素的研究受到了广泛关注。投加的含磷物质中的磷酸根可以与土壤中的 Pb^{2+} 反应生成磷酸铅沉淀或磷氯铅矿 $[Pb_5(PO_4)_3X，X=Cl^-、OH^-、F^-]$，而这些 Pb 的盐类物质在较大范围的 pH 和 Eh 内都比较稳定且溶解性较低。左继超等添加含磷物质（KH_2PO_4）至 Pb 污染土壤中，并采用 BCR 三步提取法评价钝化效果，研究发现酸提取态 Pb 含量随着磷投加量的增加而降低；残渣态 Pb 含量随着磷投加量的增加而升高，说明含磷物质能降低土壤中 Pb 的生物有效性；添加含磷物质处理的土壤 Pb 解吸量与其他处理的土壤相比较少，说明钝化后的 Pb 稳定性更高。因此，含磷物质可作为土壤 Pb 污染治理的钝化修复材料。

2. 磷投加对土壤 Cd 的 BCR1 可提取含量的影响

两种磷酸盐的投加对土壤中 Cd 的 BCR1 可提取含量（BCR1-Cd）影响趋势与其对 BCR1-Pb 含量的影响趋势类似，BCR1-Cd 含量随着磷酸盐投加量的增多而减少。当土壤中两种磷酸盐的投加量为 P∶HMs（摩尔质量比）=5∶1 时，土壤 BCR1-Cd 含量分别被磷酸二氢钾和磷酸氢二钾显著（$P< 0.05$）降低至 13.46 mg/kg 和 13.28 mg/kg。两种磷酸盐对土壤中 Cd 的固定率分别为 36.78% 和 37.62%。其他研究人员利用多种含磷物质钝化修复土壤 Cd 污染，其研究结果同样发现磷酸二氢钾和磷酸氢二钾能显著降低土壤中 NH_4OAc 可提取态 Cd 含量（植物可提取态）；Cd 钝化率随着磷酸盐投加量的增高而增大。磷酸根可与土壤中有效态 Cd 离子反应，并生成在土壤 pH 为 3～12 范围内相对稳定的难溶性磷酸镉 $[Cd_3(PO_4)_2]$ 沉淀，因此可有效降低 Cd 有效性。同时，磷酸根在土壤颗粒物表面的专性吸附可引起土壤 pH 升高及土壤阴离子含量增多，也会降低土壤中 Cd 的迁移性和有效性。

但是，磷投加对于土壤中 Cd 元素的固定效率与其对 Pb 的固定率相比较低。土壤中还存在大量的不稳定、易迁移的 Cd，会污染周边环境及危害当地居民健康。因此，更大剂量的磷酸盐或其他修复技术还需要被采用以修复土壤中 Cd 污染。

3. 磷投加对土壤 Zn 的 BCR1 可提取含量的影响

与 BCR1-Pb 和 BCR1-Cd 含量的变化趋势不同，BCR1-Zn 在不同磷酸盐投加量下无明显变化。在多重金属污染条件下，磷投加对土壤 Zn 的固定效率较低。土壤中共存的重金属离子会与 Zn 争夺磷酸根，从而影响 $Zn-PO_4$ 类矿物的形成；植物和微生物分泌的小分子酸类物质也会影响 $Zn-PO_4$ 类矿物的稳定性。因此，在多重金属存在条件下，磷投加钝化修复土壤 Zn 效果较差，可能需要多种方法的开展来降低其生态风险。

两种磷酸盐的投加对土壤中三种重金属元素的固定率大小顺序为：Pb> Cd> Zn。已有研究表明，在多重金属存在条件下，磷酸根对 Pb^{2+} 有较高的亲和力，因此可显著降低土壤中 Pb 的迁移性和有效性。但是，经磷投加治理后的土壤中 Cd 和 Zn 的迁移性和有效性依旧较高，因此需采用更多的技术降低其生态风险。

1.4.5　磷投加对土壤微生物活性的影响

微量热法和酶活性检测技术可测定修复后污染土壤中微生物活性，以检验土壤钝化修复后重金属的毒性是否降低，并研究修复过程的生态影响。

1. 微量热分析结果

在活细胞内发生的所有代谢过程都会产生热量，因此可利用微量热仪监测土壤样品的热量变化来反映土壤样品中微生物的代谢过程。土壤修复后，各土壤样品中微生物活性的微量热法检测结果如图 1-21 所示。

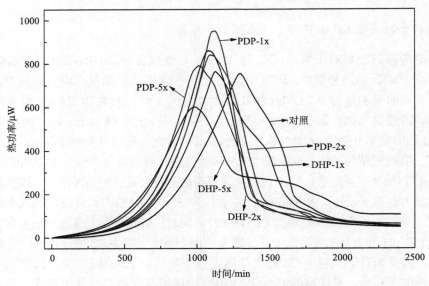

图 1-21　修复后各土壤样品的热功率曲线图

　　各土壤样品的热功率曲线间存在明显区别，说明各土壤样品间微生物活性的差异明显，也反映投加的磷酸盐的种类和剂量均对土壤微生物活性产生了影响。通过分析及计算热功率曲线，所得的热功率参数如表 1-19 所示，热功率参数随磷酸盐投加剂量增大的变化趋势如图 1-22 所示。

　　与对照组相比，经过磷酸盐投加处理的土壤样品的 P_{max} 值较大。当土壤样品中磷酸二氢钾的投加量为 P∶HMs（摩尔质量比）＝1∶1 时，该样品的 P_{max} 值为所有样品中最大值，为 896.29 μW。磷酸氢二钾投加处理的样品中，投加量为 P∶HMs（摩尔质量比）＝2∶1 的土壤样品产出最大 P_{max} 值，为 817.92 μW。但是，高剂量的磷酸盐投加对 P_{max} 值产生抑制作用。当磷酸氢二钾的投加量为 P∶HMs（摩尔质量比）=5∶1 时，土壤样品的 P_{max} 值（636.77 μW）明显低于对照组的 P_{max} 值（722.07 μW）。

表 1-19　修复后各土壤样品的热功率参数

样品	投加量 P∶HMs（摩尔质量比）	热功率参数		
		$P_{max}/\mu W$	T_{max}/min	$k/(\times 10^{-3}\ min^{-1})$
对照	0	722.07 ± 31.59c	1268.83 ± 33.45a	4.71 ± 0.20bc
KH$_2$PO$_4$				
PDP-1x	1∶1	896.29 ± 47.01a	1123.67 ± 16.25bc	4.97 ± 0.12a
PDP-2x	2∶1	832.42 ± 52.35ab	1147.33 ± 50.02b	4.76 ± 0.03ab
PDP-5x	5∶1	789.61 ± 15.37bc	1062.33 ± 42.75cd	4.51 ± 0.04c
K$_2$HPO$_4$				
DHP-1x	1∶1	780.00 ± 72.13bc	1125.17 ± 16.92bc	4.94 ± 0.06ab
DHP-2x	2∶1	817.92 ± 44.55ab	1071.00 ± 44.84c	4.75 ± 0.19abc
DHP-5x	5∶1	636.77 ± 52.82d	1006.00 ± 16.46d	4.05 ± 0.14d

注：a、b、c、d 表示 ANOVA 方差检验结果，其中 ab、bc、cd、abc 等表示不相关。

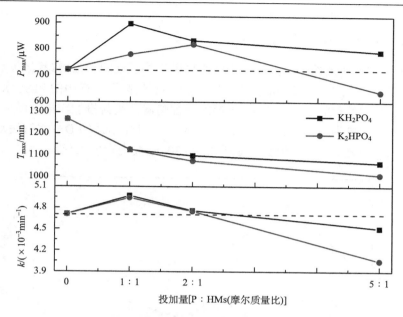

图 1-22　热功率参数随磷酸盐投加剂量的变化趋势

相对较高的 T_{max} 值通常是由微生物新陈代谢的延迟造成的，因而较高的 T_{max} 值可以从侧面反映出土壤样品中较低的微生物活性。所有样品中，对照组的 T_{max} 值最大，为 1268.83 min，说明该土壤样品中微生物不易消耗分析过程中添加的葡萄糖和硫酸铵并生长代谢。随着磷酸盐投加量的增多，T_{max} 值呈递减趋势。先前的研究结果表明 T_{max} 值与细菌数量间存在负相关性，即较低的 T_{max} 值代表样品中较高的细菌丰度。因而可以推断磷酸盐投加降低了重金属元素的生态毒性，提高了细菌的丰度。

生长速率常数 k 作为可代表土壤总体微生物活性的指标，常被用于不同污染条件下土壤微生物活性的定性及定量分析。当土壤中两种磷酸盐投加量为 P：HMs（摩尔质量比）=1：1 时，磷酸氢二钾和磷酸二氢钾处理条件下的土壤 k 值分别被提升至 4.97×10^{-3} min^{-1} 和 4.94×10^{-3} min^{-1}。但是，随着磷酸盐投加量的继续增多，k 值呈降低趋势。当两种磷酸盐按最大剂量投加时，磷酸氢二钾和磷酸二氢钾处理下土壤 k 值明显低于对照组样品的 k 值，分别为 4.05×10^{-3} min^{-1} 和 4.51×10^{-3} min^{-1}，而且磷酸氢二钾显示了更大的抑制率。与对照组相比，低剂量的磷酸盐投加[P：HMs（摩尔质量比）为 1：1 或 2：1]提高了 k 值；高剂量的磷酸盐投加[P：HMs（摩尔质量比）为 5：1]则明显抑制了 k 值。高剂量的磷酸盐投加对 k 值的抑制作用可能与磷酸盐投加所引起的土壤 pH 升高相关。

以往的研究表明，更高的 P_{max} 值和 k 值、较低的 T_{max} 值可反映土壤样品中较高的微生物活性。微量热法检测结果显示大多数磷酸盐投加修复的土壤样品都具有高于未处理样品的微生物活性。然而，高剂量的磷酸盐投加也展示了对土壤微生物活性的抑制作用，而且磷酸氢二钾对微生物活性的抑制作用高于磷酸二氢钾。

2. 土壤 FDA 水解酶活性分析结果

土壤 FDA 水解酶活性被广泛应用于土壤总微生物活性的表征。修复结束后各土样的 FDA 水解酶活性结果如图 1-23 所示。磷酸盐投加显著提高了土样中的 FDA 水解酶活性，而且经磷酸盐投加处理的土样中 FDA 水解酶活性随着磷酸盐投加剂量的增加而增加。当两种磷酸盐的投加量为 P∶HMs(摩尔质量比)＝5∶1 时，土壤 FDA 水解酶活性最大，分别为 68.73 μg 荧光素/g 土(磷酸二氢钾)和 96.30 μg 荧光素/g 土(磷酸氢二钾)。

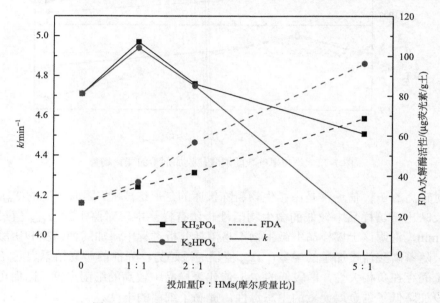

图 1-23　土壤 FDA 水解酶活性与 k 值的变化趋势

3. 土壤微生物活性统计分析

磷酸盐投加到土壤后，会与重金属反应形成不溶性沉淀物而降低重金属的有效性和毒性，降低重金属对土壤微生物的毒害作用，从而间接提高土壤微生物活性。同时，添加的磷酸盐可以为土壤微生物提供营养，刺激其新陈代谢活动并提高微生物活性。微量热法与土壤 FDA 水解酶活性检测结果均表明两种磷酸盐的低剂量投加提高了土壤微生物活性，有助于恢复土壤质量。

但是微量热法检测结果发现高剂量磷酸盐投加对土壤微生物活性的抑制作用，而土壤 FDA 水解酶活性的测定结果只显示磷酸盐投加对土壤微生物活性的促进作用，如图 1-23 所示。

本节进一步利用相关性分析方法研究微生物活性参数与环境因子间的相关性，并解释不同方法结果差异性的原因。各因子间相关性分析结果如表 1-20 所示。

表 1-20　微生物活性参数与环境因子间的相关性

	投加量	BCR1-Pb	BCR1-Cd	BCR1-Zn	pH	P_{max}	T_{max}	k	FDA
KH₂PO₄									
投加量	1.00								
BCR1-Pb	−0.89	1.00							
BCR1-Cd	−0.95	0.99*	1.00						
BCR1-Zn	0.79	−0.93	−0.91	1.00					
pH	0.98*	−0.77	−0.85	0.67	1.00				
P_{max}	0.06	−0.39	−0.30	0.66	−0.08	1.00			
T_{max}	−0.81	0.96*	0.94	−0.99**	−0.67	−0.61	1.00		
k	−0.70	0.41	0.51	−0.13	−0.77	0.67	0.18	1.00	
FDA	1.00**	−0.87	−0.93	0.78	0.98*	0.04	−0.79	−0.71	1.00
K₂HPO₄									
投加量	1.00								
BCR1-Pb	−0.94	1.00							
BCR1-Cd	−1.00**	0.95*	1.00						
BCR1-Zn	0.70	−0.89	−0.72	1.00					
pH	0.99**	−0.97*	−0.99*	0.78	1.00				
P_{max}	−0.61	0.32	0.60	0.13	−0.51	1.00			
T_{max}	−0.89	0.99*	0.91	−0.94	−0.93	0.21	1.00		
k	−0.88	0.68	0.85	−0.30	−0.83	0.87	0.56	1.00	
FDA	1.00**	−0.94	−0.99**	0.71	0.99**	−0.60	−0.88	−0.88	1.00

*在 0.05 水平上显著相关；

**在 0.01 水平上显著相关。

在分别由磷酸二氢钾和磷酸氢二钾修复的污染土壤中，磷酸盐的投加量与 BCR1-Pb 和 BCR1-Cd 含量间存在负相关性，磷酸盐投加量的增大可显著降低土壤中 Pb 和 Cd 的迁移性和有效性，有助于降低其生态风险。土壤 pH 与磷酸二氢钾和磷酸氢二钾投加量间的相关性系数分别为 0.98($P<0.05$) 和 0.99($P<0.01$)，显示磷酸盐投加可提高土壤 pH。土壤 pH 与 BCR1-Pb 和 BCR1-Cd 含量间也存在负相关性，说明磷酸盐投加引起的土壤 pH 升高可能会促进 Pb、Cd 等固定。

但是两种磷酸盐处理的土壤中，pH 均与热功率参数 P_{max} 和 k 间存在负相关性，因磷酸盐投加而引起的 pH 升高可能会影响土壤微生物活性。磷酸氢二钾在投加量为 P：HMs(摩尔质量比)=5：1 时显著降低了土壤中 Pb、Cd 的有效性，但也使土壤热功率参数 P_{max} 和 k 值显著低于未处理样品数值，说明高剂量的磷酸氢二钾投加抑制了土壤微生物活性，这可能与高剂量磷酸氢二钾投加引起的土壤 pH 升高相关。先前的研究结果还表明，过量的施入磷元素也会对土壤微生物活性造成抑制。因此，在今后利用含磷物质修复污染土壤前，应进行模拟实验研究不同含磷物质的环境效应并对含磷物质的种类和剂量进行最优选择，在提高重金属固定效率的同时保持或提高土壤微生物活性，消除修复过程对土壤环境质量的不利影响。

土壤 FDA 水解酶活性与 BCR1-Pb、BCR1-Cd 间呈负相关性，说明有效态 Pb、Cd 对土壤 FDA 水解酶活性的抑制作用。已有研究结果表明，重金属可以通过与酶的底物反应、使酶蛋白变性或与酶蛋白活性基团反应等机理来抑制酶活性。重金属还可通过抑制微生物活性来抑制土壤酶活性。磷酸盐投加显著降低了土壤中 Pb、Cd 等的有效性，间接促进了土壤 FDA 水解酶活性。相关性分析未发现 pH 等环境因素对土壤 FDA 水解酶活性的负面影响，可能土壤 FDA 水解酶活性在土壤环境中受有效态重金属的影响更大，而其他环境因素对其影响较小。

因此，采用不同技术修复重金属污染土壤过程中，需要监测土壤理化性质的变化，防止对土壤微生物群落产生较大的抑制作用。同时需利用化学和生物学方法研究修复后土壤的环境质量，以达到改良污染土壤的效果。两种磷酸盐中，磷酸二氢钾对土壤 pH 的提升较小，其在高剂量投加时对微生物活性的抑制作用也较小；在相同剂量下，磷酸二氢钾对 Pb、Cd 的固定效率高于磷酸氢二钾，因此磷酸二氢钾更适合于钝化该地区重金属污染土壤。

1.4.6　磷投加对土壤细菌群落结构的影响

1. 细菌 16S rDNA 基因片段 PCR 扩增

以提取的土壤总 DNA 为模板，利用通用引物 PCR 扩增细菌 16S rDNA 的 V3 区基因片段。PCR 扩增产物的琼脂糖凝胶电泳检测结果如图 1-24 所示。

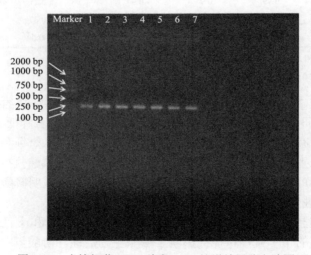

图 1-24　土壤细菌 DNA 片段 PCR 扩增结果鉴定胶图

1 号泳道为对照样；2~4 号泳道为投加了 KH_2PO_4 的样，投加量分别为 P：HMs(摩尔质量比) ＝1：1、2：1、5：1；5~7 号泳道为投加了 K_2HPO_4 的样，投加量分别为 P：HMs(摩尔质量比) ＝1：1、2：1、5：1

PCR 扩增使用的引物理论扩增长度为 180 bp。经过琼脂糖凝胶电泳检测，PCR 产物条带与 Marker 对比，条带长度符合扩增要求。同时，扩增产物条带明显，电泳过程中无其他非特异性条带，说明 PCR 产物可用于下游实验。

2. PCR 产物的 DGGE 分析

基于变性梯度凝胶电泳（DGGE）技术分离 PCR 产物中各 DNA 片段，并利用凝胶成像系统检测，结果如图 1-25 所示。

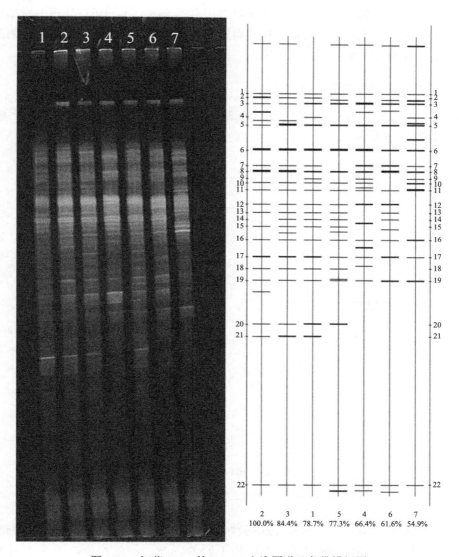

图 1-25　细菌 DNA 的 DGGE 电泳图谱及条带模拟图

1 号泳道为对照样；2～4 号泳道为投加了 KH₂PO₄ 的样，投加量分别为 P∶HMs（摩尔质量比）＝1∶1、2∶1、5∶1；5～7 号泳道为投加了 K₂HPO₄ 的样，投加量分别为 P∶HMs（摩尔质量比）＝1∶1、2∶1、5∶1

DGGE 技术可分离相同长度但不同序列的 DNA 片段，DGGE 图谱条带的多寡反映微生物种群多样性程度，每个条带代表不同的微生物优势菌群落，其中条带数量越多，表明微生物种群结构越复杂，反之则越简单。另外，条带的明暗程度可半定性细菌的丰度，条带越明亮则该细菌相对数量越多。

对照样与低剂量磷酸盐投加钝化修复的土样中条带数较多，但高剂量的磷酸盐投加钝化修复的土样中条带数减少。当两种磷酸盐的投加量为 P∶HMs(摩尔质量比)=2∶1时，磷酸氢二钾处理的土样条带数明显减少，而磷酸二氢钾处理的土样条带数无明显变化，说明磷酸氢二钾的投加更易于降低土壤细菌群落丰度。不同条件处理的样品中与对照组共有很多条带，土壤细菌群落结构具有较高的相似性，说明这些条带代表的土壤细菌相对稳定，不易受磷酸盐投加的影响。

3. 细菌群落多样性指数分析

DGGE 条带模拟图经过 Quality One 和 Excel 软件等计算后，各土样细菌群落结构多样性指数如图 1-26 所示。

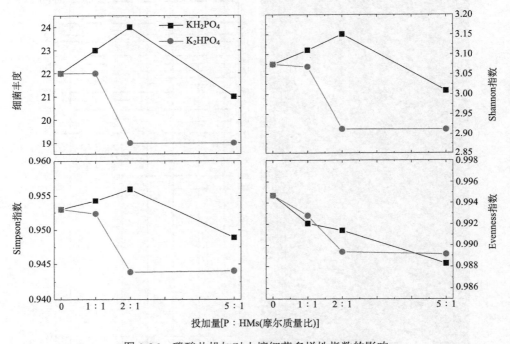

图 1-26　磷酸盐投加对土壤细菌多样性指数的影响

磷酸盐投加对细菌丰度、Shannon 指数、Simpson 指数产生了较为类似的影响。但是两种磷酸盐显示了对土壤细菌群落结构不同的影响。较低剂量的磷酸二氢钾投加[P∶HMs(摩尔质量比)=1∶1 和 2∶1]均促进了土壤中细菌的多样性；但是在高剂量投加时，呈现抑制作用。与磷酸二氢钾的影响不同，不同剂量的磷酸氢二钾都展示了对土壤细菌多样的负面影响。因此，两种磷酸盐中，磷酸二氢钾更适合于研究区污染土壤的钝化修复。

1.5　解磷菌的筛选及其对重金属的钝化修复研究

投加水溶性含磷物质可有效钝化修复土壤 Pb、Cd 等重金属污染土壤,但存在成本高、易造成周边水体富营养化等缺点。而难溶性含磷物质则因其低效的磷酸根释放效率影响修复效果。解磷菌可促进土壤中难溶性含磷物质中磷酸根的释放,进而钝化修复更多的有效态重金属。本节的研究内容为:从长期受重金属污染的土壤中筛选具备重金属抗性的高效解磷菌;研究其对重金属的抗性机理;利用解磷菌促进污染土壤中磷酸根的释放,钝化修复土壤重金属污染;研究解磷菌投加对土壤重金属固定效率的提升;基于微量热法分析解磷菌投加对土壤微生物群落的影响。

1.5.1　实验部分

1. 实验部分

菌株的筛选和鉴定。

本章拟从毕节市妈姑镇新厂村重金属污染农田土壤中筛选解磷菌。土壤采集的点位周边存在遗留矿渣,在长期雨水淋溶、微生物氧化条件下导致重金属溶出致使周边农田土壤存在较严重的 Pb、Cd 等重金属污染。而从受重金属污染的土壤中筛选出的菌株一般都对重金属存在抗性,因此可以保证筛选出的解磷菌在修复重金属污染时菌株的存活。

1)培养基组分

解磷固体培养基的成分为:蔗糖 10 g/L,磷酸钙 10 g/L,氯化钠 0.3 g/L,氯化钾 0.3 g/L,硫酸镁 0.3 g/L,硫酸亚铁 0.03 g/L,硫酸锰 0.03 g/L,硫酸铵 0.5 g/L,酵母提取物 0.5 g/L,琼脂 20 g/L,pH 7.2,115℃灭菌 30 min。解磷液体培养基的成分和固体相同,但是不含琼脂。

2)解磷菌的筛选

称取 10 g 过筛的土壤,倒入 250 mL 锥形瓶中,同时加入 100 mL 无菌水,于 28℃、150 r/min 条件下水平振荡 2 h,然后取出室温中静置 30 min。取 1 mL 上清液,转接于 100 mL 解磷液体培养基中,于 28℃摇床中 150 r/min 振荡 48 h。重复 3 次后取菌悬液 1 mL 梯度稀释至 10^{-7},然后取每一个稀释梯度的稀释液 100 μL,均匀地涂布在解磷固体培养基上,每个稀释度下重复 3 个平板。将所有平板倒置于 28℃恒温箱中培养。培养过程中,将出现有溶磷圈的菌落挑取出,培养于新的解磷固体培养基中,并做好菌种的标记。筛选出的单菌于 LB 培养基中富集培养之后利用甘油法保存菌株于–20℃冰箱中。同时,梯度稀释前的菌悬液也于 LB 培养基中富集培养后作为混合菌保存。

3)解磷菌群物种组成分析

解磷菌群于 LB 培养基富集培养后,提取菌体并利用试剂盒提取 DNA;PCR 扩增目标片段,并利用上海美吉生物医药科技有限公司 Illumina MiSeq 测试平台分析菌群物种组成。

2. 菌株基本特征分析

1）解磷菌溶磷量的检测

通过测定各解磷菌在液体培养基中的溶磷量，以比较各解磷菌解磷性能。操作步骤为：挑取微量细菌菌液于液体牛肉膏蛋白胨培养基中，在 37℃条件下活化 24 h，之后取 200 μL 细菌菌液加入至含 20 mL 液体解磷培养基的锥形瓶中，所有样品于 37℃培养箱中摇瓶培养，两天后离心分离并测定上清液中可溶性磷的含量及 pH。上清液中的磷酸根含量使用 ICP-OES 测定。

2）菌株对重金属的耐受性能研究

利用低磷培养基测定各菌株对 Pb、Cd 离子的耐受性能。培养基组分为：蔗糖 10 g/L，硫酸铵 1 g/L，磷酸氢二钾 0.5 g/L，硫酸镁 0.5 g/L，氯化钠 0.1 g/L，酵母提取物 0.5 g/L。pH 为 7.2，115℃灭菌 30 min。灭菌后的培养基冷却后，分别添加已过滤灭菌的硝酸铅、硝酸镉母液至不同重金属离子终浓度，在无菌操作条件下向含不同浓度重金属离子的培养基中接种 1%的各菌株培养液。接种后的培养基在 35℃、160 r/min 条件下培养 48 h 后观察培养基是否变浑浊，浑浊的菌液表示菌株在重金属离子胁迫下可生长繁殖。

3）重金属耐受机理研究

菌体表面官能团表征：菌株经牛肉膏蛋白胨培养基富集培养后，离心处理菌液并收集菌体，利用去离子水清洗菌体 3 次以去除残留的培养基组分，防止其对后续实验的影响。最后收集的菌体准确称量后溶于去离子水中并用容量瓶定容，作为菌体母液保存于 4℃冰箱中。将菌体母液投加至分别含 100 mg/L Pb^{2+} 和 Cd^{2+} 溶液的锥形瓶中，使菌体的浓度最终为 4 g/L（湿重），同时设置无重金属离子添加的对照组。全部样品于 30℃、150 r/min 恒温摇床中吸附 4 h。吸附实验结束后离心收集菌体，并于 60℃恒温箱中干燥、碾磨，然后利用红外光谱仪表征不同反应体系下菌体表面官能团。

吸附-解吸实验：不同的解吸液可以解吸被不同机理吸附的重金属离子，因此可基于不同解吸液对 Pb^{2+}、Cd^{2+} 的解吸量定量研究菌株对 Pb、Cd 的耐受机理。先前的研究表明 $EDTANa_2$ 溶液可以洗脱下与细胞壁上的羧基和磷酸组等结合的重金属离子；NH_4NO_3 溶液可以洗脱下与细胞壁多糖上的 K、Ca、Na 等离子交换后存在于细胞壁上的重金属离子；去离子水可以洗脱下通过简单物理作用吸附到细胞壁上的重金属离子。

吸附实验初始反应体系为菌体浓度 4 g/L、Pb^{2+} 或 Cd^{2+} 含量为 100 mg/L、pH 5.5、体积为 10 mL。每种重金属离子设置 9 组反应组，另设置 3 组无菌液投加的对照组。吸附-解吸实验步骤为：溶液于 30℃、150 r/min 恒温摇床中反应 4 h，于 4℃条件下 8000 r/min 离心 10 min；将上清液移至新离心管中，并于 4℃冷藏；9 组吸附反应离心管中 3 组加入无菌水 10 mL，3 组加入 1 mol/L 硝酸铵溶液 10 mL，3 组加入 0.1 mol/L $EDTANa_2$ 溶液 10 mL 后于 30℃、150 r/min 恒温摇床中解吸 2 h；所有离心管在 4℃条件下 8000 r/min 离心 10 min；将上清液移至新离心管中并于 4℃冷藏；收集所有样品后使用 ICP-OES 测定上清液中的 Pb^{2+} 或 Cd^{2+} 含量。

3. 土壤修复模拟实验

利用筛选出的解磷菌修复重金属污染土壤,待修复的土壤采集于妈姑镇一个废弃的选矿厂周边。长期的人类活动造成了该区域内土壤严重的重金属污染。采集的土壤经自然风干后冷藏保存,待修复实验开展时取出。待修复的土壤中 Pb、Cd 元素含量分别为435.36 mg/kg 和 5.86 mg/kg。共设置两种不同的投加方式修复污染土壤:一种为磷酸钙单独投加方式,另一种为磷酸钙–解磷菌复合投加方式。解磷菌为筛选出的混合菌,经牛肉膏蛋白胨培养基富集培养后离心收集,并用去离子水冲洗三次后用去离子水重悬至OD600 值为 1 的菌体母液。分别称量 50 g 的风干污染土壤置于 PP 材质塑料杯中,并称量不同质量的磷酸钙粉末倒入杯中搅匀,使土壤中投加的磷酸钙含量分别为 2.12 mg/g、4.24 mg/g 和 10.6 mg/g,每个处理组共设置 6 个样品。其中,3 个样品中添加菌体母液,并使最终土壤含水率为 18%;剩余的 3 个样品中添加去离子水,并使最终土壤含水率为18%。另外,设置对照组样品(无菌液和磷酸钙投加,添加去离子水使其含水率为 18%)。修复模拟实验共设置 21 个样品进行实验。将所有样品置于 30℃培养箱中培养 15 d。每隔 3 d 取出,添加去离子水以保持含水率。

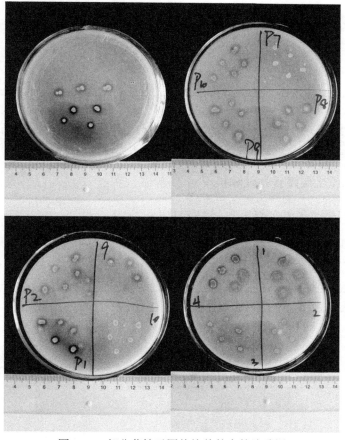

图 1-27　部分菌株于固体培养基中的溶磷圈

培养实验结束后，收集土壤。每份土壤分为两部分，一部分直接保存于 4℃冰箱中，用于后续的微生物活性分析；另一部分经风干、碾磨、过筛等，用于有效磷含量测定及重金属有效性含量测定。

1.5.2 解磷菌的筛选及解磷性能

共计筛选出 16 株解磷菌及一组解磷菌群。首先利用溶磷圈测定方法初步判定不同菌株的溶磷能力。部分菌株在固体培养基上的溶磷效果如图 1-27 所示。

然后利用液体培养法定量对比分析各菌株的溶磷能力。经过 2 d 的培养后，各菌株培养基上清液中可溶性磷含量及菌液 pH 如表 1-21 所示。

表 1-21 各菌株溶磷量统计表

菌株编号	溶磷量/(mg/L)	pH	菌株编号	溶磷量/(mg/L)	pH
空白	4.3	6.98	P1	219.0	4.82
混合菌	472.9	4.57	P2	243.9	4.84
1#	414.0	4.43	P3	218.6	4.82
2#	420.3	4.7	P4	217.8	4.88
3#	405.1	4.67	P6	226.9	4.82
4#	429.2	4.42	P8	237.7	4.85
5#	215.1	4.83	P9	234.8	4.82
7#	215.8	4.83	P10	229.7	4.85
8#	205.3	4.86	P11	223.9	4.82

接种有混合菌、2#菌株和 4#菌株培养基的上清液中可溶性磷含量最高，说明这三种菌的解磷能力最高。其中，混合菌可使液体培养基中的磷含量由 4.3 mg/L 升至 472.9 mg/L。

1.5.3 解磷菌的重金属耐受性能和机理

1. 解磷菌的重金属耐受性能

上述三种解磷性能较高的菌株对 Pb、Cd 的耐受性能如表 1-22 所示。

表 1-22 菌株对 Pb、Cd 耐受性能

Pb 含量/(mg/kg)	100	300	500	750	1000
混合菌	+	+	+		
2#	+				
4#					
Cd 含量/(mg/kg)	40	100	200	300	400
混合菌	+	+	+	+	+
2#					
4#	+	+	+	+	+

注：符号"+"意味着培养基中细菌有明显生长。

在三种菌株中，混合菌具有较高的重金属耐受性能，分别可耐受 500 mg/kg 的 Pb 和 400 mg/kg 的 Cd。2#和 4#菌对重金属的耐受性与混合菌相比较差。菌株较高的重金属耐受性能可保证其在重金属胁迫下发挥正常的生理生化功能，达到利用其功能修复污染的目的。因此三种菌株中混合菌更适合于重金属污染土壤的修复；后续实验基于混合菌开展。

2. 解磷菌的重金属耐受机理

1）菌体表面官能团表征

菌体表面的官能团可与重金属离子发生螯合作用以固定重金属、防止重金属进入细胞内部产生毒害作用。解磷菌菌体吸附 Pb^{2+}、Cd^{2+} 前后的红外光谱图如图 1-28 所示。

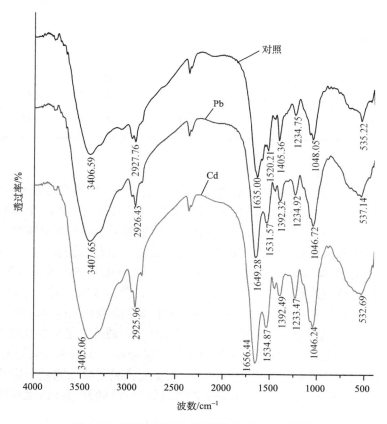

图 1-28　菌体吸附重金属离子前后红外光谱图

菌体对重金属离子吸附前后的红外光谱图在吸光度上有较大的差异，说明菌体表面的官能团参与了菌体对 Pb^{2+}、Cd^{2+} 的吸附。菌体吸附重金属离子前后官能团的变化情况统计于表 1-23 中。未吸附重金属离子的菌体红外光谱图在 3406.59 cm^{-1}、2927.76 cm^{-1}、1635.00 cm^{-1}、1520.21 cm^{-1}、1405.36 cm^{-1}、1234.75 cm^{-1} 和 1048.05 cm^{-1} 处存在波峰，分别对应酰胺、烷基链、酰胺 I 带、酰胺 II 带、羧基、磷壁酸和羧酸等官能团。

菌体吸附 Pb^{2+}、Cd^{2+} 后均造成了 1635.00 cm^{-1} 和 1520.21 cm^{-1} 处吸收峰的明显偏移。1651 cm^{-1} 处吸收峰主要由 $C=O$ 的伸缩振动引起；1540 cm^{-1} 处吸收峰主要由 $N—H$ 的弯曲振动与 $C—N$ 的伸缩振动引起，这两处谱峰分别来自酰胺 I 带和酰胺 II 带。两处谱峰的偏移说明酰胺 I 带和酰胺 II 带参与重金属吸附。1405.36 cm^{-1} 处谱峰的偏移代表羧基参与结合重金属离子。其他谱峰在菌体吸收重金属离子前后差异较小。

表 1-23　菌体吸附重金属离子前后官能团的变化情况

对照组	波数/cm^{-1}		差值/cm^{-1}		化学键	官能团
	吸附 Pb^{2+} 后	吸附 Cd^{2+} 后	吸附 Pb^{2+} 后	吸附 Cd^{2+} 后		
3406.59	3407.05	3405.06	0.46	−1.53	O—H N—H	醇类、酚类、酰胺类
2927.76	2926.43	2925.96	−1.33	−1.8	H—C—H	烷基链
1635.00	1649.28	1656.44	14.28	21.44	C=O	酰胺 I 带
1520.21	1531.57	1534.87	11.36	14.66	C—N	酰胺 II 带
1405.36	1392.32	1392.49	−13.04	−12.87	C=O	羧化物和羧酸
1234.75	1234.92	1233.47	0.17	−1.28	C=O	羧化物和羧酸
1048.05	1046.72	1046.24	−1.33	−1.81	C—O	醇、羧酸、酯和醚类化合物

2) 吸附−解吸实验结果

三种不同解吸液对解磷菌菌体吸附的 Pb^{2+}、Cd^{2+} 的解吸率如图 1-29 所示。在 100 mg/kg Pb^{2+} 的反应体系中，共有 20.68% 的 Pb^{2+} 被菌体吸附，其中分别有 46.07%、44.29%、8.55% 的 Pb^{2+} 可以被 $EDTANa_2$ 溶液、NH_4NO_3 溶液和无菌水解吸，说明 8.55% 的 Pb^{2+} 被菌体细胞壁通过物理作用截留；35.74% 的 Pb^{2+} 通过离子交换吸附在细胞表面；1.78% 的 Pb^{2+} 被菌体通过官能团结合或胞外表面沉淀吸附；还剩 53.93% 的 Pb^{2+} 被菌体胞内吸附。在 100 mg/kg Cd^{2+} 的反应体系中，共有 6.89% 的 Cd^{2+} 被菌体吸附，其中分别有 90.68%、90.61%、44.02% 的 Cd^{2+} 可以被 $EDTANa_2$ 溶液、NH_4NO_3 溶液和无菌水解吸，说明 44.02% 的 Cd^{2+} 被菌体细胞壁通过物理作用截留；46.59% 的 Cd^{2+} 通过离子交换吸附在细胞表面；0.07% 的 Cd^{2+} 被菌体通过官能团结合或胞外表面沉淀吸附；还剩 9.32% 的 Cd^{2+} 被胞内吸附。菌体对 Cd^{2+} 络合主要通过物理作用截留、离子交换吸附等完成，与其对 Pb^{2+} 的作用机理存在明显区别。菌体各部对重金属离子的吸附络合可降低重金属对细菌的毒害作用。

1.5.4　解磷菌群物种组成

1. 菌群 16S rDNA 基因片段 PCR 扩增

以提取的混合菌群总 DNA 为模板,利用通用引物 PCR 扩增细菌 16S rDNA 的 V3+V4 区基因片段。PCR 扩增产物的琼脂糖凝胶电泳检测结果如图 1-30 所示。

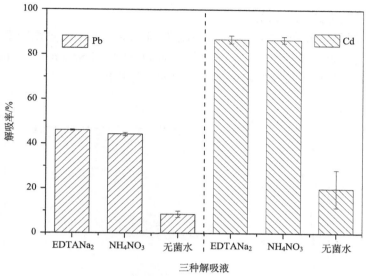

图 1-29　不同解吸液对重金属离子的解吸率

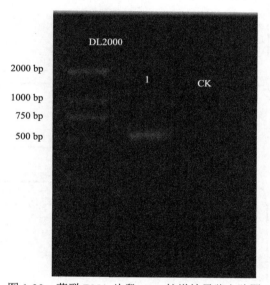

图 1-30　菌群 DNA 片段 PCR 扩增结果鉴定胶图

PCR 扩增对象为 16S rDNA 中 V3+V4 区基因片段,序列长度大约为 468 bp,外加长度约为 40 bp 的两端引物序列及长度约为 20 bp 的 barcode 序列,扩增后的序列长度约为 528 bp。从图 1-31 中可以得知,扩增后的产物条带长度在 500～750 bp 之间,条带清晰,浓度合适,同时无其他条带出现,说明 PCR 过程对 V3+V4 区片段的扩增达到了预期目标,可用于后续实验。

2. 高通量测序结果数据分析

Illumina MiSeq 测试平台对 PCR 产物的测序结果共获得 28291 条序列数,其中长度在 441～460 bp 的序列数为 28263 条,占所有序列的 99.90%。删除掉序列中存在的单序列和嵌合体后，共得到 27718 条有效序列。

　　如图 1-31 所示，混合菌群的稀有度曲线和 Shannon-Wiener 曲线随着序列数据量的增多，曲线趋向平坦，并且更多的数据量不会对 OTU 数和 Shannon-Wiener 指数产生影响，说明测序数据量已可反映样本中绝大多数的微生物信息。

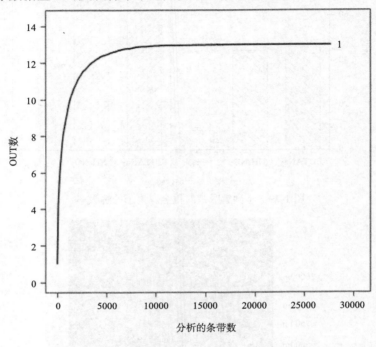

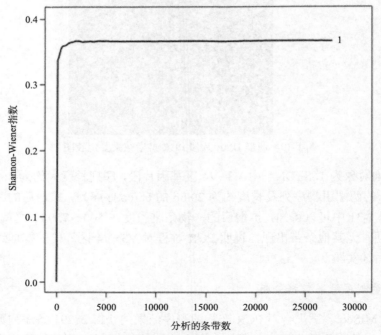

图 1-31　混合菌群落稀有度曲线、Shannon-Wiener 曲线

3. 混合菌群落结构组成分析

混合菌群在不用分类学水平的群落结构如图 1-32 所示。在门水平上，解磷菌群主要由变形菌门 Proteobacteria 和厚壁菌门 Firmicutes 的细菌组成。其中，变形菌门 Proteobacteria 的细菌共占有 25746 条有效序列，对应总有效序列的 92.89%，为优势菌群。

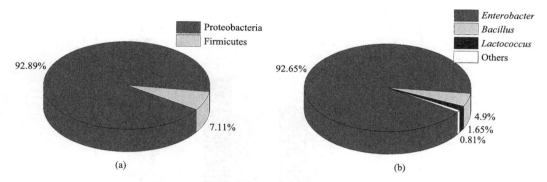

图 1-32　解磷菌群群落结构

(a) 门水平；(b) 属水平

Others 代表其他丰度低于 1% 的菌属

在属水平上，解磷菌群主要由肠杆菌属 Enterobacter、芽孢杆菌属 Bacillus 和乳球菌属 Lactococcus 的细菌组成，它们分别占所有有效序列数的 92.65%、4.90% 和 1.65%。已有研究报道三类菌群中细菌的溶磷特性（表 1-24）。从土壤中筛选解磷菌，并比对液体培养条件下多株解磷菌的解磷性能差异，研究发现解磷菌培养过程中释放的有机酸类物质促进了磷酸钙中磷酸根的释放；18 株解磷菌释放的有机酸中，乙酸、丙酮酸、反丁烯二酸和柠檬酸等最为常见；菌株 Enterobacter cloacae 具有较高的解磷性能。

表 1-24　部分已有报道的解磷菌菌属信息

菌属	菌名	GenBank 登录号
Enterobacter 肠杆菌属	Enterobacter cloacae	GQ414735
	Enterobacter sp.	KJ879611
	Enterobacter sp. BFD160	KX209147
Bacillus 芽孢杆菌属	Bacillus sp. Fen_16	LC169771
	Bacillus sp.	KU321350
	Bacillus megaterium	JN903382
Lactococcus 乳球菌属	Lactococcus lactis	KU639597- KU639604

1.5.5　解磷菌投加对土壤有效磷含量的影响

修复实验结束后，各土壤中有效磷的含量如图 1-33 所示。磷酸钙投加显著（$P < 0.05$）

增加了土壤中的有效磷含量，并且有效磷含量随着磷酸钙投加量的升高而增多。当磷酸钙的投加量为 10.60 mg/g 时，土壤有效磷含量为 12.28 mg/kg，是对照组中有效磷含量的 1.61 倍。虽然磷酸钙的溶解性较差，但其投加到土壤中后仍可释放部分磷酸根离子，提高土壤有效磷含量；污染土壤中存在的本源微生物群落也会释放有机酸等物质促进磷酸钙中磷酸根的释放。

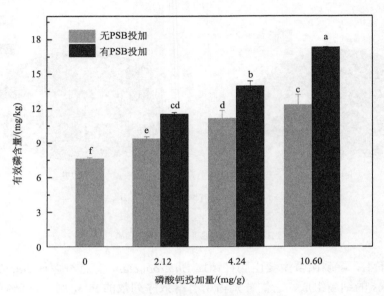

图 1-33　土壤中有效磷含量

误差棒代表标准偏差；柱状图上不同字母表示处理间差异显著($P < 0.05$)

在不同的磷酸钙投加剂量下，解磷菌的投加均显著($P < 0.05$)提高了土壤有效磷含量，说明解磷菌投加促进了磷酸钙中磷酸根离子的释放。当土壤中磷酸钙的投加量为 10.60 mg/g 时，解磷菌投加使土壤中有效磷含量从 12.28 mg/kg 提高至 17.30 mg/kg，提高率为 40.84%。

1.5.6　解磷菌投加对土壤重金属迁移性的影响

土壤中 Pb、Cd 的 BCR 提取方法第一步(BCR1)可提取含量常被用于评估其在土壤中的有效性和迁移性。污染土壤经钝化修复后，各土壤中 Pb、Cd 的 BCR1 可提取量如图 1-34 所示。磷酸钙单独投加及磷酸钙和解磷菌复合投加对土壤 Pb、Cd 的 BCR1 可提取量产生了不同影响。

1. 磷酸钙和解磷菌投加对土壤 Pb 的 BCR1 可提取含量的影响

磷酸钙单独投加显著降低了土壤 Pb 的 BCR1 可提取含量(BCR1-Pb)；随着磷酸钙投加量的增加，土壤 BCR1-Pb 含量呈显著的降低趋势。当土壤中磷酸钙的投加量为 10.60 mg/kg 时，土壤 BCR1-Pb 含量被显著($P < 0.05$)降低至 53.54 mg/kg，与对照组的 BCR1-Pb 含量(176.38 mg/kg)相比固定率为 69.65%。在每个磷酸钙投加量下，解磷菌的投加均显著降

低了土壤中 BCR1-Pb 含量，解磷菌的投加促进了土壤中 Pb 的固定。当土壤中磷酸钙的投加量为 10.60 mg/kg 时，解磷菌的投加使 BCR1-Pb 含量从 53.54 mg/kg 显著降低至 33.93 mg/kg，与对照组中 BCR1-Pb 含量相比固定率为 80.76%。

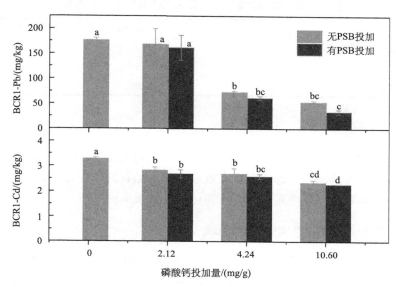

图 1-34　解磷菌及磷酸钙投加处理土样中各重金属 BCR1 可提取量

误差棒代表标准偏差；柱状图上不同字母表示处理间差异显著 ($P < 0.05$)

2. 磷酸钙和解磷菌投加对土壤 Cd 的 BCR1 可提取含量的影响

磷酸钙投加对土壤 Cd 的 BCR1 可提取含量(BCR1-Cd)的影响趋势与其对 BCR1-Pb 含量的影响趋势类似，BCR1-Cd 含量随着磷酸钙投加量的增加而降低。当土壤中磷酸钙的投加量为 10.60 mg/kg 时，BCR1-Cd 含量被显著($P < 0.05$)降低至 2.35 mg/kg，与对照样中 BCR1-Cd 含量(3.28 mg/kg)相比，固定率为 28.38%。解磷菌的投加同样促进了土壤中 Cd 的固定，当土壤中磷酸钙的投加量为 10.60 mg/kg 时，解磷菌的投加使 BCR1-Cd 含量降低至 2.27 mg/kg，其对应的固定率为 30.81%。

3. 土壤有效磷含量与 Pb、Cd 的 BCR1 可提取含量间的相关性

Pb、Cd 固定率主要与可溶性磷含量显著相关，其固定化机理是沉淀作用。土壤 Pb 与磷酸根反应可生成高稳定性和极低溶解性的磷酸铅或磷氯铅矿[$Pb_5(PO_4)_3X$，$X=Cl^-$、OH^-、F^-]等；土壤 Cd 与磷酸根生成的难溶性磷酸镉[$Cd_3(PO_4)_2$]沉淀，在土壤 pH 为 3～12 的范围内相对稳定。

磷酸钙投加可显著提高土壤有效磷含量，并且有效磷含量随着磷酸钙投加量的升高而增多。在每个磷酸钙投加剂量下，解磷菌投加均提高了土壤中的有效磷含量。因此，磷酸钙单独投加及磷酸钙和解磷菌复合投加均可有效固定土壤中的 Pb、Cd，降低其有效态含量，同时磷酸钙和解磷菌复合投加对 Pb、Cd 的固定率高于磷酸钙单独投加。解磷菌的作用可促进磷酸钙中磷酸根的释放，进而固定更多的有效态 Pb、Cd，降低其有效性和生态风险。土壤中有效磷含量和各重金属 BCR1 可提取含量间相关性如表 1-25 所示。

表 1-25　土壤有效磷含量与重金属 BCR1 可提取含量的相关性

	有效磷	BCR1-Pb	BCR1-Cd
有效磷	1		
BCR1-Pb	−0.82*	1	
BCR1-Cd	−0.88**	0.83*	1

*在 0.05 水平上显著相关；
**在 0.01 水平上显著相关。

土壤有效磷含量与 BCR1-Pb 含量（$P<0.05$）、BCR1-Cd 含量（$P<0.01$）间呈显著负相关性，说明含磷物质投加所引起的土壤有效磷含量增加有助于土壤 Pb、Cd 的固定；解磷菌作用下土壤有效磷含量增多，有助于钝化修复效果的提高。

1.5.7　解磷菌投加对土壤微生物活性的影响

修复结束后，各土壤中微生物活性的微量热法检测结果如图 1-35 所示。

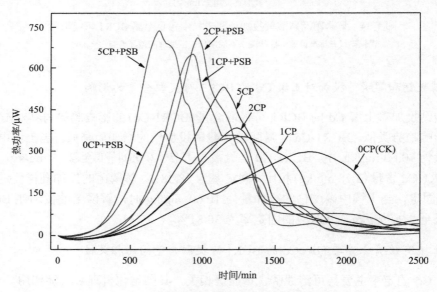

图 1-35　土壤微生物活性的热功率曲线图

各土壤的热功率曲线间存在明显区别，说明土壤间微生物活性的差异明显，同时也反映磷酸钙及解磷菌投加对土壤微生物活性产生了影响。基于热功率曲线分析及计算所得到的热功率参数如表 1-26 所示。各热功率参数随磷酸钙投加剂量增大的变化趋势如图 1-36 所示。

表 1-26　热功率参数统计表

样品	磷酸钙投加量 /(mg/g)	热功率参数		
		P_{max}/μW	T_{max}/min	k/(× 10^{-3} min^{-1})
对照样	0	330.53 ± 28.66e	1703.00 ± 115.53a	2.35 ± 0.25c
无 PSB 投加				
1CP	2.12	396.54 ± 41.67d	1298.17 ± 78.87b	2.81 ± 0.28c
2CP	4.24	409.80 ± 28.22d	1217.67 ± 15.49b	2.99 ± 0.22c
5CP	10.60	570.41 ± 33.74c	1168.33 ± 25.27b	3.20 ± 0.16c
有 PSB 投加				
1CP+PSB	2.12	614.45 ± 41.48c	742.83 ± 162.14c	6.44 ± 0.86b
2CP+PSB	4.24	681.31 ± 36.16b	794.67 ± 158.22c	6.26 ± 1.08b
5CP+PSB	10.60	748.77 ± 27.58a	736.00 ± 44.69c	7.85 ± 0.25a

注：同一列不同字母表示显著性差异（$P < 0.05$）。

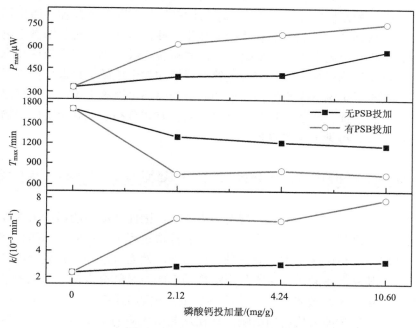

图 1-36　热功率参数的变化趋势

与对照组相比，磷酸钙单独投加和磷酸钙-解磷菌复合投加钝化修复的土壤中 P_{max} 值较大，并且 P_{max} 值随着磷酸钙投加量的增多而增大；同一磷酸钙投加量下，解磷菌投加处理的土壤中 P_{max} 值显著高于无解磷菌投加的土壤。当磷酸钙的投加量为 10.60 mg/kg 时，无解磷菌投加的土壤中 P_{max} 值为 570.41 μW；有解磷菌投加的土壤中 P_{max} 值为 748.77 μW。

相对较高的 T_{max} 值通常是由微生物新陈代谢的延迟造成的，因而较高的 T_{max} 值可以从侧面反映土壤中较低的微生物活性。所有土壤中，未经过修复处理的对照样中 T_{max} 值最大(为 1703.00 min),说明该土壤中微生物不易消耗添加的葡萄糖和硫酸铵新陈代谢并产生热量。磷酸钙单独投加和磷酸钙-解磷菌复合投加钝化修复的土壤中 T_{max} 值显著降低;两种方法处理的土壤中 T_{max} 值随着磷酸钙投加量的增多呈递减趋势。10.60 mg/kg 磷酸钙-解磷菌复合投加钝化修复的土壤中 T_{max} 值最低(736.00 min),说明该土壤中微生物群落较高的代谢速率。

生长速率常数 k 可代表土壤总体微生物活性,常被用于不同污染条件下土壤微生物活性的定量及定性分析。磷酸钙单独投加和磷酸钙-解磷菌复合投加均显著提高了土壤 k 值;土壤 k 值随着磷酸钙的投加量增多而增大;各磷酸钙投加剂量下,磷酸钙-解磷菌复合投加钝化修复的土壤中 k 值显著高于磷酸钙单独投加修复的土壤中的 k 值。当磷酸钙投加量为 10.60 mg/kg 时,无解磷菌和有解磷菌投加钝化修复的土壤中 k 值分别为 3.20×10^{-3} min^{-1} 和 7.85×10^{-3} min^{-1}。

较高的 P_{max} 值、较低的 T_{max} 值和较大的 k 值可反映土壤中较高的微生物活性。磷酸钙单独投加及磷酸钙-解磷菌复合投加钝化修复的土壤都具有较高的微生物活性,说明修复过程对土壤微生物活性的促进作用。同时,磷酸钙-解磷菌复合投加对微生物活性的促进作用远大于磷酸钙单独投加,解磷菌投加强化了钝化修复过程对土壤微生物活性的提升作用。解磷菌投加提高了土壤有效磷含量,并显著降低了重金属有效性和毒性,从而间接促进了土壤微生物活性;有效磷含量的显著增加为土壤微生物群落提供了更多的营养元素,从而刺激了土壤微生物活性。投加的解磷菌还可提高土壤微生物群落丰度,进而提高土壤微生物活性。因此,磷酸钙-解磷菌复合方式有利于提高土壤微生物活性及土壤肥力,可用于今后污染土壤的修复。

1.6 浮选药剂和 Sb 复合污染对土壤微生物能量代谢的影响

由于实际环境中存在众多不同类型的污染物质,因此环境中的污染大多以复合污染的形式存在。乙硫氮和异戊基黄药作为有色金属浮选过程中广泛应用的两种有机浮选药剂,其与重金属 Sb 在矿区土壤中共存是一种常态,然而目前针对其复合污染的相关研究还较少,有关其复合污染对微生物代谢活性的影响更是鲜有报道。因此本节在单独污染的基础上,利用微量热技术,研究了两种典型浮选药剂(乙硫氮、异戊基黄药)和 Sb 复合污染对土壤微生物能量代谢的影响。旨在从能量代谢的角度出发,为矿区复合污染风险管理提供有效的信息,为复合污染防控提供科学依据。

1.6.1 乙硫氮和 Sb 复合污染对土壤微生物能量代谢的影响

图 1-37 是 Sb 浓度为 50 mg/kg 时,不同浓度乙硫氮和 Sb 复合污染条件下,土壤微生物能量代谢随时间的变化。总体来说,由图 1-37 可观察到各样品的时间-功率曲线变化明显,表明在为期 28 d 的培养期内,各实验组的微生物代谢活性变化明显。如图 1-37(a) 所示,在培养初期(第 0 d),同时加入 Sb 和不同浓度的乙硫氮到土壤中,由于形成了复合污染(S11、S14、S17),其与单独 Sb 污染实验组(S8)相比,时间-功率曲线形状发生

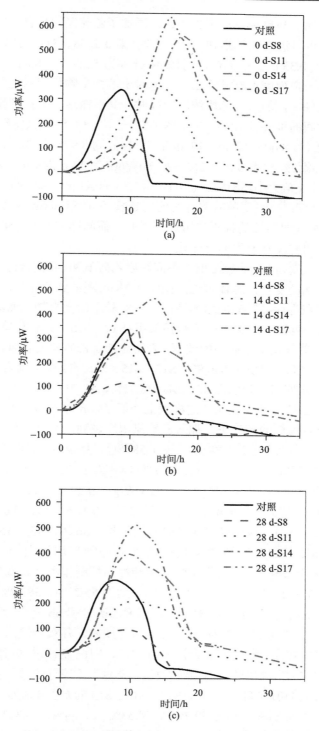

图 1-37　Sb 与乙硫氮复合污染条件土壤下微生物的时间-功率曲线

Sb 浓度为 50 mg/kg。　(a) 0 d；(b) 14 d；(c) 28 d

了明显的改变，表明了与单独 Sb 污染相比，添加了乙硫氮的复合污染组其微生物代谢活性发生了改变。可以清晰地观察到，培养初期（第 0 d）S8、S11、S14、S17 的 k 值分别为 0.32 h^{-1}、0.41 h^{-1}、0.35 h^{-1}、0.38 h^{-1}，其抑制率分别为 52.24%、38.81%、47.76%、43.28%，表明乙硫氮的添加一定程度上略微降低了 Sb 对土壤微生物代谢活性的抑制作用，但在同为复合污染的条件下，加入乙硫氮浓度较高时，其对微生物的抑制作用略强。

而随着培养时间的推移［图 1-37(b)、图 1-37(c)］，复合污染试验组（S11、S14、S17）的 T_{peak} 值逐渐降低（第 0 d 为 12.36～17.49 h；第 14 d 为 8.97～13.39 h；第 28 d 为 9.60～10.62 h）、P_{peak} 值逐渐减小（第 0 d 为 365～635 μW/g；第 14 d 为 274～467 μW/g；第 28 d 为 209～511 μW/g）、k 值大小逐渐增加（第 0 d 为 0.35～0.41 h^{-1}；第 14 d 为 0.45～0.49 h^{-1}；第 28 d 为 0.47～0.55 h^{-1}），表明随着培养时间的延长，乙硫氮和 Sb 复合污染试验组（S11、S14、S17）对微生物代谢活性的抑制作用逐渐降低，而同样浓度 Sb（50 mg/kg）单独污染条件下，其抑制作用并没有发生明显变化。

图 1-38 是 Sb 浓度为 150 mg/kg 时，不同浓度乙硫氮和 Sb 复合污染条件下，土壤微生物能量代谢随时间的变化。总体来说，由图 1-38 可观察到各样品的时间-功率曲线形状变化明显，表明在为期 28 d 的培养期内，各实验组的微生物代谢活性变化明显。如图 1-38(a) 所示，在培养初期（第 0 d）复合污染组（S12、S15、S18）与单独 Sb 污染组（S9）相比，其时间-功率曲线发生了明显的改变，表明添加了乙硫氮的复合污染组其微生物代谢活性发生了改变。培养初期（第 0 d）S9、S12、S15、S18 的 k 值分别为 0.30 h^{-1}、0.41 h^{-1}、0.39 h^{-1}、0.37 h^{-1}，其抑制率分别为 52.22%、38.81%、41.79%、44.78%，表明在 Sb 浓度为 150 mg/kg 时，乙硫氮的添加在一定程度上降低了 Sb 对土壤微生物代谢活性的抑制作用，但在同为复合污染的条件下，加入乙硫氮浓度越高，其抑制作用相对越强。

而随着培养时间的推移［图 1-38(b)、图 1-38(c)］，复合污染试验组（S12、S15、S18）的 T_{peak} 值逐渐降低（第 0 d 为 12.39～17.18 h；第 14 d 为 11.95～15.05 h；第 28 d 为 9.36～11.08 h）、P_{peak} 值逐渐减小（第 0 d 为 367～712 μW/g；第 14 d 为 258～381 μW/g；第 28 d 为 147～335 μW/g），k 值大小逐渐增加（第 0 d 为 0.37～0.41 h^{-1}；第 14 d 为 0.41～0.50 h^{-1}；第 28 d 为 0.51～0.54 h^{-1}），表明随着培养时间的延长，Sb 浓度同为 150 mg/kg 的复合污染试验组（S12、S15、S18）对微生物代谢活性的抑制作用逐渐降低，而同浓度 Sb（150 mg/kg）单独作用条件下，其对微生物代谢活性的抑制作用却表现为随时间延长而逐渐增加的趋势（S9 第 0 d、14 d、28 d 的抑制率分别为 55.22%、58.82%、62.50%）。

图 1-39 是 Sb 浓度为 300 mg/kg 时，不同浓度乙硫氮和 Sb 复合污染条件下，微生物的时间-功率曲线。总体来说，在为期 28 d 的培养期内，各实验组的土壤微生物代谢活性变化明显。在培养初期（第 0 d）复合污染组（S13、S16、S19）与单独 Sb 污染组（S10）相比，其时间-功率曲线形状发生了明显的改变，表明了乙硫氮的添加会改变样品中微生物的代谢活性。在培养初期（第 0 d）S10、S13、S16、S19 的 k 值分别为 0.27 h^{-1}、0.44 h^{-1}、0.45 h^{-1}、0.40 h^{-1}，其抑制率分别为 59.70%、34.33%、32.84%、40.30%，表明 Sb 浓度同为 300 mg/kg 时，乙硫氮的添加在一定程度上降低了 Sb 对土壤微生物代谢活性的抑制作用，但在同为复合污染的条件下，加入乙硫氮浓度越高，其抑制作用相对越强。

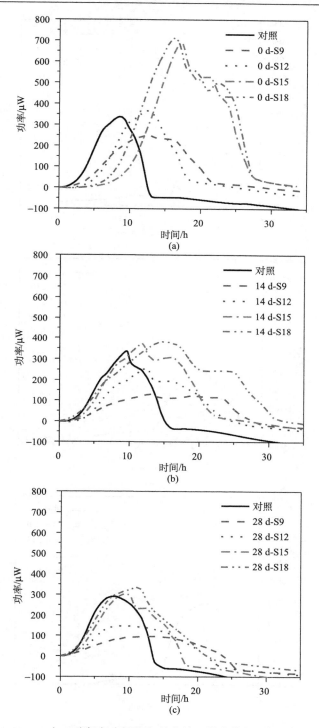

图 1-38　Sb 与乙硫氮复合污染条件土壤下微生物的时间-功率曲线

Sb 浓度为 150 mg/kg。(a) 0 d；(b) 14 d；(c) 28 d

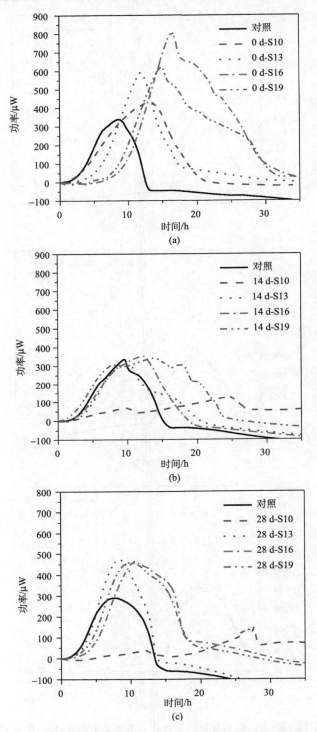

图 1-39　Sb 与乙硫氮复合污染条件土壤下微生物的时间-功率曲线

Sb 浓度为 300 mg/kg。（a）0 d；（b）14 d；（c）28 d

而随着培养时间的推移[图 1-39(b)、图 1-39(c)]，复合污染试验组(S13、S16、S19)的 T_{peak} 值逐渐降低(第 0 d 为 11.82～16.40 h；第 14 d 为 9.83～13.57 h；第 28 d 为 9.36～11.08 h)，k 值逐渐增加(第 0 d 为 0.40～0.45 h^{-1}；第 14 d 为 0.41～0.49 h^{-1}；第 28 d 为 0.49～0.53 h^{-1})，抑制率 I 值逐渐降低(第 0 d 为 32.84%～40.30%；第 14 d 为 27.94%～39.71%；第 28 d 为 26.39%～31.94%)，表明随着培养时间的延长，Sb 浓度同为 300 mg/kg 的复合污染试验组(S13、S16、S19)对微生物代谢活性的抑制作用逐渐降低，而同等浓度 Sb(300 mg/kg)单独作用时，其抑制作用随时间延长，并未出现下降趋势(S10 第 0 d、14 d、28 d 的抑制率分别为 59.70%、72.06%、66.67%)。

综合 Sb 浓度同为 50 mg/kg、150 mg/kg、300 mg/kg 时，乙硫氮和 Sb 复合污染对微生物代谢活性影响的结果可知，Sb 存在时，乙硫氮的加入会在一定程度上降低 Sb 对微生物代谢活性的抑制作用，但在同为复合污染的条件下，加入乙硫氮浓度越高，其对微生物的抑制作用越强。随着培养时间的推移，复合污染组对微生物代谢活性的抑制作用逐渐降低，而同等浓度 Sb 单独污染组的抑制作用却并无明显的改变。首先是由于乙硫氮的状态较不稳定，随着培养时间的增加，样品中的乙硫氮逐渐被降解，从而其对微生物的抑制作用逐渐降低。其次，根据已有的相关研究可知，乙硫氮是一类能与多种重金属发生络合反应的有机浮选药剂。因此当环境中存在重金属 Sb 时，乙硫氮可能与重金属 Sb 发生络合反应，从而改变了 Sb 在环境中的赋存形态，以至于 Sb 存在的条件下，乙硫氮的添加会降低 Sb 对微生物代谢活性的影响，随着相互作用时间的延长，两者间反应更充分，从而对 Sb 赋存形态的影响更大，因此表现出随时间的延长，复合污染的抑制作用逐渐降低。

1.6.2　乙硫氮、Sb 单独污染及复合污染对微生物代谢活性影响对比

图 1-40 是 Sb 浓度相同时，各实验组的 k 值随时间的变化。总的来说，在培养的早期阶段(第 0 d)，添加了污染物的实验组其 k 值均明显低于空白对照组(S1)，表明乙硫氮和 Sb 的添加会对土壤微生物的代谢活性产生影响。随着培养时间的增加，除了单独 Sb 污染实验组(S8、S9、S10)外，其他各实验组的 k 值均表现出逐渐增加的趋势(抑制率逐渐降低)。同时还可以观察到，在培养初期阶段(第 0 d)，不同类型实验组的 k 值大小表现出如下规律：对照组>复合污染>单独乙硫氮污染>单独 Sb 污染。而在培养结束后(第 28 d)，其规律变为：对照组≥单独乙硫氮污染>复合污染>单独 Sb 污染。对照组和单独 Sb 污染实验组的 k 值(抑制率 I 值)无明显变化，这表明单独 Sb 污染对环境的影响较为持久。而相比较之下，由于乙硫氮在环境中状态并不稳定，其较易降解并且可能会与 Sb 发生反应而形成络合物从而改变重金属 Sb 的赋存形态，因此它们随培养时间推移，k 值(抑制率 I 值)变化较为明显。推测出现这一现象的另一种可能的解释为在培养初期加入污染物后土壤中的敏感微生物的代谢活性和数量下降，而随着培养时间的延长，土壤中的一些耐受微生物逐渐适应了环境发生的变化，土壤中的这些耐受微生物将可以继续在该环境生存下去，有些还可以利用添加的有机化学物质作为新的碳源进行增殖，从而其微生物活性表现出随着时间的推移而逐渐增强。

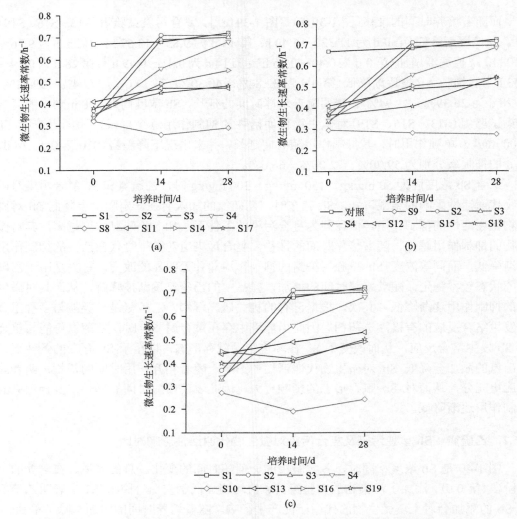

图 1-40 Sb 和乙硫氮单独污染、复合污染条件下微生物生长速率常数变化

(a) 50 mg/kg Sb；(b) 150 mg/kg Sb；(c) 300 mg/kg Sb

1.6.3 异戊基黄药和 Sb 复合污染对土壤微生物能量代谢的影响

图 1-41 是 Sb 浓度为 50 mg/kg 时，不同浓度异戊基黄药和 Sb 复合污染条件下，土壤微生物能量代谢活性随时间的变化。如图 1-41(a)所示，在培养初期，各实验组与对照组相比，其时间–功率曲线均发生了一定的改变，表明异戊基黄药及 Sb 的添加影响了样品中微生物的代谢活性。培养初期（第 0 d）S8、S20、S23、S26 的 k 值分别为 0.32 h^{-1}、0.46 h^{-1}、0.41 h^{-1}、0.34 h^{-1}，其抑制率分别为 52.24%、31.34%、38.81%、49.25%，表明异戊基黄药的添加降低了 Sb 的抑制作用，但在同为复合污染的条件下，加入异戊基黄药浓度越高，其对微生物的抑制作用越强。

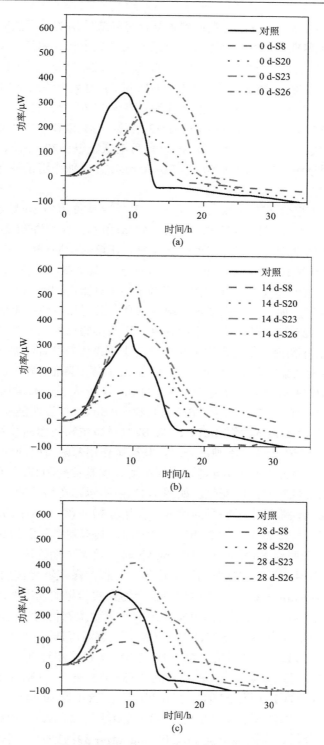

图 1-41　Sb 与异戊基黄药复合污染条件土壤下微生物的时间-功率曲线

Sb 浓度为 50 mg/kg。(a) 0 d；(b) 14 d；(c) 28 d

　　比较分析图 1-41 (a)～(c)，可观察到各复合污染实验组的功率随时间变化明显，表明在为期 28 d 的培养期内，各复合污染实验组的土壤微生物代谢活性变化显著。随着时间的推移，复合污染试验组(S20、S23、S26)的 T_{peak} 值逐渐降低(第 0 d 为 9.70～13.53 h；第 14 d 为 10.18～12.28 h；第 28 d 为 8.97～11.10 h)，k 值大小逐渐增加(第 0 d 为 0.34～0.46 h^{-1}；第 14 d 为 0.48～0.55 h^{-1}；第 28 d 为 0.45～0.57 h^{-1})，抑制率 I 值逐渐降低(第 0 d 为 31.34%～49.25%；第 14 d 为 19.12%～29.41%；第 28 d 为 20.83%～37.50%)，表明随着培养时间的延长，异戊基黄药和 Sb 复合污染试验组(S20、S23、S26)对微生物代谢活性的抑制作用逐渐降低，而同等浓度 Sb(50 mg/kg)单独作用条件下，其抑制作用并没有发生明显变化。

　　图 1-42 是 Sb 浓度为 150 mg/kg 时，不同浓度异戊基黄药和 Sb 复合污染条件下，土壤微生物能量代谢活性随时间的变化。如图 1-42 (a)所示，在培养初期(第 0 d)，各样品的土壤微生物代谢活性均发生了一定程度的改变。在培养初期(第 0 d)S9、S21、S24、S27 的 k 值分别为 0.30 h^{-1}、0.43 h^{-1}、0.38 h^{-1}、0.36 h^{-1}，其抑制率分别为 55.22%、35.82%、43.28%、46.27%，表明异戊基黄药的添加降低了 Sb 对微生物活性的抑制作用，但在同为复合污染的条件下，加入的异戊基黄药浓度越高，其对微生物的抑制作用越强。

　　比较分析图 1-42 (a)～(c)，可观察到各复合污染实验组的功率随时间变化明显，表明在为期 28 d 的培养期内，各复合污染实验组的土壤微生物代谢活性变化显著。随着时间的推移，复合污染试验组(S21、S24、S27)的 T_{peak} 值逐渐降低(第 0 d 为 9.86～13.02 h；第 14 d 为 8.85～10.73 h；第 28 d 为 9.33～9.89 h)，k 值大小逐渐增加(第 0 d 为 0.36～0.43 h^{-1}；第 14 d 为 0.46～0.54 h^{-1}；第 28 d 为 0.47～0.56 h^{-1})，表明随着培养时间的延长，异戊基黄药和 Sb 复合污染试验组(S21、S24、S27)对微生物代谢活性的抑制作用逐渐降低，而同等浓度 Sb(150 mg/kg)单独污染时，其抑制作用却随着时间的延长而逐渐增强。

　　图 1-43 是 Sb 浓度为 300 mg/kg 时，不同浓度异戊基黄药和 Sb 复合污染条件下，土壤微生物能量代谢活性随时间的变化。如图 1-43 (a)所示，在培养初期(第 0 d)，各样品的土壤微生物代谢活性都发生了明显的改变。在培养初期(第 0 d)S10、S22、S25、S28 的 k 值分别为 0.27 h^{-1}、0.29 h^{-1}、0.27 h^{-1}、0.19 h^{-1}，其抑制率分别为 59.70%、56.72%、59.70%、71.64%，表明当 Sb 浓度为 300 mg/kg 时，培养早期阶段，异戊基黄药的存在会增加 Sb 的抑制作用，且异戊基黄药添加量越大，样品微生物受到的抑制作用越大。

　　比较分析图 1-43 (a)～(c)，可观察到各复合污染实验组的功率随时间变化明显，表明在为期 28 d 的培养期内，各复合污染实验组的土壤微生物代谢活性变化显著。随着时间的推移，复合污染试验组(S22、S25、S28)的 T_{peak} 值逐渐降低(第 0 d 为 14.48～20.25 h；第 14 d 为 9.80～10.30 h；第 28 d 为 8.66～10.17 h)，k 值大小逐渐增加(第 0 d 为 0.19～0.29 h^{-1}；第 14 d 为 0.43～0.49 h^{-1}；第 28 d 为 0.55～0.58 h^{-1})，I 值大小逐渐降低(第 0 d 为 56.72%～71.64%；第 14 d 为 27.94%～36.76%；第 28 d 为 19.44%～23.61%)，表明随着培养时间的延长，异戊基黄药和 Sb 复合污染试验组(S22、S25、S28)对微生物代谢活性的抑制作用逐渐降低，而同等浓度 Sb(300 mg/kg)单独污染时，其抑制作用却随着时间的延长而逐渐增强。

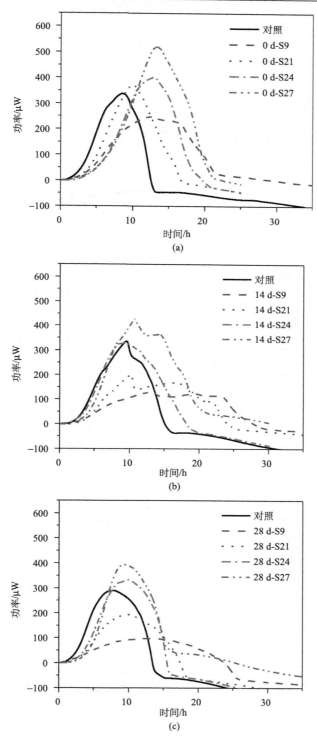

图 1-42　Sb 与异戊基黄药复合污染条件土壤下微生物的时间-功率曲线

Sb 浓度为 150 mg/kg。(a) 0 d；(b) 14 d；(c) 28 d

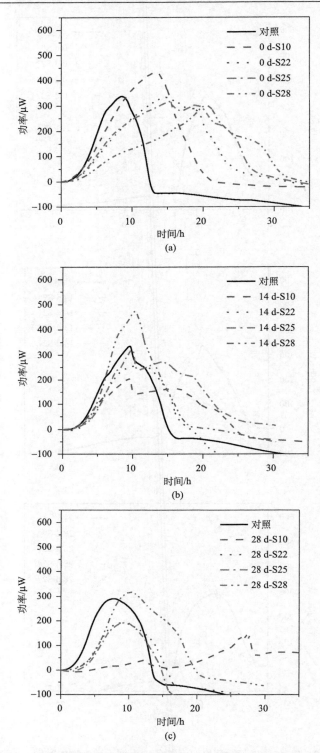

图 1-43　Sb 与异戊基黄药复合污染条件土壤下微生物的时间-功率曲线

Sb 浓度为 300 mg/kg。　(a) 0 d；(b) 14 d；(c) 28 d

综合对比 Sb 浓度同为 50 mg/kg、150 mg/kg、300 mg/kg 时，异戊基黄药和 Sb 复合污染对微生物代谢活性的影响结果可知，Sb 存在时，异戊基黄药的加入会在一定程度上降低 Sb 对微生物代谢活性的抑制作用，但在同为复合污染的条件下，加入异戊基黄药浓度越高，其对微生物的抑制作用越强。随着时间的增加，复合污染的抑制作用逐渐降低，而同浓度 Sb 单独污染实验组对微生物代谢活性的抑制作用却并无明显的改变。推测出现该现象的原因首先可能是异戊基黄药在环境中性质较不稳定，因此随着培养时间的推移，异戊基黄药逐渐被降解，从而对微生物代谢活性的影响逐渐降低。其次是异戊基黄药可能与重金属 Sb 发生络合反应，从而改变 Sb 在环境中的赋存形态，以至于 Sb 存在的条件下，异戊基黄药的添加会降低其对微生物代谢活性的影响，随着相互接触时间的延长，两者间反应更充分，从而对 Sb 赋存形态的影响更大，因此表现出随时间的延长，复合污染的抑制作用逐渐降低。

1.6.4　异戊基黄药、Sb 单独污染及复合污染对微生物活性影响对比

图 1-44 是 Sb 浓度相同时，各样品的 k 值随时间的变化。总的来说，在培养的早期

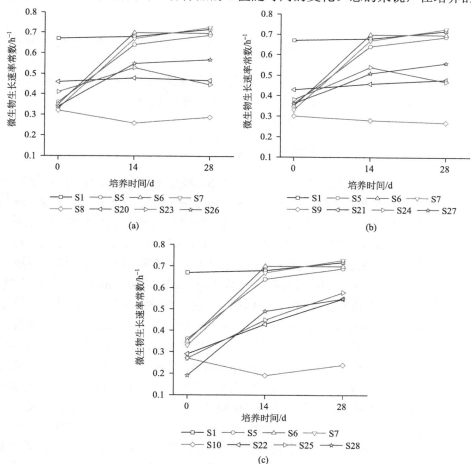

图 1-44　Sb 和异戊基黄药单独污染、复合污染条件下微生物生长速率常数变化

(a) 50 mg/kg Sb；(b) 150 mg/kg Sb；(c) 300 mg/kg Sb

阶段(第 0 d)，添加了污染物的实验组其 k 值明显低于空白对照组(S1)，表明添加异戊基黄药和 Sb 会抑制土壤微生物的代谢活性。随着培养时间的增加，除了单独 Sb 污染实验组(S8、S9、S10)外，其他各实验组的 k 值均表现出逐渐增加的趋势(抑制率逐渐降低)。同时还可以观察到，在培养初期阶段(第 0 d)，不同类型的实验组的 k 值大小表现出如下规律：对照组>复合污染>单独异戊基黄药污染>单独 Sb 污染。而在培养结束后(第 28 d)，其规律变为：对照组≥单独异戊基黄药污染>复合污染>单独 Sb 污染。对照组和单独 Sb 污染实验组的 k 值无明显变化，这表明单独 Sb 污染对环境的影响较为持久。而相比较之下，由于异戊基黄药在环境中的状态并不稳定，其较易降解并且可能会与 Sb 发生反应而形成络合物从而改变重金属的赋存形态，因此它们随着培养时间的推移，k 值(抑制率 I 值)变化较为明显。与此同时，推测出现这一现象的另一种可能的原因为在培养初期加入污染物后土壤中的敏感微生物的代谢活性和数量下降，而随着培养时间的延长，土壤中的一些耐受微生物逐渐适应了环境发生的变化，土壤中的这些耐受微生物将可以继续在该环境生存下去，有些还可以利用添加的有机化学物质作为新的碳源进行增殖，从而其微生物活性随着时间的推移而逐渐增强。

1.7　浮选药剂与 Sb 复合污染对重金属赋存形态的影响

采用 BCR 三步顺序提取法分析两种典型浮选药剂和 Sb 复合污染对 Sb 赋存形态的影响，从重金属形态变化的角度出发，探讨浮选药剂与 Sb 复合污染的条件下，Sb 在环境中的存在状态及其潜在环境效应的变化。

1.7.1　Sb 单独污染条件下重金属赋存形态演变

不同浓度 Sb 单独污染时，各实验组样品中 Sb 形态分布随时间的变化规律如图 1-45 所示。总体而言，在整个培养阶段内所有 Sb 单独污染实验组土壤中残渣态 Sb(64.11%～72.87%)均占主导地位，这与前人关于 Sb 污染土壤中其形态分布的相关研究结果一致，其次为可交换态 Sb(19.74%～27.79%)，而氧化态 Sb(3.69%～5.30%)与还原态 Sb(3.34%～5.09%)所占比例相对较少。经过为期 28 d 的实验培养后，比较分析添加单独 Sb 污染实验组可知，高浓度 Sb 污染实验样品(150 mg/kg、300 mg/kg)中其可交换态 Sb 所占比例相对更高，而残渣态 Sb 所占比例相对较少。即 Sb 单独污染条件下，经过为期 28 d 的实验培养，土壤中重金属 Sb 浓度越高，其土壤中所含易迁移的重金属组分含量越高，从而具有更强的潜在生态毒性影响，这一规律遵循常规的污染物剂量-效应关系。

与此同时，对比分析可知，在整个培养周期内，单独 Sb 污染条件下各实验组土壤中 Sb 的赋存形态演变规律相似：随着培养时间的延长，可交换态 Sb 所占比例逐渐降低，残渣态 Sb 所占比例逐渐增加，而还原态 Sb 和氧化态 Sb 所占比例仅有略微波动。结合重金属不同赋存形态的特性可知，随着时间的延长，Sb 在各实验组土壤中的形态逐渐由易迁移的可交换态转化为更稳定的残渣态。由于在本实验中加入的外源重金属 Sb 没有经过长时间的老化，因此推测出现该现象的原因主要是土壤中重金属的老化作用，

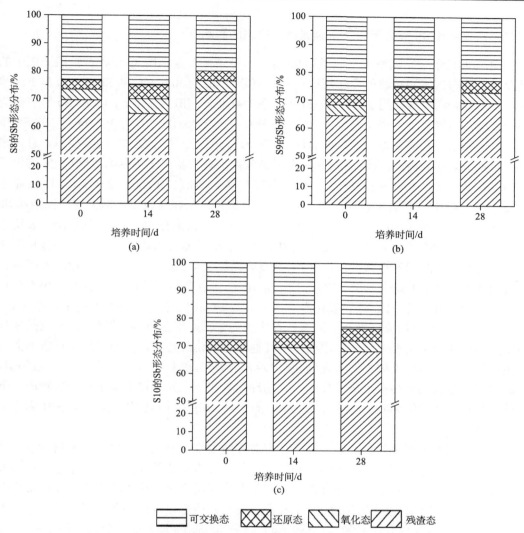

图 1-45　随时间推移单独锑污染实验组土壤中 Sb 的形态分布

(a) 锑含量 50 mg/kg；(b) 锑含量 150 mg/kg；(c) 锑含量 300 mg/kg

即水溶性的 Sb 进入土壤环境中以后，其将快速地完成在土壤环境中的固液分配过程，进而重金属的迁移性、可交换性及毒性作用等随着时间的延长而缓慢地减少。此外，有研究结果证明，重金属能够被土壤中的含水氧化物、碳酸盐或矿物质吸附，或与其生成氢氧化物、碳酸盐等沉淀物质。因此推测出现该现象的另一个可能的原因是本实验土壤中的重金属 Sb 为外源人为添加，在培养初始阶段，以水溶液形式添加的 Sb 进入土壤时，主要通过静电引力而吸附在土壤胶体表面，随着时间的延长，由于土壤中的物理化学等过程影响，其可交换态 Sb 含量逐渐降低，并转化为更稳定的其他形态。前人开展的其他重金属培养实验也发现过许多类似的实验现象，如向土壤中添加 500 mg/kg 的外源铅，进行为期 8 周的培养实验，结果发现随着培养的进行，可交换态 Pb 明显减少，而残渣态 Pb、碳酸盐结合态 Pb 等含量逐渐增加。

1.7.2　乙硫氮和 Sb 复合污染对重金属赋存形态的影响

图 1-46 显示了不同浓度乙硫氮和 Sb 复合污染条件下重金属 Sb 在各试验组土壤中的赋存形态分布随时间推移的变化规律 [图 1-46(a)～(d) 为 50 mg/kg 的 Sb 单一及与不同浓度乙硫氮复合污染实验组的 Sb 形态分布；图 1-46(e)～(h) 为 150 mg/kg 的 Sb 单一及与不同浓度乙硫氮复合污染实验组的 Sb 形态分布；图 1-46(i)～(l) 为 300 mg/kg 的 Sb 单一及与不同浓度乙硫氮复合污染实验组的 Sb 形态分布]。与单独 Sb 污染相似，总体来说，在整个培养期内，乙硫氮和 Sb 复合污染条件下各实验组土壤中的重金属 Sb 均以残渣态 Sb 为主(59.49%～73.96%)，其次为可交换态 Sb(19.11%～32.98%)，而还原态 Sb(3.19%～4.94%) 和氧化态 Sb(2.80%～5.46%) 所占比例相对较少，即土壤中重金属 Sb 的整体形态分布规律为：残渣态 Sb＞可交换态 Sb＞可氧化态 Sb≥可还原态 Sb，表明乙硫氮的添加并没有十分明显地改变土壤中重金属 Sb 的整体形态分布状况。并且从整体上看，随着培养时间的推移，乙硫氮和 Sb 复合污染实验组土壤中的可交换态 Sb 所占百分数均逐渐下降(−3.80%～−10.57%)，残渣态 Sb 所占百分数逐渐增加(3.34%～10.50%)，而还原态 Sb(−0.31%～1.0%) 和氧化态 Sb(−0.47%～0.88%) 所占百分数仅发生略微波动。即乙硫氮和 Sb 复合污染条件下，随着培养实验的进行，重金属 Sb 的赋存形态依然呈现出由更易迁移的可交换态 Sb 向更稳定的其他形态转化的趋势。推测出现该现象的潜在原因可能是各实验组土壤中的重金属 Sb 均为人为添加，因此与单独 Sb 污染实验组相似，样品中的重金属 Sb 会在土壤老化作用、物理化学作用及其能被土壤中一些矿物质、碳酸盐类吸附等特性的影响下，随着培养时间的延长，Sb 的迁移性逐渐降低，转化为更加稳定的形态。

在重金属的不同化学形态中，可交换态对环境发生的变化十分敏感，通常表示较高的迁移率，又被称为重金属的生物可利用度，其所占百分数是评价土壤中重金属迁移性和生物有效性的重要指标，因此许多学者也不断地应用它来评价土壤中重金属的毒性效应作用。图 1-47 反映了不同浓度 Sb 单独污染及与乙硫氮复合污染条件下，各实验组土壤中可交换态 Sb 随培养时间的变化 [图 1-47(a) 为 50 mg/kg 锑实验组的可交换态 Sb 百分数；图 1-47(b) 为 150 mg/kg 锑实验组的可交换态 Sb 百分数；图 1-47(c) 为 300 mg/kg 锑实验组的可交换态 Sb 百分数]。经过为期 28 d 的培养，含 50 mg/kg 锑实验组的可交换态 Sb 变化范围为 19.74%～27.06%，含 150 mg/kg 锑实验组的可交换态 Sb 变化范围为 19.11%～32.98%；含 300 mg/kg 锑实验组的可交换态 Sb 变化范围为 21.15%～29.28%，与低浓度 Sb 实验组(50 mg/kg) 相比，高浓度 Sb 实验组土壤中的可交换态 Sb 含量更高，表明土壤重金属 Sb 添加浓度越高其生物可利用度越高，这符合污染物浓度越高，其毒性影响越大的基本规律。

进一步对比分析可发现，在培养早期阶段(第 0 d)，含相同浓度重金属的各组实验样品中的可交换态 Sb 含量随着乙硫氮浓度的增加，表现出小幅度的增高趋势，经过 28 d 的培养后，各实验组土壤中可交换态 Sb 百分数均表现出明显的下降趋势。与第 0 d 相比，Sb 同为 50 mg/kg 的各实验组土壤中，第 28 d 时 S8、S11、S14、S17 的可交换态 Sb 百分数分别减少了 15.06%、15.11%、23.06% 和 25.09% [图 1-47(a)]；Sb 同为 150 mg/kg

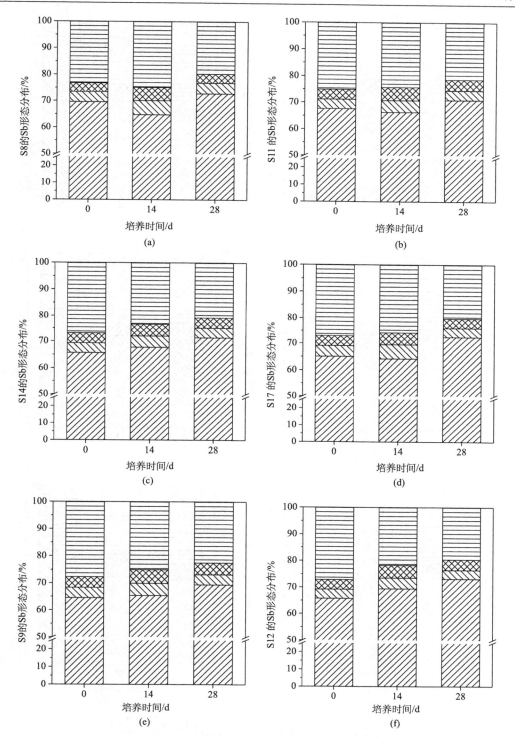

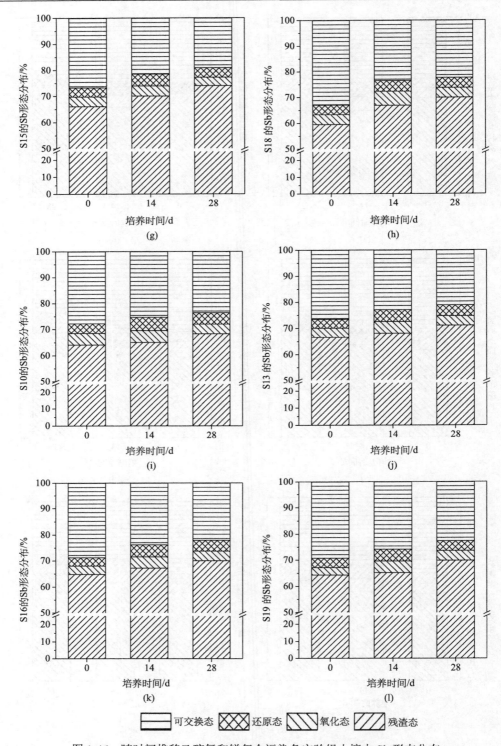

图 1-46　随时间推移乙硫氮和锑复合污染各实验组土壤中 Sb 形态分布

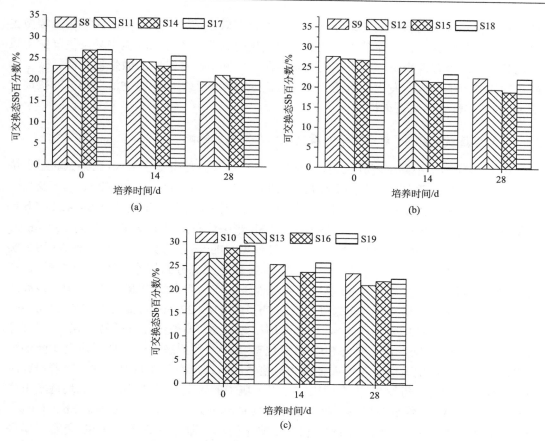

图 1-47　乙硫氮和锑复合污染各实验组土壤可交换态 Sb 的演变

的各实验组土壤中，第 28 d 时 S9、S12、S15、S18 的可交换态 Sb 百分数分别减少了 18.58% 、27.33%、28.71%和 32.05%［图 1-47（b）］；Sb 同为 300 mg/kg 的各实验组土壤中，第 28 d 时 S10、S13、S16、S19 的可交换态 Sb 百分数分别减少了 14.93% 、20.40%、23.43%和 22.78%［图 1-47（c）］。结合图 1-46 可知，乙硫氮的添加会在一定程度上促进土壤中可交换态 Sb 转化为更稳定的其他形态的过程，使得土壤中重金属 Sb 的迁移性发生了一定的改变。

　　根据 Jager 和 Peijnenburg 的定义，造成土壤中重金属赋存形态发生变化的原因主要可分为物理化学过程和生物学过程。其中，物理化学过程主要是指重金属污染土壤中的吸附和解析过程，其在一定程度上影响了重金属的移动性和有效性，它与土壤的污染状态及物理化学性质有关。而关于生物学过程，主要是指土壤中一些特定生物接收器的生理学过程，如革兰氏阳性菌能够吸收土壤中的铜、镉等重金属，它主要与污染物对土壤环境中的微生物的影响有关，通过改变土壤中的微生物群落结构、活性等对重金属形态变化造成影响。因此，推测产生该现象的原因可能由两部分组成：其一，乙硫氮是一类溶于水的有机浮选药剂，其具有一般螯合剂所具备的能与水溶态重金属发生络合或螯合反应的能力，因此有机物乙硫氮存在的条件下，重金属 Sb 易与乙硫氮发生反应，从而通过物理化学作用的影响改变重金属 Sb 的生物有效性。其二，已知乙硫氮对土壤微生物具有一定的潜在毒性，而前人有关的研究结果也表明乙硫氮在环境中易发生降解生成三乙胺、CS_2 等有毒物质，因此在乙硫氮存在的条件下，样品中的微生物活性、微生物群落结构都可能会因此发生一定的改变，从而通过影响土壤中微生物活动等来间接地改变 Sb 的迁移性和生物有效性。

1.7.3　异戊基黄药和 Sb 复合污染对重金属赋存形态的影响

图 1-48 显示了不同浓度异戊基黄药和 Sb 复合污染条件下重金属 Sb 在各试验组土壤中的赋存形态分布随时间推移的变化规律[图 1-48 (a)～(d) 为 50 mg/kg 的 Sb 单一及与不同浓度异戊基黄药复合污染处理组的 Sb 形态分布；图 1-48 (e)～(h) 为 150 mg/kg 的 Sb 单一及与不同浓度异戊基黄药复合污染处理组的 Sb 形态分布；图 1-48 (i)～(l) 为 300 mg/kg 的 Sb 单一及与不同浓度异戊基黄药复合污染处理组的 Sb 形态分布]。与单独 Sb 污染实验组、乙硫氮和 Sb 复合污染实验组等土壤中 Sb 赋存形态分布规律相似，总体来说，在整个培养期间，异戊基黄药和 Sb 复合污染条件下各实验组土壤中重金属 Sb 均以残渣态 Sb 为主（64.11%～72.87%），其次为可交换态 Sb（19.74%～27.96%），而还原态 Sb（2.82%～5.14%）和氧化态 Sb（3.12%～5.30%）所占比例相对较少，即整体而言样品中 Sb 的形态分布规律仍为残渣态 Sb＞可交换态 Sb＞可氧化态 Sb≥可还原态 Sb，表明异戊基黄药的添加也没有十分明显地改变土壤中重金属 Sb 整体的赋存形态分布状况。并且随着培养时间的推移，异戊基黄药和 Sb 复合污染实验组土壤中的可交换态 Sb 所占比例均逐渐下降（−3.30%～−6.14%），残渣态 Sb 所占比例逐渐增加（2.47%～6.34%），而还原态 Sb（0.08%～0.69%）和氧化态 Sb（−0.80%～0.18%）仅发生略微波动。即异戊基黄药与 Sb 复合污染条件下，随着培养时间的推移，各实验组土壤中 Sb 的形态变化依然呈现出由迁移性较高的可交换态 Sb 转化为相对更稳定的残渣态 Sb 的规律。推测出现该现象的潜在原因与其他类型实验组相似，可能是本实验中人为添加的重金属 Sb 在土壤老化作用、物理化学特性变化的影响下，随着时间的推移，出现土壤中重金属 Sb 的迁移性逐渐降低，趋于更加稳定的状态。

图 1-49 反映了不同浓度 Sb 单独污染及与异戊基黄药复合污染条件下，各实验组土壤中可交换态 Sb 随培养时间的变化[图 1-49 (a) 为 50 mg/kg 锑实验组的可交换态 Sb 百分数；图 1-49 (b) 为 150 mg/kg 锑实验组的可交换态 Sb 百分数；图 1-49 (c) 为 300 mg/kg 锑实验组的可交换态 Sb 百分数]。经过为期 28 d 的培养实验，含 50 mg/kg 锑实验组的可交换态 Sb 变化范围为 19.74%～26.63%，含 150 mg/kg 锑实验组的可交换态 Sb 变化范围为 21.84%～27.72%；含 300 mg/kg 锑实验组的可交换态 Sb 变化范围为 20.43%～27.96%，土壤中添加 Sb 浓度越高，其可交换态含量越高，生物可利用度越高，这符合污染物浓度越高，其毒性作用越强的常规。

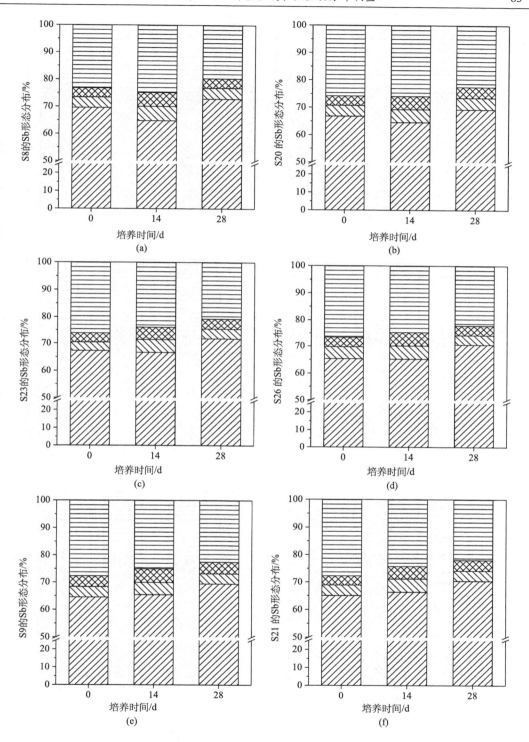

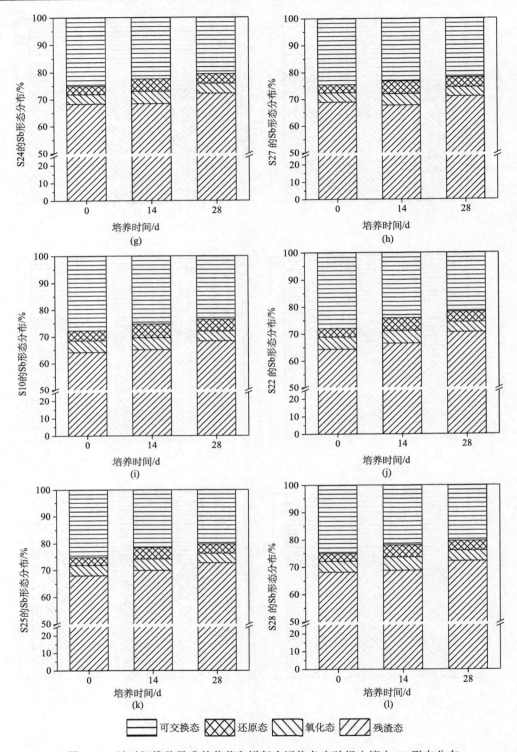

图 1-48　随时间推移异戊基黄药和锑复合污染各实验组土壤中 Sb 形态分布

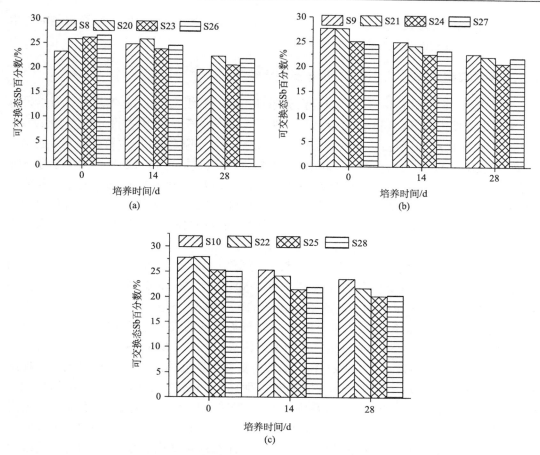

图 1-49　异戊基黄药和锑复合污染各实验组土壤可交换态 Sb 的演变

对比分析可发现，在整个培养周期内，重金属浓度相同的各组土壤中可交换态 Sb 含量随着异戊基黄药加入浓度的增加，表现出一定的降低趋势(除第 0 d 50 mg/kg 实验组)，经过 28 d 的培养后，各实验组土壤中可交换态 Sb 百分数均表现出明显的下降趋势。第 28 d 时，Sb 同为 50 mg/kg 的各实验组土壤中，S8、S20、S23、S26 的可交换态 Sb 百分数分别为 19.74%、22.52%、20.71%和 22.12%[图 1-49(a)]；Sb 同为 150 mg/kg 的各实验组土壤中，第 28 d 时 S9、S21、S24、S27 的可交换态 Sb 百分数分别为 22.57%、22.02%、20.68%和 21.84%[图 1-49(b)]；Sb 同为 300 mg/kg 的各实验组土壤中，第 28 d 时 S10、S22、S25、S28 的可交换态 Sb 百分数分别为 23.64%、21.82%、20.26%和 20.43%[图 1-49(c)]，即异戊基黄药的添加一定程度上降低了土壤中可交换态 Sb 的百分数，使其转化为更稳定的其他形态，使得土壤样品中 Sb 的迁移性降低。分析出现该现象的潜在原因可能是异戊基黄药作为一种可溶于水的有机浮选药剂，当其与水溶性的 Sb 共同添加进入土壤中时，两者会发生一定的物理化学作用，进而可能生成有机-重金属复合物；结合关于异戊基黄药对土壤微生物活性的影响分析结果以及前人的相关研究结果可知，异戊基黄药的存在对微生物具有一定的潜在毒性效应，但其在环境中又十分容易发生降解反应，因此在物理化学反应和生物反应的综合作用下会对土壤中的可交换态 Sb 产生一定的影响，进而改变其生物可利用度。

1.7.4　两种典型浮选药剂对锑赋存形态影响比较

对比图 1-46 与图 1-48 在不同复合污染条件下各实验组土壤中 Sb 的形态分布结果可知，整个培养期内，乙硫氮和 Sb 复合污染条件下土壤中残渣态 Sb 所占百分数为 59.49%～73.96%，可交换态 Sb 所占百分数为 19.11%～32.98%，还原态 Sb 所占百分数为 3.19%～4.94%，氧化态 Sb 所占百分数为 2.80%～5.46%；在异戊基黄药和 Sb 复合污染条件下各实验组土壤中残渣态 Sb 所占百分数为 64.11%～72.87%，可交换态 Sb 所占百分数为 19.74%～27.96%，还原态 Sb 所占百分数为 2.82%～5.14%，氧化态 Sb 所占百分数为 3.12%～5.30%，即两种复合污染条件下土壤中 Sb 的形态分布并无明显差异，均为残渣态 Sb＞可交换态 Sb＞可氧化态 Sb≥可还原态 Sb。

图 1-50 是不同复合污染条件下土壤中可交换 Sb 随时间的变化[图 1-50(a)为 50 mg/kg 锑实验组的可交换态 Sb 百分数；图 1-50(b)为 150 mg/kg 锑实验组的可交换态 Sb 百分数；图 1-50(c)为 300 mg/kg 锑实验组的可交换态 Sb 百分数]。整体而言，不同复合污染条件下各实验组土壤中可交换态 Sb 均随着时间的推移逐渐减少。与第 0 d 相比，第 28 d 时 Sb 浓度同为 50 mg/kg 的乙硫氮复合污染组（S20、S23、S26）土壤中可交换态 Sb 百分数降幅为 20.71%～22.52%，异戊基黄药复合污染组（S20、S23、S26）的可交换态 Sb 百分数降幅为 12.79%～20.85%；Sb 浓度同为 150 mg/kg 的乙硫氮复合污染组（S12、S15、S18）土壤中可交换态 Sb 百分数降幅为 27.33%～32.05%，异戊基黄药复合污染组（S21、S24、S27）土壤中可交换态 Sb 百分数降幅范围为 11.22%～20.45%；Sb 浓度同为 300 mg/kg 的乙硫氮复合污染组（S13、S16、S19）土壤中可交换态 Sb 百分数降幅范围为 20.40%～23.43%，异戊基黄药复合污染组（S22、S25、S28）土壤中可交换态 Sb 百分数降幅范围为 18.59%～21.97%，即同等浓度条件下，乙硫氮复合污染实验组的可交换 Sb（生物可利用度）变化幅度更大，而异戊基黄药复合污染实验组的可交换 Sb（生物可利用度）变化幅度相对较小。

结合微量热试验结果分析可知，出现该现象的潜在原因可能是不同的有机污染物其物理化学性质具有一定差异，乙硫氮和异戊基黄药虽然同为捕收剂，但由于其化学结构不同，所具有的物理化学特性也有一定的差异。相对于乙硫氮，异戊基黄药在环境中更易被降解，因此乙硫氮在土壤中的停留时间更久，从而其对土壤环境的影响也更大，从而导致添加了乙硫氮的复合污染实验组其可交换态 Sb 波动较大。

根据前人已开展的相关实验分析可以知道，土壤中重金属的形态变化机制是复杂多样的，如土壤中重金属的种类、pH、土壤微生物群落结构多样性、有机污染物的性质等都有可能影响重金属的赋存形态。因此，为了更好地理解添加不同浮选药剂后 Sb 形态变化的潜在机理，在以后的实验中应尽可能地考虑更多影响因素条件下重金属 Sb 的形态变化响应。

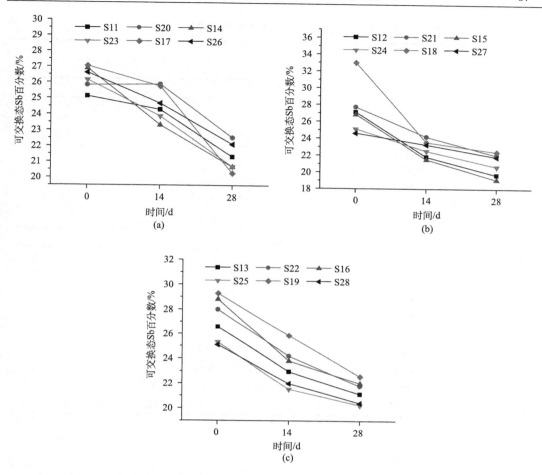

图 1-50　不同复合污染条件下各实验组土壤中可交换态 Sb 随时间的变化规律

1.7.5　重金属赋存形态与微生物活性的相关性分析

为了进一步解释微生物活性、污染物的剂量、重金属形态和培养时间之间的关系，分别对单独药剂污染和复合污染条件下，各因素间进行了 Pearson 相关系数分析。结果如表 1-27 所示。

在单独药剂污染条件下，生长速率常数 k 与 T_{peak} 显著负相关（$P<0.01$），抑制率 I 与 T_{peak} 显著正相关（$P<0.01$）。而 T_{peak} 与剂量之间显著正相关，与培养时间显著负相关（$P<0.05$）。表明 T_{peak} 能反映土壤微生物的生长活性，且剂量和培养时间是其主要的影响因素。而在复合污染条件下，T_{peak} 与生长速率常数 k 和剂量之间的相关性值有所下降，与 EXC-Sb 之间呈显著正相关（$P<0.01$）。EXC-Sb 与 k 值之间表现出显著负相关（$P<0.05$），且 EXC-Sb 与其他热动力学参数间均表现出显著的相关性。这表明复合污染条件下，可交换态 Sb 的浓度是毒性反应的主要影响因素，其显著影响了土壤微生物的特性。

表 1-27　重金属赋存形态与微生物活性的相关性

	剂量/(μg/g)	T_{peak}/h	P_{peak}/(μW/g)	Q_{total}/(J/g)	k/h^{-1}	I/%	培养时间/d	EXC-Sb/%	RES-Sb/%
单独药剂污染									
剂量/(μg/g)	1								
T_{peak}/h	0.59*	1							
P_{peak}/(μW/g)	0.69*	0.60*	1						
Q_{total}/(J/g)	0.81**	0.91**	0.75**	1					
k/h^{-1}	−0.36	−0.86**	−0.42	−0.80**	1				
I/%	0.39	0.84**	0.43	0.81**	−0.99**	1			
培养时间/d	0.00	−0.61*	−0.19	−0.44	0.75**	−0.67*	1		
复合污染									
剂量/(μg/g)	1								
T_{peak}/h	0.36	1							
P_{peak}/(μW/g)	0.65*	0.74**	1						
Q_{total}/(J/g)	0.67*	0.87**	0.91**	1					
k/h^{-1}	0.41	−0.48	0.08	−0.12	1				
I/%	−0.43	0.39	−0.17	0.02	−0.99**	1			
培养时间/d	0.00	−0.70*	−0.62*	−0.66*	0.44	−0.32	1		
EXC-Sb/%	0.17	0.72**	0.62*	0.67*	−0.58*	0.50	−0.85**	1	
RES-Sb/%	−0.18	−0.78**	−0.55	−0.70*	0.65*	−0.57	0.82**	−0.97**	1

*$P<0.05$（双尾检验）；

**$P<0.01$。

第2章　稀散多金属采选冶废弃物污染源风险评估

稀散多金属采选冶废弃物集中区即尾矿库是矿山开发过程中一种具有高势能、高危害性的危险源与环境风险源。其尾矿及尾矿水中常含有重金属、化学药剂等有毒有害物质，一旦发生事故，会对周边生态环境、人群健康、生命财产安全造成严重危害。我国是尾矿库大国，各种自然、人为的不利因素时刻威胁着尾矿库的安全，同时也对周边环境安全构成严重威胁。特别是近年来尾矿库突发环境事件频发，造成了极为严重的环境污染和恶劣的社会影响，使尾矿库环境应急管理工作面临严峻形势。

尾矿库环境风险评价是加强尾矿库环境风险防控与监管，提高尾矿库环境应急管理水平的基础性工作。为了能更准确地掌握稀散多金属尾矿库的环境风险状况，指导尾矿库企业和地方环境保护主管部门开展尾矿库环境风险防控与监管，提高尾矿库环境应急管理工作水平，有必要开展尾矿库环境风险评估技术研究，建立尾矿库环境风险评估技术方法以及基于环境风险的分级分类方法。

2.1　稀散多金属采选冶尾矿库风险评估方法研究现状

2.1.1　国外尾矿库风险评估方法研究现状

发达国家在环境风险评价和管理上起步较早，环境风险管理较为成熟，针对尾矿库的环境风险评估和分级分类管理主要有：

1. 欧盟尾矿堆场环境和健康风险评估方法

2006 年，欧盟邻国和伙伴关系工具 (European Neighborhood and Partnership Instrument，ENPI) 编写了"尾矿堆场环境和健康风险评估方法"，这项方法虽然未形成相关的制度，但是提供了风险评估的基本原则和基本框架，主要是用来确定环境风险的级别、环境接受程度以及修复措施。

1) 风险评估要素及模式——"源头-路径-受体"模式

尾矿库属于复杂的系统，因此风险评估的三要素包含多种内涵。污染物来源包括污染物类别、污染物浓度、处理时间及位置等；路径包括污染物迁移介质、迁移速率和迁移时间等；受体包括受体的类型、数量、敏感度以及对污染物的耐受浓度等。三要素是风险构成的必要条件，只有三要素同时存在，才能构成风险。

2) 风险评估方法

根据尾矿库风险评估的复杂性，他们制定了分步进行、逐级深入的评估程序。风险评估分为三个阶段：初步风险评估、一般定量风险评估、详细定量风险评估。初步风险评估包括确定风险评估内容和目标、收集尾矿库和周围环境的相关信息、形成环境风险三要素的详细信息、确定潜在不可接受风险的可能性等。随后的一般定量和详细定量评估，对风险进行量化，往往需要大量的数据标准作为评判依据。通过定量分析，确定风险的来源以及风险后果的程度。虽然每种评估的基本内容相似，包括建立污染物源数据库、分析不可接受风险的可能性、预测风险后果的量级和可能性、确定风险能否接受，但三者呈现了一种递进的关系，使我们对风险的认识更加具体和准确。

尾矿库风险评估的最终目的是为尾矿库的管理提出减少风险发生的建议。因此，此方法的最后一步是对修复方法的提出和对其可行性的评价。主要包括：提出可行的修复选择、对修复技术进行详细评估、建立合理的修复策略。

2. 欧盟 e-Ecorisk 项目

e-Ecorisk 项目由欧盟组织的 18 个研究机构承担，旨在为尾矿库风险预测提供信息支持，建立区域性的网络信息管理和决策支撑体系，降低尾矿泄漏的可能性和危害性。主要研究内容包括对潜在受影响地区的风险信息的整合和分析，以及尾矿泄漏对环境、社会等的风险及潜在影响的确定、特征分析、定性及评估。最终采用来自 4 个国家(希腊、葡萄牙、意大利、西班牙)的尾矿库信息和数据建立并验证了系统。

评估系统涉及的基本参数包括终端用户需求、场地数据收集、远程数据分析、坝体破坏和表层水外排模型、社会经济影响、成本分析、风险分析、管理信息、决策-支撑系统等。同时，采用卫星观察和场地信息分析了解尾矿库下游的环境和社会情况，确定地形、地面特征以及控制溢出液扩散的因素。

项目首先建立尾矿泄漏事故数据库，包括坝体特征、损坏的原因和类型、污泥行进的距离和影响区域。针对考察对象，利用地形、环境和社会相关数据，模拟坝体损坏和废水外溢时水流的分布情况，预测排放路径和洪水参数、沉淀物在下游的分布程度。最后，对尾矿外溢对下游区域的环境和社会影响进行风险分析，确定并评估事故危害性、环境脆弱性、可能的后果，以改善风险管理。

3. 欧盟采矿废物设施分类报告

2006～2007 年，欧盟委员会 DG Environment 组织开展了"采矿废物设施分类"项目研究，对包括勘探、采矿、采石、物理化学矿物处理等过程中产生的固体废物进行分类，并形成最终报告，欧盟的废物名录分类体系包括三种废物类型，即非危害类、"Absolute Entries"(存在危害废物，无论是否高于限值)、"Mirror Entries"(只有高于限值才认为有危害)。其中，硫化矿加工产生的可产酸的尾矿被认为"天生"具有危害性。

根据该报告建立的分类标准，尾矿库可分为 A 类(高风险)和非 A 类(低风险)。主要评价依据包括三方面：结构完整性丧失或错误操作引发严重后果、危害废物的含量、危险物质或配制剂含量。只要从任何一方面被评价为 A 类，尾矿库的整体评价即为 A 类。

4. 澳大利亚尾矿库管理手册

2007 年澳大利亚的工业、旅游与资源部组织专家、企业、非政府机构和政府机构编写了尾矿库管理手册。该手册以建立可持续发展的尾矿管理为主旨，重点讨论了尾矿管理体系和加强管理的相关技术，其中，也涉及采矿企业的风险管理内容。

通过分析近几十年发生的尾矿库安全事故，手册总结了尾矿库事故的主要原因，包括缺少对尾矿库的水平衡和建筑主体的控制、对安全管理控制的忽视，以及尾矿库的不稳定、漫顶、渗漏等。同时指出，在全生命周期中，尾矿库都应该控制在低风险水平，包括尾矿库的设计、施工、运行、闭库及修复等各个阶段，低水平风险控制也是尾矿库管理的基础。手册将尾矿库风险分析总结为两方面主要原因：运行阶段和闭库阶段，并主要采用新西兰/澳大利亚的风险管理标准(AS/NZS 4360: 2004)进行风险评估，主要包括建立评估内容、识别危险、分析风险、评估风险及处理选定的风险。同时，手册认为，矿业企业会应依据采矿规模及公司策略，采用定性、半定量和定量、计算分析等不同的风险评估方法。

5. 美国环境风险管理

美国在环境风险管理方面已形成一系列较为完善的法律、法规和标准体系，主要与化学品事故防范、环境应急管理和石油类泄漏事故等相关。美国环境保护局(U. S. Environmental Protection Agency，EPA)颁布了《风险管理计划》，计划中列出了 77 种有毒物质与 63 种易燃物质的控制清单与临界量值，要求生产、使用、存储这 140 种物质且超过临界量标准的企业必须提交并实施风险管理计划。其中，物质临界量值采用毒性等级因子法确定，通过评估化学品对人体的毒性以及化学品泄漏后的扩散因子来确定化学品的毒性等级因子。同时，EPA 依据风险分析、辨识情况，选择合适的模型对风险源导致事故发生的可能性和严重程度进行定性和定量评价，并基于风险源可能导致的事故后果将企业风险划分为三个等级，从一级到三级风险水平依次提高。根据企业风险分级的结果，详细规定了处于不同风险水平的企业制定、提交、修改及更新风险管理计划的具体要求。

6. 欧盟塞维索指令

1976 年 6 月在意大利塞维索发生的化学污染事故，促使欧盟在 1982 年出台了《工业活动中重大事故危险法令》(82/501/EEC)，即《塞维索指令》。后来，随着时代的发展，欧盟先后两次对《塞维索指令》进行了修订。欧盟对重大环境风险源的管理主要以《塞维索指令》为主。

《塞维索指令》具有双重目的。其一，防止危险物质重大事故灾害的发生。其二，由于事故确实还会发生，这项指令旨在限制此类事故的后续影响，不仅针对人的安全和健康方面，也针对环境。

《塞维索指令》的适用范围为危险物质存在之处。它既包括工业"活动"，也包括危险化学品的仓储。指令可以被认为在实践中提供了三个级别的控制。在《塞维索指令》的附录中，规定了 30 种(类)化学品的临界值。如果一家公司的危险物质数量低于指令规定的低临界值，则不受此指令约束。如果公司的危险物质在数量上高于低临界值但低于高临界值，则受指令规定的基本要求约束。如果公司的危险物质数量超过指令规定的高临界值，则受此指令中所有要求的约束。

7. 德国清单法

"清单法"是德国联邦环境局发展出来的一种对工业设施安全进行检查和评级的方法，致力于降低企业的风险，对水资源进行全面的保护。利用它可以评价企业、地区和国家重大危险事故发生的风险大小。"清单法"以对企业的综合评价为基础。评价时，首先划分工艺单元，对风险物质进行评价，计算水风险指数（WRI）；其次，从 18 个清单中选择合适的清单对不同的工艺单元进行检查和评价，再对清单求平均值得出企业平均风险（ARPi）；最后，根据 WRI 和 ARPi 计算得出企业真实风险值（RRPi）。

8. 加拿大环境应急管理

加拿大于 2003 年 8 月颁布了《环境应急条例》。该条例规定了 174 种化学品物质及其组分浓度与物质数量清单，其中，组分浓度要求以物质的质量分数表示；物质数量的规定是指该化学品单独存储的数量要求，或是该物质作为组分之一，其混合物质的数量要求。达到限制规定的化学物质应按要求列入应急管理范围。对涉及清单中化学物质的企业，加拿大环境应急法规规定了其风险信息提交和认证的内容和程序，要求其利用该信息编制、实施和测试环境紧急计划，在突发环境事件发生时通报和汇报应急处置预案等。

9. 其他

除了上述国家、联盟外，其他国家也在环境风险管理等方面制定了一系列相关措施。日本在 1973 年颁布了《化学物质审查规制法》。法规规定工业化学物质的通报和评估体系，目的是防止由这些化学物质所引起的环境污染对人体健康和生态环境的损害。此后，《化学物质审查规制法》在 1986 年和 2003 年进行了再修订，使得法规的体系更加完善。同时，从 1997 年开始，日本环境省开始试点进行风险评估项目，筛选关注的化学物质并进行风险评估。

意大利以欧盟《塞维索指令》为基础形成了国内法律 Law 238/05 对风险企业进行分级，该法律列举了危险的工业类型和工艺过程目录，对含有目录中规定的工业类型或工艺过程的企业，如果其所含有的危险物质超过规定的危险物质的量低临界值但低于高临界值，则判断为 A 类风险源，如果超过高临界值则判断为 B 类风险源。

荷兰环境风险管理框架由荷兰住房、规划和环境部（NMHPPE）于 1989 年提出，其关键是应用阈值（决策标准）来判断特定的风险水平是否能接受。该框架利用不同生命组建水平的风险指标，如死亡率或其他临界响应值，用数值明确表达最大可接受或可忽略的风险水平。

瑞典和芬兰以尾矿坝失败引起的后果为分类依据，同时考虑坝体的上下游以及尾矿运输和有害物质的滤除，建立了瑞典 RIDAS 系统。这是一个自愿的系统，矿主可以自行安排分类，根据结果决定是否采取安全措施。分类需要详尽的分析和对尾矿特征、化学特性及其他信息的掌握，包括地理位置、坝体类型、坝高等。

西班牙根据尾矿库大小和影响程度两个分类系统的结合来评估尾矿库的风险；葡萄

牙和斯洛伐克则采用基于一系列参数的评分制，如排水质量、坝高、状态等，根据总分将尾矿库风险水平分为不同水平。

2.1.2　国内尾矿库风险评估方法研究现状

1. 管理领域

我国的环境风险研究开始于 20 世纪 80 年代，经过多年的发展，已经制定了不少防范环境风险有关的法律法规，但是明确使用环境风险概念、规定环境风险管理制度的法律法规却很少。

我国明确规范环境风险的法律主要有：《中华人民共和国突发事件应对法》《建设项目环境风险评价技术导则》《国家环境保护总局关于加强环境影响评价管理防范环境风险的通知》《国家突发公共事件总体应急预案》《国家突发环境事件应急预案》《尾矿库环境风险评估技术导则（试行）》等政策性文件。

其中，《建设项目环境风险评价技术导则》是 2004 年环境保护部颁布的环境风险评价相关政策规范。导则中规定了环境风险评价的基本内容：风险识别、源项分析、后果计算、风险计算和评价及风险管理。2009 年，为了推进重点行业和区域开展环境污染责任保险的试点示范工作，环保部组织开展了企业环境风险等级划分。2010 年 1 月，《环境风险评估技术指南——氯碱企业环境风险等级划分方法》颁布，此后又发布了造纸企业、合成氨、硫酸企业环境风险等级划分方法。

针对尾矿库的环境风险评估及分级分类管理方面也开展了一些初步的工作，如根据尾矿库规模等级、污染物排放量的多少、环境风险高低、所处位置环境敏感程度等，实行分级管理。对涉及重金属等危险废物排放的尾矿库列入一类管理，对铁矿、煤矿所属的尾矿库列入二类管理，对只开采不选矿、环境风险较低的列入三类管理。该分级分类思想相对简单，未考虑管理因素，具体实施方法也不够明确和具体化。2015 年，环境保护部颁布了《尾矿库环境风险评估技术导则（试行）》，该导则规定了尾矿库环境风险评估的一般原则、内容、程序、方法和技术要求。

2. 学术研究领域

除了相关法律法规的逐渐完善，环境风险相关的研究工作也逐渐增多。研究方向由最初的综述和应用国外的研究成果，发展到从中国国情出发的对现实问题的研究，如海域重大船舶溢油、洪水灾害、突发性水环境污染事件、突发性大气污染事件、化工园区重大事故预防与管理等。同时，随着环境风险研究的发展，尾矿库环境风险研究作为其中的一个研究方向，也得到相关学者的关注。

目前，我国的环境风险研究主要围绕风险识别、源项分析、后果计算、风险评价、风险管理、应急措施等六项内容展开。

2.2　稀散多金属采选冶尾矿库环境风险评估方法及模型

稀散多金属采选冶废弃物环境风险评估的技术路线如图 2-1 所示。即先收集资料并进行调研，在此基础上进行风险源识别，然后建立环境风险评估方法和模型，并建立风险评估指标体系，最后对风险评估技术方法进行实证，最终形成技术指南。

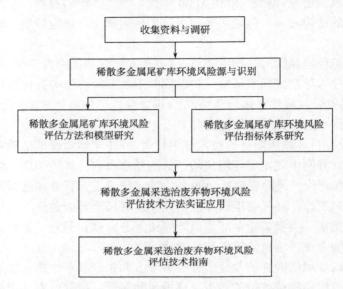

图 2-1　稀散多金属采选冶废弃物环境风险评估技术路线图

2.2.1　常用于尾矿库环境风险评估的方法

1. 事故风险评价方法

事故风险评价方法主要应用于各种不同类型的风险源的风险评价。$R=P \times C$ 风险定级评价法是目前被大多数研究者接受，而且应用最多的风险评价方法之一。

$R=P \times C$ 定级法中，R 表示风险，P 表示风险因素发生的概率，C 表示风险因素发生时可能产生的后果。该定级法综合考虑了风险事件发生概率和风险影响后果的一种方法。$P \times C$ 不是数学算数里面表示的简单的乘法，而是表示风险事件发生概率和事故发生后影响的级别的组合。它包括两方面的含义：一是确定事故概率；二是事故发生后产生影响的程度。事故概率确定以及事故发生后影响状态是 $R=P \times C$ 风险定级评价法对风险事件描述的关键。

事故概率确定：在对全世界和国内相似危险源历史上发生的事故资料统计上，通过事故树法分析计算该类型危险源的事故概率，该方法在国际上研究已经比较成熟。国内安全环境学者主要采用事件树法和事故树分析法确定不同重大事故危险源发生的概率。

事故后果计算：事故发生后影响的描述涉及对有毒有害物质的泄漏量和物质扩散范

围，以及对人类生存环境或生态环境影响的研究。首先要确定事故发生后有毒有害物质的泄漏量，即事故的源强；其次要确定不同的污染物浓度对周边环境影响的程度。

2. 环境风险评价方法

以污染场地环境风险评价方法为基础，结合金属尾矿库污染的特点建立稀散多金属采选冶尾矿库环境风险评价方法，包括以下四个步骤：数据收集和分析、毒性评估、暴露评估和风险表征(图 2-2)。

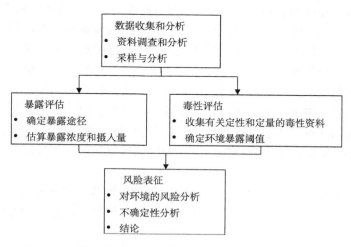

图 2-2　尾矿库环境风险评价工作程序

(1)数据收集和分析：收集已有资料，开展实地调查和采样分析，确定目标污染物和可能受到危害的人群即暴露人群。具体包括四类数据：①背景资料；②污染状况；③与污染物有关的资料；④与暴露人群有关的资料等。

(2)毒性评估：毒性评估是指利用人群暴露于尾矿库目标污染物产生负面效应的可能证据，估计人群对污染物的暴露程度和产生负面效应的可能性之间的关系。一般分为危害判定和剂量反应评估两个步骤。

(3)暴露评估：暴露评估是确定或估算(定量或定性)暴露量的大小、暴露频率、暴露期和暴露途径，通常包括三个步骤：表征暴露环境、确定暴露途径和暴露的定量。

(4)风险表征：风险表征是风险评价的最后一步，在这一步应将前面的资料进行总结，并综合进行风险的定量和定性表达。风险计算采用四种方式表示，即单污染物风险、多污染物累积风险、多途径同种污染物累积风险和多途径综合环境风险，而且应该分别考虑致癌风险和非致癌风险。结合我国现阶段环境管理需求，推荐以 10^{-6} 致癌风险作为污染物(经所有暴露途径)的可接受致癌风险。

3. 层次分析法

层次分析法简称 AHP(analytic hierarchy process)，是由美国匹兹堡大学的运筹学家萨迪(T. L. Saaty)教授于 20 世纪 70 年代初期提出的一种定性和定量相结合的决策分析方法。层次分析法是将要解决的复杂问题分解为若干层次，利用较少的定量信息将决策的思维过程数学化，从而为多目标、多准则或者无结构特征的复杂决策问题提供简便的决策方法。该方法自 1982 年被介绍到我国以来，以其定量与定性相结合地处理各种决策问题的特点和系统简单明了的优点，迅速在我国社会和经济的各个领域得到了广泛的应用。

层次分析法的基本思路是将一个复杂的决策问题看作一个系统，将其分解为多个目标或准则，进而分解为多指标（或准则、约束）的若干层次，通过定性指标模糊量化方法算出层次单排序（权数）和总排序，以作为目标（多指标）、多方案优化决策的系统方法。

尾矿库事故对环境的影响分为三方面，即对地质环境、自然环境和生态环境的影响。基于环境风险的含义，将尾矿库事故环境风险评价指标体系共分为 3 层，即目标层、准则层和指标层。目标层反映尾矿库的环境风险水平，准则层从尾矿库的环境危害性、周边环境敏感性、控制机制可靠性三方面进行评价。各个准则层则分解为可以直接度量的风险因子，组成指标层。环境危害性从尾矿库的类型、性质和规模三方面指标进行划分和累加求和；周边环境敏感性从尾矿库下游涉及的跨界情况、周边环境风险受体情况、周边环境功能类别情况三方面指标进行评分和累加求和；控制机制可靠性从尾矿库的基本情况、自然条件情况、生产安全情况、环境保护情况和历史事件情况五方面指标进行评分和累加求和。

目前，我国的尾矿库环境风险影响评价大多为上述第一种环境风险评价，即环境污染的事故风险评价，主要关注尾矿库的环境风险因子识别、风险评价方法和风险预防管理等几个方面。

另外，从研究对象来看，可以进一步将其细分为针对某一具体的尾矿库的环境风险评价研究和针对多个尾矿库的环境风险评价研究。

针对某一具体尾矿库的环境风险评价研究是国内有关尾矿库环境风险评价研究的主要方向。通过对不同矿种的尾矿库的环境风险分析，遵循风险识别、源项分析、后果计算和风险评价的步骤，探索尾矿库潜在的环境风险以及适合的评价方法。

针对多个或全部尾矿库的环境风险的相关研究还不是很多，这类研究目标是建立尾矿库环境风险评价系统，具体的研究方向有建立指标体系、确定权重、计算各影响因子得分、得到各尾矿库的总分。

2.2.2　常用于尾矿库环境风险评估的模型

20 世纪七八十年代国外开始了环境风险评价预测模型的研究，恶性突发性事故频发促进了环境风险评估预测模型的发展。针对尾矿库的环境风险评估模型也是在此基础上应用发展起来的。本项目研究用于尾矿库环境风险评估的模型主要有：

1. 综合加权模型

综合加权模型是根据尾矿库实际情况，经专家打分，分别将环境危害性指数（H）、周边环境敏感性指数（S）和控制机制可靠性指数（R）的权重设定为 45 分、30 分和 25 分，并将尾矿库三方面的指数与其对应的权重加权求和，得到各尾矿库的综合加权环境风险指数，从而根据设定的等级划分阈值（表 2-1），确定各尾矿库的环境风险等级。

表 2-1　基于综合加权风险指数的尾矿库环境风险等级划分

指标	等级划分		
	一般风险	较大风险	重大风险
综合加权环境风险指数	[0, 30]	(30, 60]	(60, 100]

2. 三维坐标模型

三维坐标模型则首先对环境危害性指数(H)、周边环境敏感性指数(S)和控制机制可靠性指数(R)以 30 分、60 分为界点依次划分出 3 个级别，然后综合尾矿库三方面的取值和对应的级别确定它在环境风险三维坐标系统中的位置，得到其对应的风险等级，见图 2-3。

控制机制可靠性($R1$)		环境危害性(H)		
		$H1$	$H2$	$H3$
周边环境敏感性(S)	$S1$	重大	重大	较大
	$S2$	重大	较大	较大
	$S3$	重大	一般	一般

控制机制可靠性($R2$)		环境危害性(H)		
		$H1$	$H2$	$H3$
周边环境敏感性(S)	$S1$	重大	较大	较大
	$S2$	较大	一般	一般
	$S3$	较大	一般	一般

控制机制可靠性($R3$)		环境危害性(H)		
		$H1$	$H2$	$H3$
周边环境敏感性(S)	$S1$	较大	较大	一般
	$S2$	较大	一般	一般
	$S3$	一般	一般	一般

图 2-3　尾矿库环境风险等级划分矩阵

2.2.3　稀散多金属采选冶尾矿库环境风险评估指标体系

稀散多金属尾矿库环境风险指标体系，主要由尾矿库环境危害性(H)、尾矿库周边环境敏感性(S)、尾矿库控制机制可靠性(R)三个部分组成。

1. 尾矿库环境危害性(H)

尾矿库环境危害性指尾矿库中各种危害物质、势能等危害因子对周边环境的危害性，主要从类型、性质、规模三方面进行评估。

类型：指尾矿库中尾矿或尾矿水所涉及的物质成分的类型。这是影响尾矿库环境危害性的重要因素，成分类型不同，环境危害性不同。

性质：指尾矿库中物质成分的关键属性的状况，主要从尾矿库特征污染物指标的浓度情况进行评估。通常，尾矿库中特征污染物指标浓度越高，事故后对周边环境危害越大。

规模量：主要从尾矿库的现状库容进行评估。通常尾矿库的现状库容越大，事故后的影响范围和程度也越大。

2. 尾矿库控制机制可靠性(R)

反映尾矿库中各种基础的、自然的、人工的控制机制(包括致灾、诱灾、容灾、减灾方面)的可靠性，主要从基本情况、自然条件、安全生产、环境保护及历史事件五个方面进行评估。

1)基本情况

基本情况是尾矿库重要的参数信息。这些参数对尾矿库发生事故的可能性、事故后的影响范围及影响程度有一定的影响。主要包含尾矿库的堆存、排尾、回水、防洪四大系统。

堆存：堆存系统是尾矿库的重要组成部分，也是影响尾矿库环境风险的因素之一，主要从堆存种类、堆存方式和坝体透水情况三个方面来进行评估。

排尾：堆排尾系统是尾矿库的重要组成部分，也是影响尾矿库环境风险的因素之一。主要从排尾方式、排尾路径跨越情况、排尾量和排尾距离等四个方面来评估堆排尾系统的可靠性。

回水：回水系统是尾矿库的重要组成部分，也是环境风险的影响因素之一，主要从回水方式、回水路径跨越情况、回水量和回水距离等四个方面来评估尾矿库回水系统的可靠性。

防洪：防洪系统是尾矿库的重要组成部分，也是环境风险的影响因素之一，近年由尾矿库防洪系统故障引发的突发环境事件频发。主要从库外截洪设施情况和库内排洪设施情况两个方面来评估尾矿库防洪系统的可靠性。

2)自然条件

指尾矿库所在区域的外在自然条件在致灾、诱灾因子的稳定性和可靠性。近年来由极端天气等外在自然条件所引起的突发环境事件的比例越来越大。主要从尾矿库所在区域是否位于根据《地质灾害危险性评估规范》评定为"危害性中等"或"危害性大"的区域或重点地质灾害易灾区(综合滑坡、泥石流、崩塌、地裂缝、地面塌陷、地震等)、重点岩溶(喀斯特)地貌区来进行评估。

3)安全生产

指尾矿库在日常的运营过程中在安全生产控制方面的可靠性程度。尾矿库的安全可靠性是尾矿库周边环境安全的重要保障。主要从尾矿库安全度等来对尾矿库安全生产可靠性进行评估。

4) 环境保护

指尾矿库在环境保护方面控制机制的可靠性程度，这是影响尾矿库环境风险的重要因素。通常在尾矿库环境保护方面做得越好，其可靠性越高，环境风险越低。

对尾矿库环境保护方面控制机制的可靠性评估主要从审批、污染防治、应急设施、应急管理、环境违法情况、与周边环境纠纷情况共六个方面进行评估。

5) 历史事件

指尾矿库历史上各类事件的发生情况。通常历史事件发生率越高，其风险越高。主要从尾矿库发生安全或环境事件的等级与次数两方面进行评估。

3. 尾矿库周边环境敏感性(S)

尾矿库周边环境敏感性反映了尾矿库周边环境的敏感性，主要从涉及的跨界情况、周边环境敏感区与保护目标情况、周边环境功能类别情况三方面来进行评估。

1) 涉及的跨界情况

指尾矿库事故后可能涉及的跨越行政区污染情况。跨界是突发环境事件分级的重要考虑因子之一，也是影响尾矿库环境风险的重要因素之一。对跨界情况的评估主要从跨越的行政区边界类型及相对行政区边界的距离两方面来进行评估。通常距离行政边界越近，行政边界类型越高，其环境风险越大。特别是尾矿库一般规模大、势能大、影响范围远，一旦出现事故较容易出现跨界环境污染事件。

2) 周边环境敏感区与保护目标情况

主要指尾矿库周边可能涉及的各类环境敏感区与保护目标的分布情况。通常周边环境敏感区与保护目标分布越多，敏感性越高，事故后环境危害越大。对周边环境敏感区与保护目标情况的评估，主要从环境敏感区与保护目标的类型、规模等级等方面来进行评估。

3) 周边环境功能类别情况

指尾矿库所在区域周边背景环境的敏感性，从周边环境的功能类别来进行评估。通常，尾矿库周边背景环境功能类别越高，敏感性越高。根据尾矿库的特殊性，主要考虑水环境(地表水、海水)、土壤环境和大气环境。

2.2.4　稀散多金属采选冶尾矿库环境风险等级划分

利用层次分析法，按照尾矿库环境危害性指标体系、周边环境敏感性指标体系、控制机制可靠性指标体系及各指标的评分方法，分别对尾矿库环境危害性、周边环境敏感性、控制机制可靠性进行累加求总分，得到尾矿库环境危害性得分、周边环境敏感性得分、控制机制可靠性得分。

综合尾矿库环境危害性(H)、控制机制可靠性(R)、周边环境敏感性(S)三方面，对照尾矿库环境风险等级划分矩阵，将尾矿库环境风险划分为一般、较大、重大三个等级。

2.2.5　稀散多金属采选冶废弃物污染控制技术评估指标体系

评估指标体系构建原则：

1. 科学性原则

污染控制技术评估指标体系具体指标的选取应在对污染控制技术科学认识、深入研究的基础之上，选取能够真实、准确反映污染物治理技术的指标，具有代表性和合理性，并在理论上有科学依据。

2. 全面性原则

污染控制技术评估指标体系要求既要有反映污染物排放、技术成熟度等方面的生产技术指标，也要有反映经济成本方面的经济指标。

3. 独立性原则

在构建指标体系过程中，各指标不能由其他指标代替，也不能由其他同级指标换算得来，各指标应尽量避免包含关系。这样通过评估指标体系进行评估才能使污染控制技术评估结果更具有客观性和科学性。

4. 层次性原则

应根据影响类别设置分层级次，层次之间关系明确、权重合理，并与所选择的评价方法相容。污染控制技术所选取的评估指标应不仅只包括技术和经济这一层次指标，还应建立下一层次指标。只有建立了多层次的指标体系，才能对环境污染防治技术进行更科学地评估。

5. 可操作性原则

在构建评价指标体系时，在基本满足评价要求和给出决策所需信息的前提下，应挑选一些易于计算、容易得到、具有普适性，并能在要求水平上有很好代表性的指标，尽量减少指标个数，使整个指标体系具有较高的使用价值和可操作性。

6. 定性与定量相结合原则

对污染控制技术的评估主要是通过专家描述进行定性评估，得到的结果往往并不能客观反映污染控制技术的真实情况，使评估结果与真实情况存在较大的偏差，为得到较为客观的评估结果，应该增加能够较为全面评估污染控制技术的评估量化指标。

2.2.6　评估指标体系构建内容

污染控制技术的评估目的是筛选更为先进合理的技术应用于污染物的治理过程中。因此，从技术的角度构建的污染控制技术指标体系要能够通过这套指标体系评估出较为先进的技术应用于污染物治理过程中，既要体现出技术选择的合理性，又要体现出技术应用的经济性，并且指标体系中既要有定性评估的指标，又要有定量评估的指标。

因此在构建污染控制技术评估指标体系时，可选择污染物排放、经济成本、技术成熟度作为一级指标。通过污染物排放、技术成熟度两项指标体现出技术选择的合理性，通过经济成本指标体现出技术应用的经济性；通过污染物排放、经济成本两项指标对技术进行定量评估，通过技术成熟度对技术进行定性评估。因此通过构建污染物排放、经济成本、技术成熟度三项一级指标可以满足污染控制技术指标体系既要体现出技术选择的合理性，又要体现出技术应用的经济性，既要有定性评估的指标，又要有定量评估的指标等要求。

　　在确定一级指标后，细化各一级指标，建立相应二级、三级等指标。不同行业在污染物治理技术评估过程中一级评价指标不变；二级评价指标、三级评价指标及更下一级评价指标可根据工作需要进行增减。

2.2.7　评估指标体系层次结构模型

　　利用层次分析法对污染控制技术进行评估，首先要根据所要进行评估的行业特点建立污染控制技术评估指标体系，分析所建立的指标体系之间的层次关系建立污染控制技术层次分析结构模型，结合建立的污染控制技术指标体系和层次分析结构模型制定专家评定表并进行专家评定判断各指标体系中各指标之间的重要性关系，综合各专家的评定判断结果构建成对比较判断矩阵，然后，对成对比较判断矩阵进行调整，通过查找对成对比较判断矩阵完全一致性影响较大的比较结果合理对成对比较判断矩阵进行调整，通过调整后的成对比较判断矩阵计算污染控制技术各指标的权重，运用确定的各指标权重和技术在实际运行中的数据对污染控制技术进行评估，评估出各技术的优劣关系。

　　根据构建的污染控制技术指标体系，并分析指标体系中各指标之间的层次关系，建立污染控制技术评估指标体系层次结构模型，如图 2-4 所示。

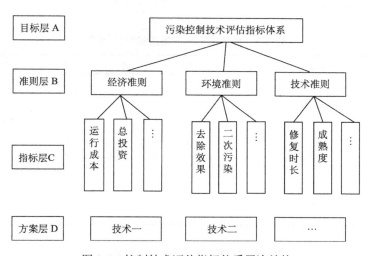

图 2-4　控制技术评估指标体系层次结构

　　根据《国家环境保护技术评价与示范管理办法》中技术评估的程序，结合高风险稀散多金属采选冶废弃物环境污染现状和污染治理技术特点，采取技术、经济和环境效益相结合、定量与定性相结合、专业评价人员与技术专家评价相结合的方式进行，构建尾矿重金属污染治理技术评价指标体系。

经过调研，归纳总结出 8 种可以用于高风险稀散多金属采选冶废弃物污染修复的技术，分别为 D1 玻璃化技术、D2 热修复法、D3 微生物原位固化、D4 电动修复、D5 化学提取、D6 淋洗法、D7 植物修复、D8 物理/化学稳定化，本项研究修复技术属于 D3 微生物原位固化。

采用定量与定性相结合的方法量化处理评价指标，对可定量化的指标以调研数据为依据；对定性的指标则采用以专家定性判断为主（Dephi 法），并利用层次分析的评价方法，开展最佳可行技术的评估筛选。将 D1～D8 设定为方案层，目标层定为最佳的修复技术（A），将经济准则、环境准则、技术准则作为目标评价层（B），构建层次结构模型。

1. 建立判断矩阵和理论权重值计算

判断矩阵中元素的值大小反映出专家对各个元素重要性的认识，一般情况下，用数字 1 到 9 和 1 到 9 的倒数来进行表示。A 层和 B 层的判断矩阵如表 2-2 所示。

表 2-2 评价层判断矩阵

因素	经济指标	环境指标	技术指标
经济指标	1	1/5	1
环境指标	5	1	3
技术指标	1	1/3	1

构建每个评价层 B 对 8 个处理方案 D 的经济指标、环境指标和技术指标与方案层的判断矩阵如表 2-3、表 2-4 所示。

表 2-3 经济指标与方案层的判断矩阵

B1	D2	D1	D3	D4	D5	D6	D7	D8
D2	1	1/2	1	1/2	1/2	1/2	1/3	1/3
D1		1	2	1	1	1	1/2	1/2
D3			1	1/2	1/2	1/2	1/3	1/3
D4				1	1	1	1/2	1/2
D5					1	1	1/2	1/2
D6						1	1/2	1/2
D7							1	1
D8								1

表 2-4 技术指标与方案层的判断矩阵

B2	D1	D2	D3	D4	D5	D6	D8	D7
D1	1	2	2	2	2	2	3	2
D2		1	2	2	2	2	2	2
D3			1	2	1/2	1/2	1/2	1/2
D4				1	1/2	1/2	2	1

续表

B2	D1	D2	D3	D4	D5	D6	D8	D7
D5					1	1	2	2
D6						1	2	2
D8							1	2
D7								1

2. 层次总排序

层次总排序是按照以上各个层次比较的结果将权值按大小进行排序。通常是从最高层向最低层进行排序，每一层能得到一个权重，最后权重最大的就是最优方案，可以用于高风险稀散多金属采选冶废弃物污染修复技术的总排序，如表 2-5 所示。

表 2-5　修复技术层次总排序表

准则层	B1	B2	B3	B 层次总排序权值	排序
方案层	0.1562	0.6586	0.1852		
D1	0.1137	0.1067	0.2239	0.1295	4
D2	0.0611	0.0755	0.1505	0.0871	8
D3	0.0611	0.2134	0.0753	0.1640	1
D4	0.1137	0.1646	0.0821	0.1413	3
D5	0.1137	0.1646	0.1505	0.1540	2
D6	0.1137	0.0692	0.1505	0.0912	7
D7	0.2116	0.0897	0.0821	0.1073	6
D8	0.2116	0.1164	0.0851	0.1254	5

通过一系列的计算得出最优技术选择排序，所考虑的 8 种处理技术排序为：D3 微生物原位固化、D5 化学提取、D4 电动修复、D1 玻璃化技术、D8 物理/化学稳定化、D7 植物修复、D6 淋洗法、D2 热修复法。微生物原位固化技术为高风险稀散多金属采选冶废弃物污染修复的最佳技术。

2.2.8　稀散多金属采选冶废弃物环境污染事件应急预案

为指导企业加强风险源的管理，减少事故发生概率，减缓和消除风险事故所带来的生命、财产和生态环境的不利影响，根据《中华人民共和国环境保护法》《中华人民共和国突发事件应对法》《突发环境事件应急预案管理暂行办法》等相关法律、法规和规定，稀散多金属采选冶企业需制定矿山环境污染事件应急预案。

矿山环境污染事件应急处置坚持以人为本、预防为主，统一领导、属地为主，分级负责，快速反应、协同应对的原则。

参照《突发环境事件应急预案管理暂行办法》对突发环境事件的分级标准，矿山环境污染事件依其性质、严重程度、可控性和影响范围，由高到低分为特别重大（Ⅰ级）、重大(II级)、较大(III级)、一般(IV级)4个等级。

1. 特别重大(I级)矿山环境污染事件

凡符合下列情形之一的,为特别重大(I级)矿山环境污染事件:

(1)造成10人以上死亡,或中毒(重伤)100人以上的矿山环境污染事件。

(2)因矿山环境污染事件需疏散转移群众5万人以上,或造成直接经济损失1亿元以上。

(3)因矿山环境污染事件使当地正常的经济、社会活动受到严重影响。

(4)因矿山环境污染事件使区域生态功能严重丧失或濒危物种生存环境遭到严重污染。

(5)造成市级以上城市主要水源地取水中断的矿山环境污染事件。

(6)因危险化学品(含剧毒品)生产和储运发生泄漏而污染环境,严重影响人民群众生产、生活的矿山环境污染事件。

(7)放射性物质造成的矿山环境污染事件。

2. 重大(II级)矿山环境污染事件

凡符合下列情形之一的,为重大(II级)矿山环境污染事件:

(1)造成3人以上、10人以下死亡,或中毒(重伤)50人以上、100人以下的矿山环境污染事件。

(2)因矿山环境污染事件需疏散转移群众1万人以上、5万人以下,或造成直接经济损失2000万元以上、1亿元以下。

(3)因矿山环境污染事件使当地正常的经济、社会活动受到较大影响。

(4)因矿山环境污染事件使区域生态功能部分丧失或濒危物种生存环境受到污染。

(5)造成重要河流、湖泊、水库大面积污染;县级以上城镇水源地取水中断的矿山环境污染事件。

(6)因非法倾倒、埋藏剧毒危险废物而造成的矿山环境污染事件。

3. 较大(III级)矿山环境污染事件

凡符合下列情形之一的,为较大(III级)矿山环境污染事件:

(1)造成3人以下死亡,或中毒(重伤)10人以上、50人以下的矿山环境污染事件。

(2)因矿山环境污染事件需疏散转移群众5000人以上、1万人以下的,或造成直接经济损失500万元以上、2000万元以下。

(3)造成乡镇饮用水水源地取水中断的矿山环境污染事件。

4. 一般(IV级)矿山环境污染事件

除特别重大、重大、较大以外的矿山环境污染事件。包括领导机构、协调机构、组成部门及技术支持专家组等。

(1)领导机构。矿山所在地突发公共事件应急委员会(以下简称"应急委")作为突发公共事件应急处置领导机构,负责包括矿山环境污染事件在内的各类突发公共事件应急处置的组织领导。

(2)协调机构。矿山所在地环境保护委员会(以下简称"环委会")作为突发环境事件综合协调机构,负责协调包括矿山环境污染事件在内的各类突发环境事件的应急处置。环委会下设环委办,设在环保局。

(3)组成部门。矿山所在地政府新闻办及环保、国土、经贸、安监、质监、卫生、药监、公安、信访、教育、农业、畜牧、气象、电业、无线电管理、民政、发改、物价、财政、交通等与矿山环境污染和应急处置相关的各单位,按照各自职责做好相关专业领域的应急处置和后勤保障工作。驻地部属、省属单位,按照应急处置需要参与。

(4)技术支持。按照要求组建的"突发环境事件专家组",同时承担矿山环境污染事件的专家咨询和技术指导工作。

5. 应急机构

(1)现场指挥机构。多部门联合参与处置的现场,应迅速成立现场指挥机构,统一协调指挥现场处置。政府领导带队到场的,以现场政府行政职务最高者为现场指挥;多部门到场的,以主要处置单位现场行政职务最高者为现场指挥。所有参与应急救援的队伍和人员必须服从现场指挥。

(2)应急组织机构。多部门联合处置矿山环境污染事件时,属地政府成立专项矿山环境污染事件处置工作领导小组,各部门按照职责分工和工作需要,组成污染调查、社会稳定、医疗救治、宣传舆论、后勤保障等工作组,深入开展调查处置。

6. 监测预警和信息报告

(1)环境监测。属地环保局负责组织协调矿山环境污染或可能污染环境的日常监测和应急监测工作,并负责指导和协调所属环境监测机构进行监测。

(2)相关监测。属地质监部门负责矿山生产设备监测,农业部门负责矿山环境污染种植业监测,畜牧部门负责矿山环境污染养殖业监测,卫生部门负责矿山环境污染受损人群的监测,其他与矿山环境污染相关部门在各自职责范围内开展矿山环境污染信息的监测。

(3)社会监督。社会各单位和个人有权对矿山环境污染行为进行举报和监督。

属地环保局负责矿山环境污染监测信息的接收、汇总和分析,对外公布接受报告的电话和地址。

7. 信息报告

环委会有关成员单位和所属政府有关部门按照早发现、早报告、早处置的原则,开展环境监测数据的综合分析、评估工作。

(1)信息报送。矿山环境污染事件责任单位和责任人以及负有监管责任的单位发现矿山环境污染事件后,应在 1 小时内向所在地政府及其监管部门报告,同时向上一级业务主管部门报告,并立即组织有关人员赶赴现场开展调查。紧急情况下,直接报告市政府办公室和市环保局。各县(市、区)政府接到矿山环境污染事件确认报告后,在 1 小时内向市政府办公室报告。市政府办公室接到较大以上环境事件确认报告后,在 1 小时内向省政府总值班室报告。

(2)报告方式与内容。矿山环境污染事件报告分为初报、续报和终报(处理结果报告)。初报、续报可用电话、传真、网络报告,终报采用书面报告。初报:主要内容包括矿山环境污染事件的类型、发生时间、地点、污染源、主要污染物质、人员受害情况、动植物受威胁和破坏情况、自然保护区受害面积及程度、事件潜在的危害程度、转化趋势等初步情况;续报:在初报的基础上连续报告有关确切数据,事件发生的原因、过程、进展情况及采取的应急措施等基本情况;终报:事件基本终止,报告处置事件的措施、过程、结果和经验教训,事件潜在或间接的危害、社会影响、处理后的遗留问题,参加处理工作的有关部门和工作内容,出具有关危害与损失的证明文件等情况。

8. 事件通报与信息发布

(1)事件通报。事发地政府在应急响应的同时,及时向波及或可能波及的周围县(市、区)政府通报情况。接到通报的县(市、区)政府及有关部门,应当及时通知本行政区域内有关部门采取必要措施,并向上级政府及有关部门报告。市环委会应及时向市政府有关部门和各县(市、区)环保部门以及军队有关部门通报情况。

(2)信息发布。事件发生后,要及时发布准确、权威的信息,正确引导社会舆论。对于较为复杂的事件,可分阶段发布,先简要发布基本事实。对灾害造成的直接经济损失数字的发布,应征求评估部门的意见。对影响重大的突发事件处理结果,根据需要及时发布。市环委会负责事件信息对外统一发布工作。必要时,由市政府新闻办公室组织协调较大以上事件信息的对外统一发布工作,相关专业主管部门负责提供事件的有关信息。

9. 应急响应

(1)县(市、区)政府全面负责应急处置辖区内一般矿山环境污染事件。县(市、区)政府应根据事件报告,迅速了解、确认事件,启动本级矿山环境污染事件应急预案,报告市政府并通报市环保局。按照应急处置要求,在现场设立现场指挥机构开展现场应急处置;根据事态发展和处置需要,成立专项矿山环境污染事件处置工作领导小组,统一信息接收与报告人,分组深入调查处置。

(2)污染调查组主要由环保、国土、安监、质监、农业、畜牧等部门组成。负责矿山环境污染事件造成的环境污染和生态破坏的监测、调查、评估,开展矿山环境污染事件的环境应急救援;及时提供矿山环境污染企业地质资料;调查矿山环境污染事件原因;查处导致矿山环境污染的假冒伪劣矿山生产设备;调查矿山环境污染涉及种植业和养殖业损害,并及时通报信息。污染调查组应指导和监督矿山环境污染单位及时、主动向所在地政府及有关部门提供有关的基础资料,并采取有效措施减少污染,控制事态发展。县级环保部门作为污染调查组主要成员,应开通并保持与各部门通信联系,及时向本级政府和市环保局报告矿山环境污染事件基本情况和应急救援的进展情况,向县级政府提出启动预案和成立现场应急指挥部的建议,组织环境技术支持,指导现场处置人员配备防护装备,指导事发地群众做好安全防护。

(3)社会稳定组主要由公安、信访、经贸等部门组成。负责处置矿山环境污染引发的群体性治安事件，维护社会稳定，维持交通秩序，协助地方政府组织群众疏散，必要时请武警部队支持；负责处置矿山环境污染引发的正常上访和异常上访；负责协调组织矿山环境污染事件的应急救援物资和生活必需品的市场供应，并及时通报信息。

(4)医疗救治组主要由卫生、食品药品监督管理等部门组成。负责矿山环境污染受损人群的医疗卫生紧急救援，人群污染状况的检测，受伤和中毒人员的治疗；保障医疗救治药品器械的安全，并及时通报信息。

(5)宣传舆论组主要由政府新闻办、新闻媒体、教育等部门组成；在各级宣传部门指导下，负责矿山环境污染事件的新闻发布、宣传报道和舆论引导等工作；做好学生的教育和安抚等工作，并及时通报信息。

(6)后勤保障组主要由民政、气象、电业、发改、无线电管理、交通、财政、物价等部门组成。协助开展矿山环境污染重灾区群众的生活救助，负责气象监测和灾害性天气的预警，做好电力、物质、通信、交通、资金等保障工作，组织测算矿山环境污染造成的经济损失，并及时通报信息。

(7)县(市、区)相关部门需要支援时，市相关部门根据县(市、区)请求给予指导和支援。当事态难以控制或存在事态扩大趋势时，县(市、区)政府应立即向市政府请求扩大应急。

10. 较大事件的应急响应(Ⅲ级响应)

(1)市政府负责指挥和协调县(市、区)政府处置我市范围内较大矿山环境污染事件。县级政府应迅速了解和初步确认较大矿山环境污染事件，报请市政府启动市级应急预案。同时，积极领导和指挥前期应急救援行动，并在市政府和上级有关部门的指导下，进一步履行职责。市政府根据报告迅速了解和确认较大矿山环境污染事件，启动矿山环境污染事件应急预案，报告省政府并通报省环保局。根据事态发展和处置需要，成立专项矿山环境污染事件处置工作领导小组，组织各部门组成污染调查组、社会稳定组、医疗救治组等工作组，深入现场，协调和指挥市、县相关应急救援力量开展应急处置。必要时调集周边县(市、区)专业力量实施增援。

(2)市级污染调查组应及时了解县级污染调查组前期工作情况，针对应急处置的需要，协助和支援县(市、区)开展矿山环境污染造成的环境污染和生态破坏的监测、调查、评估、环境应急救援；协助提供矿山环境污染企业地质资料、调查安全事故型矿山环境污染事件原因、查处导致矿山环境污染的假冒伪劣矿山生产设备、调查矿山环境污染涉及种植业和养殖业损害，及时报告工作进展。必要时与县级污染调查组联合，直接开展具体应急处置。市环保局作为市污染调查组主要成员，开通并保持与市直各部门和县(市、区)各调查组通信联系，及时向市政府和省环保局报告矿山环境污染事件基本情况和应急救援的进展情况，向市政府提出启动预案建议，组织环境技术支持，指导基层做好安全防护。

(3)市级社会稳定组应及时了解县级社会稳定组前期工作情况，针对应急处置的需要，协助和支援县(市、区)处置矿山环境污染引发的群体性治安事件、维护社会稳定、维持交通秩序，协助地方政府组织群众疏散，必要时请武警支队支持；协助处置矿山环境污染引发的正常上访和异常上访；协助组织矿山环境污染事件的应急救援物资和生活必需品的市场供应，及时报告工作进展。必要时与县级社会稳定组联合，直接开展具体应急处置。

(4)市级医疗救治组应及时了解县级医疗救治组前期工作情况，针对应急处置的需要，协助和支援县(市、区)开展矿山环境污染受损人群的医疗卫生紧急救援、人群污染状况的检测、受伤和中毒人员的治疗；协助保障医疗救治药品器械的安全，及时报告工作进展。必要时与县级医疗救治组联合，直接开展具体应急处置。

(5)其他各相关部门根据应急处置的需要和县(市、区)要求，开展技术指导和应急支援。

(6)市直相关部门需要上级支援时，及时请求省上有关部门给予指导和支援。当事态难以控制或存在事态扩大趋势时，市政府立即向省政府请求扩大应急。

11.　重大、特大事件的应急响应(Ⅱ、Ⅰ级响应)

发生重大和特大矿山环境污染事件，或矿山环境污染事件跨出市级行政区域范围，或矿山环境污染事件超出市级政府应对能力时，市政府在启动应急预案、组织市直部门和县(市、区)政府积极开展前期应急响应的同时，立即向省政府报告，请求省政府及时启动Ⅱ、Ⅰ级应急响应，并在省政府指挥下，进一步开展各项应急处置工作。

市环保局接到重大和特大矿山环境污染事件报告后，迅速与事件所在地应急指挥机构、现场应急救援指挥部、相关专业应急指挥机构保持通信联系，实时掌握事件进展情况并向市政府报告，提出启动预案建议，并按《省突发环境事件应急预案》要求上报省环保厅(局)，组织专家组分析情况，为地方或相关专业应急指挥机构提供技术支持，派出相关应急救援力量和专家赶赴现场指导现场应急救援，必要时请求调集周边地区专业应急力量实施增援。

12.　应急终止

(1)终止程序。启动预案的机构负责应急状态的终止。较大事件由市环保局按照《突发环境事件应急预案》的要求，对照事件终止条件，牵头组织有关部门提出应急终止建议，报告市政府矿山环境污染事件处置工作领导小组或现场救援指挥部批准。由市政府矿山环境污染事件处置工作领导小组或现场救援指挥部向所属各专业应急救援队伍下达应急终止命令。

(2)事后监测。应急状态终止后，相关专业部门应根据政府有关指示和实际情况，继续进行环境监测和评价。

(3)事件评估。应急终止后，由环保部门组织有关专家，会同有关部门及事发地县级政府、矿山环境污染事件单位对事件进行评估。分析原因、总结经验，防止类似问题的重复出现。并于应急终止后10天内，将事件总结报告上报市政府。

13. 应急保障

按照突发环境事件应急预案的工作要求，各责任部门和责任单位做好矿山环境污染事件处置的资金保障、装备保障、基本生活保障、通信保障、人力资源保障、技术保障、风险普查与分析、培训与演练和应急能力评价工作。

地方各级政府做好受灾人员及伤亡人员的安置工作，组织有关专家对受灾范围进行科学评估，提出补偿和对遭受污染的生态环境进行恢复和监管的建议。

第3章 稀散多金属采选冶废弃物减量化、资源化及污染控制技术

3.1 稀散多金属硫化矿采选冶废弃物的新型深部充填减量化技术

3.1.1 研究矿渣-钢渣-脱硫石膏体系胶凝材料的最优配比和充填料固化重金属的效率

本研究旨在开发价格低廉、材料来源广泛且固化重金属效果优良的地下采矿胶结充填料，以降低充填采矿成本，并达到安全处置危险废弃物的目的。研究矿渣-钢渣-脱硫石膏胶凝材料替代水泥和金属矿山尾砂作为骨料，制备矿渣-钢渣体系胶结充填料，并研究矿渣-钢渣体系胶凝材料对重金属的固化效果及固化机理，以达到节约资源和保护环境的目的。该项研究工作证明了矿渣基胶凝材料对于重金属离子具有良好的固化能力，为解决矿山重金属污染治理提供了技术储备。

1. 实验原料及实验方案

1) 实验原料

实验原料包括矿渣、钢渣、脱硫石膏、尾砂、减水剂、水泥等。

(1) 矿渣采用柳州钢铁集团生产的商品矿渣粉和河北金泰成建材股份有限公司生产的商品矿渣粉，颜色呈灰白色，并粉磨至 400 m^2/kg。在高炉冶炼生铁时，生成以硅酸钙和铝酸钙为主要成分的熔融物，经水淬粒化后即为粒化高炉矿渣，其主要成分为 SiO_2、CaO、Al_2O_3，且这三种成分占总质量的 90% 左右，此外还含有少量 FeO、MgO、Na_2O、K_2O、Fe_2O_3 等，其主要化学成分如表 3-1 和表 3-2 所示。

表 3-1 柳州矿渣化学成分分析（wt%）[①]

成分	含量	成分	含量	成分	含量
SiO_2	34.65	FeO	1.16	H_2O	0.17
CaO	40.02	MgO	10.04	TiO_2	0.81
Al_2O_3	12.2	Na_2O	0.5	P_2O_5	0.057
Fe_2O_3	0.13	K_2O	0.44	MnO	0.21

根据矿渣中碱性氧化物（$CaO+MgO$）与酸性氧化物（$SiO_2+Al_2O_3$）的比值 M 的大小可以将矿渣分为三类：$M>1$ 的矿渣为碱性矿渣；$M=1$ 的矿渣为中性矿渣；$M<1$ 的矿渣为酸

---

① wt%表示质量分数。

性矿渣。由表 3-1 和表 3-2 的化学成分计算得出本次试验所用柳州矿渣(M=1.069)和邢台矿渣(M=1.299)均为碱性矿渣。

表 3-2　邢台矿渣的化学成分(wt%)

成分	含量	成分	含量
SiO_2	26.15	Fe_2O_3	2.96
CaO	41.41	MgO	10.09
Al_2O_3	13.49	SO_3	0.83

矿渣的活性用矿渣活性率(Mc)或矿渣质量系数(K)表示。对于矿渣活性率,国家标准(GB/T 203—2008)规定当 Mc>0.25 时为高活性矿渣,而 Mc<0.25 时为低活性矿渣,其计算公式为:Mc= Al_2O_3/ SiO_2;而质量系数 K 反映的是矿渣中活性组分与低活性和非活性组分之间的比例关系。质量系数越大,矿渣活性越高。质量分数的计算公式为:K=(CaO+MgO+Al_2O_3)/(SiO_2+MnO+TiO_2),国家标准(GB/T 203—2008)对粒化高炉矿渣的质量要求规定,K≥1.20 为合格品,K≥1.60 为优等品。由表 3-1 的数据可计算出本次试验所用柳州矿渣的活性率 Mc=0.352,质量系数 K=1.745,故柳州水淬高炉矿渣为高活性矿渣。由表 3-2 的数据可计算出本次试验所用邢台矿渣的活性率 Mc=0.515,质量系数 K=2.392,故邢台水淬高炉矿渣为高活性矿渣。

柳州水淬高炉矿渣的 X 射线衍射(XRD)分析结果如图 3-1 所示。从图中可以看出,谱图整体呈一宽化的峰,没有明显的结晶峰,说明矿渣中的物相组成以玻璃态为主,无明显的结晶相。

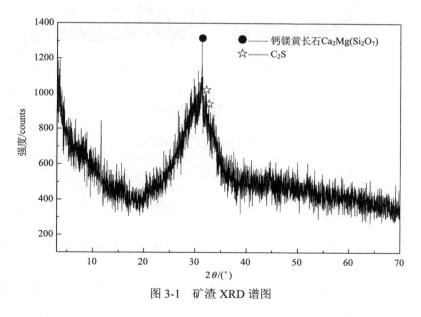

图 3-1　矿渣 XRD 谱图

(2)钢渣采用柳钢转炉钢渣和河北金泰成建材股份有限公司转炉钢渣,颜色均呈黑褐色,均粉磨至比表面积 400 m^2/kg。柳钢转炉钢渣的化学成分和 XRD 分析结果分别如

表 3-3 和图 3-2 所示，邢台转炉钢渣化学成分如表 3-4 所示。由表 3-3 和表 3-4 可知，两种转炉钢渣中的主要成分为 SiO_2、CaO、MgO、Fe_2O_3 等，此外还含有少量的 Al_2O_3、P_2O_5、MnO 等。由图 3-2 可以看出，柳钢转炉钢渣中的主要成分以 β-C_2S、C_3S、RO 相、$Ca_2(Fe,Al)_2O_5$ 等矿物相为主。

表 3-3　柳钢钢渣化学成分分析（wt%）

成分	含量	成分	含量	成分	含量
SiO_2	16.79	FeO	10.45	H_2O	—
CaO	46.08	MgO	8.07	TiO_2	1.02
Al_2O_3	3.61	Na_2O	0.26	P_2O_5	1.87
Fe_2O_3	8.56	K_2O	0.075	MnO	1.79

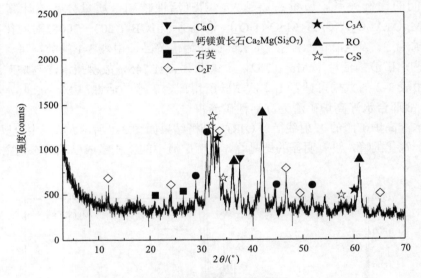

图 3-2　柳钢钢渣 XRD 谱图

表 3-4　邢台钢渣的化学成分（wt%）

成分	含量	成分	含量	成分	含量
SiO_2	18.16	Fe_2O_3	17.66	MgO	5.26
Al_2O_3	6.24	CaO	42.58	SO_3	0.29

（3）脱硫石膏选用柳钢的脱硫石膏和邢台的脱硫石膏，石膏中 CaO、SO_3 含量较高，还含有少量的 SiO_2、MgO、Fe_2O_3、Al_2O_3 等。脱硫石膏的主要化学成分如表 3-5 和表 3-6 所示，柳钢脱硫石膏 XRD 分析结果如图 3-3 所示。由图 3-3 可以看出，柳钢脱硫石膏的主要成分为 $CaSO_4 \cdot 2H_2O$。

表 3-5　柳钢脱硫石膏化学成分分析（wt%）

成分	含量	成分	含量	成分	含量
SiO_2	1.08	MgO	0.23	P_2O_5	0.03
CaO	32.17	Na_2O	0.02	MnO	0.01
Al_2O_3	0.11	K_2O	0.03	SO_3	46.02
Fe_2O_3	0.16	TiO_2	<0.01	烧失量（LOI）	20.6

表 3-6　邢台脱硫石膏的化学成分（wt%）

成分	含量	成分	含量	成分	含量
SiO_2	3.14	Fe_2O_3	0.71	MgO	0.58
Al_2O_3	1.48	CaO	45.31	SO_3	47.26

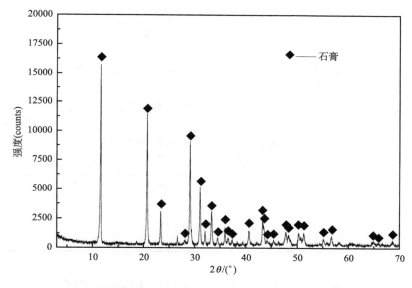

图 3-3　脱硫石膏 XRD 谱图

（4）尾砂取自广西河池市南丹县星鑫尾矿库堆存尾砂，含水率为 6.7%，尾砂化学成分和 XRD 分析结果如表 3-7 和图 3-4 所示。由表 3-7 可知尾砂主要成分为 SiO_2 和 CaO，还有少量 Al_2O_3、Fe_2O_3、MgO、K_2O 等。由图 3-4 可以看出，尾砂的主要矿物相为石英、方解石及少量黄铁矿。

表 3-7　尾砂化学成分分析（wt%）

成分	含量	成分	含量	成分	含量
SiO_2	58.28	MgO	0.99	P_2O_5	0.09
CaO	20.48	Na_2O	0.03	MnO	0.524
Al_2O_3	3.94	K_2O	1.05	烧失量（LOI）	11.84
Fe_2O_3	1.04	TiO_2	0.08		

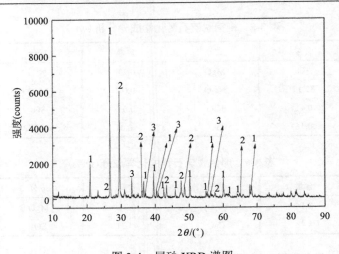

图 3-4　尾砂 XRD 谱图

1. 石英；2. 斜方钙沸石；3. 黄铁矿

　　研究结果表明该充填料对于尾砂中高含量重金属有良好的固化效果，按照《固体废物浸出毒性浸出方法　水平振荡法》(HJ 557—2010)规定的浸出程序对充填料试块进行浸出毒性试验，星鑫尾矿库尾砂原样重金属浸出检测结果见表 3-8。

表 3-8　星鑫尾矿库尾砂原样重金属浸出检测结果(μg/L)

元素	尾砂浸出浓度	检出限	元素	尾砂浸出浓度	检出限
Cr	25	1	Sn	2	2
Zn	1124	1	Sb	524	4
As	662	4	Pb	5	4
Cd	17	0.2			

　　(5)减水剂为北京慕湖外加剂有限公司提供的 PC 聚羧酸减水剂。

　　(6)水泥采用 P.I 42.5 硅酸盐水泥。

　　2)试验方法

　　通过胶凝材料配比试验确定矿渣、钢渣、脱硫石膏的最佳配比，在胶凝材料制备过程中，通过机械粉磨最大限度地激发物料活性，机械粉磨使物料颗粒变细，增加比表面积，使固体废弃物颗粒达到显微结构级别，增大其水化反应界面。试验中胶凝材料原料的粉磨时间的确定主要通过文献资料和粉磨过程中原料的比表面积变化。将矿渣、钢渣、脱硫石膏在 SM Φ500 mm×500 mm 试验磨中分别粉磨 60 min、60 min 和 30 min 后，再将矿渣、钢渣、脱硫石膏按一定比例配制成胶凝材料，加尾砂、水和减水剂后混合搅拌，搅拌时间大于或等于 5 min，料浆浓度为 81%，测定充填料流动度，然后注模成型，最后测定试块在不同龄期的强度及浸出毒性。试块尺寸 30 mm×30 mm×50 mm，每组成型 3 块，养护温度为覆膜 40℃，养护湿度 90%。试验工艺流程见图 3-5。

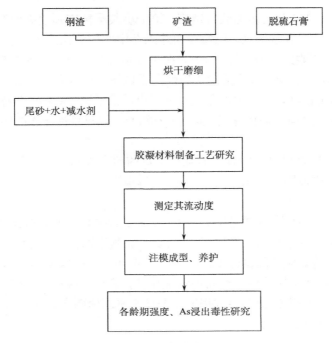

图 3-5　试验工艺流程图

3) 试验所用仪器设备

(1) SM Φ500 mm×500 mm 试验磨,最大装料量 5 kg,转速 120 r/min,电机功率 1.5 kW,浙江上虞市道墟镇富盛化验仪器厂。

(2) FBT-9 型全自动比表面积测定仪,北京中科东晨科技有限公司。

(3) CS101-3E 电热鼓风干燥箱,重庆四达试验仪器有限公司。

(4) JJ-5 水泥胶砂搅拌机,无锡市锡仪建材仪器厂。

(5) ZS-15 型水泥胶砂振实台,无锡建仪仪器机械有限公司。

(6) YES-300 型数显液压压力试验机,长春市第一材料试验厂,最大负荷 300 kN。

(7) 水泥砼养护箱,上海路达实验仪器有限公司,电机功率 6 kW。

(8) HZQ-C 空气浴振荡器,哈尔滨市东联电子技术开发有限公司。

(9) DH-20 电热鼓风干燥箱,重庆四达试验仪器有限公司。

(10) HC-TP11B-10 托盘药物天平,最大称量 3000 g,精度 0.1 g,北京医用天平厂。

(11) 烧杯,量筒,桶,玻璃搅拌棒,料铲,尺子,规格为 30 mm×30 mm×50 mm 胶砂试块成型模具。

4) 样品测试方法

(1) 流动度测定。

参照《水泥胶砂流动度测定方法》(GB/T 2419—2005)测定充填料浆的流动度,测试方法如下:

(a) 用潮湿的抹布擦拭跳桌台面、试模内壁、捣棒及其他与胶砂接触的用具,然后将试模放在跳桌中央并用潮湿的抹布覆盖。

(b)将拌好的胶砂分两层迅速装入试模,第一层装至截锥圆模高度约 2/3 处,用小刀在相互垂直的两个方向各划 5 次,用捣棒由边缘至中心均匀捣压 15 次;随后,装第二层胶砂,装至高出截锥圆模约 20 mm,用小刀在相互垂直的两个方向各划 5 次,再用捣棒由边缘至中心均匀捣压 10 次。捣压后胶砂应略高于试模。捣压完毕,取下模套,将小刀倾斜,从中间向边缘分两次以近水平的角度抹去高出截锥圆模的胶砂,并擦去落在桌面上的胶砂。将截锥圆模垂直向上轻轻提起。立刻开动跳桌,以每秒钟一次的频率,在(25±1) s 内完成 25 次跳动。

(c)跳动完毕,用直尺测量胶砂底面互相垂直的两个方向直径,计算平均值,取整数,单位为毫米。该平均值即为该水量的水泥胶砂流动度。

(2)强度测定。

参考《水泥胶砂强度检验方法(ISO 法)》(GB/T 17671—1999)测定试块的抗压强度。抗压实验采用抗压夹具进行,试验时以试件成型时的侧面作为受压面,并使夹具对准试验机压板中心,加荷前应清除试件受压面与加压板间的沙砾或杂物。当上压板与试件接触时,以(2400±200)N/s 的速率连续而均匀地加荷,直至试件破坏,然后记录破坏荷载。

充填料试块抗压强度试验结果按每组 3 个算术平均值确定。

抗压强度 RC 按下式计算:

$$RC=FC/A$$

式中,RC 为抗压强度,MPa;FC 为破坏时的最大荷载,N;A 为受压面积,mm²。

(3)重金属浸出试验。

试验采用国家环境保护标准《固体废物浸出毒性浸出方法 水平振荡法》(HJ 557—2010)测定浸出毒性。实验方法如下:破碎样品至全部颗粒通过 3 mm 孔径的筛,称取干基试样 100 g,放在容积为 2500 mL 的提取瓶中,按液固比为 10:1(L/kg)计算所需浸提剂的体积,加入浸提剂后,垂直固定于水平振荡装置上,室温下振荡 8 h 后,取下提取瓶静置 16 h,在压力过滤器上装好 0.45 μm 微孔滤膜,过滤并收集浸出液,摇匀后供分析用。浸提剂使用二级纯水。

按照《危险废物鉴别标准 浸出毒性鉴别》(GB 5085.3—2007)的规定,采用电感耦合等离子体-原子发射光谱(ICP-AES)法,测定浸出液中重金属元素的含量。

5)样品分析方法

(1)化学全分析。

采用分光光度仪和 EDTA 溶解法测定原料的化学组分。

(2)XRD 分析。

采用日本理学 RigakuD/Max-RC 粉晶 X 射线衍射(XRD)仪,分析试样水化产物中的物料相组成。

(3)扫描电镜分析。

采用扫描电镜(SEM-EDS)观察水化产物形貌及微区的成分分析。所用仪器为 JSM-6701F 冷场发射扫描电镜,由日本电子(JEOL)公司制造,附件为美国热电(Thermo)公司生产的 NS7 型 X 射线能谱仪。

(4) 傅里叶红外光谱(FTIR)分析。

采用红外光谱(IR)(美国 NICOLET470 红外光谱仪)分析分子结构及化学键,利用化学键的特征波数鉴别化合物类型。

(5) X 射线光电子能谱(XPS)。

采用 X 射线光电子能谱用于分析元素的化合态。所用仪器为英国 Kratos 公司生产的 AXIS Ultra,使用带单色器的铝靶 X 射线源(Al K_α, hv=1486.71 eV)或双阳极(铝/镁靶)X 射线源,功率 225 W(工作电压 15 kV,发射电流 15 mA)。污染碳(内标)284.8 eV。最小能量分辨率 0.48 eV(Ag 3 d5/2),最小 XPS 分析面积 15 μm。

(6) 电感耦合等离子体-原子发射光谱(ICP-AES)法。

采用电感耦合等离子体-原子发射光谱法(法国 JY 公司 ULTIMA 型号)分析浸出液中重金属的浸出浓度。

(7) 热重-差示扫描量热(TG-DSC)法。

热重-差示扫描量热法采用德国耐驰仪器制造有限公司生产的 STA409C/CD 型同步热分析仪,温度范围为 0~1000℃,氩气保护,升温速率为 10℃/min。

6) 国家标准

GB/T 18046—2008　《用于水泥和混凝土中的粒化高炉矿渣粉》。

GB/T 17671—1999　《水泥胶砂强度检验方法(ISO 法)》。

GB/T 2419—2005　《水泥胶砂流动度测定方法》。

GB 5749—2006　《生活饮用水卫生标准》。

HJ 557—2010　《固体废物浸出毒性浸出方法 水平振荡法》。

GB/T 6040—2002　《红外光谱分析方法通则》。

2. 矿渣-钢渣-脱硫石膏体系新型深井充填料的制备及重金属固化效率研究

1) 柳州矿渣-钢渣-脱硫石膏体系胶凝材料试验

(1) 胶凝材料的最优配比实验。

根据前期研究结果,从满足胶结充填采矿对充填料的流动性、流变性、凝结时间、强度发展和固化重金属等多方面要求进行考虑,矿渣、钢渣和脱硫石膏的掺入比例为 55%~80%、15%~35% 和 10%~15%,本体系中脱硫石膏用量是普通硅酸盐水泥体系的 2~3 倍。其中矿渣微粉中含有大量的铝氧四面体和硅氧四面体,在碱性环境中可解离为 $H_3AlO_4^{2-}$ 和 $H_3SiO_4^-$,为水化反应生成 AFt 和 C-S-H 凝胶提供基础。钢渣主要为胶凝体系提供 Ca^{2+}、OH^- 和少量硅氧四面体,钢渣中的 Mg^{2+} 和 Fe^{2+} 在胶凝体系中起到类似 Ca^{2+} 的作用。脱硫石膏主要为体系提供充足的 Ca^{2+} 和 SO_4^{2-}。参照充填料试块制备方法,设计胶凝材料配比试验如表 3-9 所示,试验结果如表 3-10 所示。

由表 3-10 可以看出,不同的胶凝材料配比,其流动度基本都能满足全尾砂充填料流动度的要求。矿渣-钢渣基胶凝材料组的流动性普遍比普通硅酸盐水泥组要好,保水性好,不易离析和泌水。对于充填法采矿,充填料强度直接影响围岩和充填料的稳定,由于开采深度及围岩性质的不同,各矿山对充填料抗压强度的要求也不同,一般充填料强度要求在 1~6.5 MPa 之间，大多在 3 MPa 左右。胶凝材料不同配比试样的强度数据如表 3-9 所示，从表中可以看出 B2 组试样强度最高，3 d 龄期强度即可达到 10.09 MPa，是水泥试样 3 d 龄期强度的 1.5 倍，远远超过充填采矿对于充填料单轴抗压强度的要求。而 B1、B4 组 3 d 龄期强度虽然较水泥试样低，但是 7 d 龄期强度比水泥试样高，也符合充填工程对充填料强度的要求。B5 组 3 d、7 d 龄期强度过低，故不考虑此配比。综合考虑不同配比试样的流动度和抗压强度，B2 组的胶凝材料配比最为合适。

表 3-9　胶凝材料配比试验配方

| 编号 | 胶凝材料/% | | | 胶砂比 | 减水剂/% | 料浆浓度/% |
	矿渣	钢渣	脱硫石膏			
B1	75	15	10			
B2	60	30	10			
B3	45	45	10	1:4	1	82
B4	30	60	10			
B5	15	75	10			
B6	100（水泥）					

注：料浆浓度=(胶凝材料+尾砂)/(胶凝材料+尾砂+水)×100%。

表 3-10　不同胶凝材料配比试样的流动性和强度试验结果

| 编号 | 胶凝材料/% | | | 流动度/mm | 抗压强度/MPa | | |
	矿渣	钢渣	脱硫石膏		3 d	7 d	28 d
B1	75	15	10	170	2.15	12.78	15.97
B2	60	30	10	190	10.09	16.67	23.29
B3	45	45	10	180	9.36	15.74	22.73
B4	30	60	10	225	3.29	11.33	16.98
B5	15	75	10	230	0	2.24	11.36
B6	100（水泥）			180	6.68	9.56	16.75

(2) 减水剂掺量试验。

减水剂是一种高分子表面活性剂，向充填料中加入减水剂可以在不影响充填料浆和易性的基础上减少单位用水量。胶凝材料加水拌和后，由于其表面带电荷，且水化产物也带电，两者形成的絮凝结构会包裹很多自由水，这些水不能自由流动和参与润滑作用，从而降低了胶凝材料料浆的流动性。因而需要增加拌和水量，但会降低充填料的强度，且多余的水分易形成含水毛细孔，可能使更多的重金属离子浸出。且充填料浆充入地下后，多余的水分会与固体颗粒产生离析和泌水，需要增加滤水设施，增加了充填成本。减水剂的作用是分散和润滑。一方面，减水剂分子可以定向吸附在胶凝材料颗粒表面，使其带有相同的电荷，颗粒间的静电斥力使胶凝材料分散和絮凝结构解散，从而释放被包裹的自由水。另一方面，减水剂中的亲水基通过氢键等方式与水分子结合，从而在固体颗粒表面形成一层水膜，降低颗粒间的摩擦阻力，提高浆体的流动性。根据前期试验结果，以前述最优的 B2 方案为基础，确定减水剂用量小于 1%，制定了如表 3-11 所示的试验方案。

表 3-11　减水剂掺加量试验配方

| 编号 | 胶凝材料/% | | | 胶砂比 | 减水剂/% | 料浆浓度/% |
	矿渣	钢渣	脱硫石膏			
B1					0	
B2					0.2	
B3	60	30	10	1∶4	0.4	82
B4					0.6	
B5					0.8	
B6					1	

表 3-12 为不同减水剂掺量试样的流动度和强度试验结果，从表中可以看出，随着减水剂掺量的增加，充填料浆的流动度逐渐增大。当减水剂掺量为 0.2% 时，充填料浆流动度仅为 145 mm，不能满足充填的要求。当减水剂掺量大于 0.2% 时，充填料浆流动度均大于 160 mm。掺入减水剂后试样的抗压强度逐渐增大，掺入 0.2% 减水剂时相较无减水剂时可提高 3 d 抗压强度 4 MPa，且所有试样在养护 3 d 后的强度都远大于 3 MPa。随着养护时间增加，试样的抗压强度增长迅速，可以看出减水剂掺量对 28 d 的强度影响较小，强度最高可达到 27.85 MPa，符合地下充填采矿对充填料强度的要求。综合考虑试样的流动性和强度试验结果，确定减水剂掺量为 0.8%。

表 3-12　不同减水剂掺量试样的流动性和强度试验结果

| 编号 | 胶凝材料/% | | | 胶砂比 | 减水剂/% | 流动度/mm | 抗压强度/MPa | | |
	矿渣	钢渣	脱硫石膏				3 d	7 d	28 d
B1					0	140	8.48	10.81	14.12
B2					0.2	145	12.88	19.60	22.33
B3	60	30	10	1∶4	0.4	160	11.69	18.66	25.42
B4					0.6	168	13.48	19.43	25.86
B5					0.8	210	13.95	20.32	27.85
B6					1	180	9.70	15.43	24.60

(3)最佳胶砂比试验。

矿山正常生产过程中充填料的胶砂比为 1∶2∶8。结合课题组前期研究成果，初步拟定试验胶砂比为 1∶4、1∶6 和 1∶8，以探索胶砂比对充填料流动度和强度的影响，试验方案如表 3-13 所示。

表 3-13　不同胶砂比试验配方

编号	胶凝材料/%			胶砂比	减水剂/%	料浆浓度/%
	矿渣	钢渣	脱硫石膏			
B1				1∶4		
B2	60	30	10	1∶6		
B3				1∶8	0.8	82
P1				1∶4		
P2		P·I 42.5 水泥		1∶6		
P3				1∶8		

表 3-14 为不同胶砂比试样的流动度和强度试验结果,可以看出,同一配合比的情况下矿渣-钢渣基胶凝材料的流动度优于水泥,说明矿渣-钢渣基胶凝材料的保水性好于水泥,不易离析或泌水。随着胶砂比的增大,相同龄期试块的抗压强度降低。矿渣-钢渣基胶凝材料试块的抗压强度在 3 d 龄期时比水泥试块的抗压强度小,但 28 d 龄期矿渣-钢渣基胶凝材料试块的抗压强度大于水泥试块的抗压强度。当胶砂比为 1∶4 时,试块的早期强度和后期强度均为最高,3 d 强度可达 9.7 MPa,28 d 强度达到 24.60 MPa,远远高于地下充填采矿充填料的强度要求,故采用该胶砂比为最优条件。

表 3-14　不同胶砂比试样的流动度和强度试验结果

编号	胶砂比	减水剂/%	料浆浓度/%	流动度/mm	抗压强度/MPa		
					3 d	7 d	28 d
B1	1∶4	0.8	80	180	9.7	15.43	24.60
P1				180	13.18	18.83	24.70
B2	1∶6	0.8	80	165	6.08	11.56	14.69
P2				132	7.76	8.47	11.34
B3	1∶8	0.8	80	120	0.79	4.01	12.48
P3				120	5.08	5.00	6.21

(4) 重金属浸出测试结果分析。

不同胶凝材料配比试样的重金属浸出测试结果如表 3-15 所示,可知矿渣-钢渣-脱硫石膏体系胶凝材料对尾砂中重金属均有较好的固化效果。随着水化龄期的增加,不同胶凝材料配比中重金属的浸出浓度显著降低,28 d 龄期时试样的重金属离子浸出浓度明显低于尾砂的原始重金属离子浸出浓度。

表 3-15　不同胶凝材料配比试样的重金属离子浸出测试结果 (μg/L)

养护时间	编号	Cr	Zn	As	Cd	Sn	Sb	Pb
3 d		7	ND	21	ND	4	15	ND
7 d	B1	6	2	11	ND	ND	18	ND
28 d		4	1	66	ND	ND	105	ND

续表

养护时间	编号	Cr	Zn	As	Cd	Sn	Sb	Pb
3 d		8	ND	25	ND	ND	30	ND
7 d	P1	11	2	6	ND	ND	14	ND
28 d		6	ND	9	ND	ND	89	ND
重金属尾砂原始数据		25	1124	662	17	2	524	5
检出限		1	1	4	0.2	2	4	4
饮用水标准		50	1000	10	5	无	5	10

注：ND 表示元素含量低于检出限含量。

通过试验确定胶凝材料配比为矿渣 60%、钢渣 30% 和脱硫石膏 10%，以 1∶4 的胶砂比掺入含重金属尾砂，加入 0.8% 的减水剂，充填料浆浓度为 82%，充填料浆流动度 210 mm。3 d 抗压强度为 9.70 MPa，28 d 抗压强度为 24.60 MPa，远优于一般矿山对充填料的强度要求。该配比的充填料对重金属具有很好的固化效果。

(5) 碱性组分对充填料性能和重金属固化效果的影响研究。

由表 3-15 可以看出，无论是水泥，还是矿渣基胶凝材料，其对个别重金属离子的固化效果不太理想，通过查阅文献和试验验证，发现 pH 对于 As 和 Sb 的固化效果有影响，因而设计了表 3-16 和表 3-17 的试验方案。

表 3-16　调节所加水溶液 pH 试验方案

编号	胶凝材料/%			胶砂比	减水剂/%	外加剂	pH
	矿渣	钢渣	脱硫石膏				
A1						0.1 mol/L NaOH	12.6
A2	60	30	10	1∶4	0.8	0.3 mol/L NaOH	13.1
B1						0.1 mol/L Na$^+$水玻璃	11.9
B2						0.3 mol/L Na$^+$水玻璃	12.3

注：水玻璃模数 2.4，加水调整至 Na$^+$浓度为 0.1 mol/L、0.3 mol/L；料浆质量浓度 82%。

表 3-17　Ca(OH)$_2$ 代替部分矿渣试验方案

编号	胶凝材料/%				胶砂比	减水剂/%
	Ca(OH)$_2$	矿渣	钢渣	脱硫石膏		
C1	3	57				
C2	5	55				
C3	10	50	30	10	1∶4	0.8
C4	15	45				
C5	20	40				

注：Ca(OH)$_2$ 为分析纯，料浆质量浓度为 82%。

由表 3-16 可以看出，加入 NaOH 溶液的试样流动度与加入水的试样流动度基本相同，说明向体系中加入强碱不会影响充填料浆的流动度，而加入水玻璃试样流动度明显减小，说明向体系中加入水玻璃会影响其流动性，当水玻璃模数大于 1.2 时，会缩短碱矿渣水泥的凝结时间。

由不同试样的抗压强度数据可以看出，加入 NaOH 和水玻璃的试样早期强度高，养护 3 d 后抗压强度远远大于 3 MPa，满足地下充填采矿对充填料的强度要求。用 $Ca(OH)_2$ 代替部分矿渣的试样流动性不太好，但基本可以满足泵送的要求（表 3-17）。随着 $Ca(OH)_2$ 掺量的增加，早期强度变大，但是养护 3 d 后的强度不能满足充填料强度要求，养护 7 d 后，各组试块的强度均大于 10 MPa，完全满足采矿充填的要求（表 3-18）。

表 3-18　不同配比试样的流动性和强度数据

序号	流动度/mm	抗压强度/MPa		
		3 d	7 d	28 d
A1	180	10.48	18.12	23.46
A2	170	6.43	14.78	20.96
B1	165	9.72	17.94	20.69
B2	158	9.34	18.29	22.73
C1	150	0	13.78	19.01
C2	140	0	14.02	21.50
C3	155	0	12.67	17.83
C4	168	0.73	11.45	17.33
C5	168	0.60	11.68	18.65

不同碱性组分试样的重金属离子浸出浓度如表 3-19 所示。由表 3-19 可知，通过掺入 NaOH 饱和溶液和水玻璃溶液以及掺入 $Ca(OH)_2$ 代替部分矿渣来调节水化反应的 pH 后，充填料固化重金属的效率又得到了进一步的提升。加入 NaOH 和水玻璃的试样养护 3 d 后，As 和 Sb 的检出浓度低于检测限，但养护 7 d、28 d 后，As 的浸出浓度反而越来越高。用 $Ca(OH)_2$ 代替部分矿渣的试样 As 和 Sb 的浸出浓度随着 $Ca(OH)_2$ 掺量的增加而降低。当 $Ca(OH)_2$ 掺量大于 10%时，养护 28 d 后 As 和 Sb 的浸出浓度均低于饮用水标准的要求限值。

表 3-19　不同试样的重金属离子浸出浓度（μg/L）

养护时间	编号	Cr	Zn	As	Cd	Sn	Sb	Pb
3 d		53	ND	ND	ND	2	32	ND
7 d	A1	33	2	57	1.4	39	48	ND
28 d		10	ND	49	ND	27	229	ND
3 d		76	ND	ND	ND	4	17	ND
7 d	A2	57	ND	28	0.4	21	67	ND
28 d		14	ND	102	ND	15	192	ND
3 d		58	ND	ND	ND	ND	29	ND
7 d	B1	25	ND	22	ND	15	80	ND
28 d		8	ND	49	ND	12	228	ND

续表

养护时间	编号	Cr	Zn	As	Cd	Sn	Sb	Pb
3 d		40	ND	ND	ND	2	5	ND
7 d	B2	29	ND	39	ND	12	44	ND
28 d		9	ND	51	ND	11	213	ND
3 d		22	ND	ND	ND	ND	9	ND
7 d	C1	59	ND	32	ND	9	39	ND
28 d		13	ND	51	ND	9	79	9
3 d		16	ND	ND	ND	2	ND	ND
7 d	C2	79	ND	31	ND	8	52	ND
28 d		14	1	39	ND	10	94	ND
3 d		14	4	ND	ND	3	ND	ND
7 d	C3	27	ND	12	ND	7	46	ND
28 d		6	1	7	ND	8	43	ND
3 d		5	14	ND	ND	ND	6	ND
7 d	C4	23	2	5	ND	7	18	ND
28 d		3	2	ND	ND	8	36	ND
3 d		7	18	ND	ND	ND	5	ND
7 d	C5	3	10	5	ND	7	7	ND
28 d		ND	9	4	ND	8	5	10
重金属尾砂原始数据		25	1124	662	17	1	524	5
检出限		1	1	4	0.2	2	4	4
饮用水标准		50	1000	10	5	无	4	10

注：ND 表示元素含量低于检出限含量。

　　综合考虑充填料流动度、强度和对重金属的固化效率，选取 Ca(OH)₂ 替代矿渣的试验方案，最终确定矿渣、钢渣、脱硫石膏和 Ca(OH)₂ 的最优质量比为 40%、30%、10% 和 20%。

　　2) 柳州矿渣-钢渣-五吉脱硫渣体系胶凝材料的最优配比试验

　　五吉脱硫渣是河池五吉有限责任公司使用湿法烟气脱硫后产生的工业废渣，成分复杂，难以综合利用，因而大多被堆放、抛弃，占用大量土地资源，且污染环境，将脱硫渣作为水泥的混合材料使用，不仅可以实现资源的重复利用，还可以降低水泥的生产成本。

　　脱硫渣的成分以亚硫酸钙、残余脱硫剂和粉煤灰为主，具有高钙高硫的特点。包正字的研究表明，脱硫渣作为火山灰质混合材用于水泥生产对于水泥的性能没有明显的影响。拓守俭等的研究表明，脱硫渣对复合水泥的缓凝效果比硬石膏好，可以取代硬石膏作为水泥的缓凝剂。虽然脱硫渣会导致复合水泥早期强度降低，可对后期强度的提高有利。

　　通过前面的试验已说明柳钢的矿渣和钢渣可以与脱硫石膏产生满足矿山充填的强度，但为了进一步保证试验原料的来源以及研究不同性质的脱硫石膏对矿渣-钢渣体系胶凝材料的影响，因此在采用柳钢矿渣和钢渣的前提下，使用五吉脱硫渣替代脱硫石膏制备充填料。脱硫渣的主要成分是石膏，还有少量半水亚硫酸钙和滑石。

　　利用脱硫渣制备充填料的试验配比及试验结果如表 3-20 所示。从表 3-20 中可以看出，掺入脱硫渣的试样流动性比掺脱硫石膏的试样流动性好，均能满足全尾砂膏体充填的流动度要求。当矿渣、钢渣和脱硫渣的比例为 58%、29% 和 13% 时，充填料流动度达 255 mm，可以自流输送。随着水化龄期的增加，试样的抗压强度逐渐增大。掺加脱硫渣试样的早期强度较低，养护 3 d 后，B1、B2 和 B4 的抗压强度均小于 1 MPa，B3 组抗压强度也只有 4.31 MPa，远远小于脱硫石膏试样的早期强度，但养护 7 d 后，基本都能满足充填采矿对充填体的强度要求。养护至 28 d 时，除 B4 组，其他组的抗压强度基本都能达到 20 MPa，B3 组的抗压强度最高。

表 3-20　　不同脱硫渣掺量试样的流动性和强度试验数据

编号	胶凝材料/%			胶砂比	减水剂/%	料浆浓度/%	流动度/mm	抗压强度		
	矿渣	钢渣	脱硫渣					3 d	7 d	28 d
B1	60	30	10				215	0	9.32	21.78
B2	58	29	13				255	0	12.13	21.96
B3	56	28	16	1:4	1	80	225	4.31	12.77	22.39
B4	54	27	19				190	0.49	4.47	10
B5	60	30	10（脱硫石膏）				190	10.09	16.67	23.29

不同脱硫渣掺量试样的重金属结果如表 3-21 所示，固结后的充填料对重金属固化效果较好的为 B3 和 B4 两组，其中 B4 重金属 As 的最大去除率为 93.5%，B5 重金属 Sb 的最大去除率为 98.7%。

表 3-21　　不同脱硫渣掺量试样的重金属离子浸出浓度（μg/L）

养护时间	编号	Cr	Zn	As	Cd	Sn	Sb	Pb
3d		27	1	95	ND	2	47	ND
7d	B1	26	2	58	ND	31	44	5
28d		4	ND	48	ND	11	24	ND
3d		42	1	119	ND	ND	26	ND
7d	B2	10	1	73	ND	13	37	ND
28d		3	ND	51	ND	6	32	ND
3d		26	ND	62	ND	ND	36	ND
7d	B3	12	4	55	ND	7	27	ND
28d		ND	ND	24	ND	4	19	ND
3d		10	1	38	ND	ND	26	ND
7d	B4	7	2	36	ND	7	23	ND
28d		2	ND	43	ND	4	36	ND
3d		25	ND	11	ND	2	7	ND
7d	B5	147	2	4	ND	ND	13	ND
28d		17	3	18	ND	ND	96	4
原始数据		25	1124	662	17	1	524	5
检出限		1	1	4	0.2	2	4	4
饮用水标准		50	1000	10	5	无	5	10

注：ND 表示元素含量低于检出限含量。

综合考虑充填料强度、流动度和对重金属的固化效率，选取柳州矿渣、钢渣和五吉脱硫渣的最优质量比为 56%、28% 和 16%。

3）邢台矿渣-钢渣-脱硫石膏体系胶凝材料的最优配比试验

由于广西柳州还不具备大批量粉磨钢渣的技术和设备，为了项目示范工程的顺利进行，充填示范工程选用邢台原料，此原料成分上与柳钢原料略有差异，以下进行实验分析，结果可与柳钢原料做对比。

上述试验说明矿渣和钢渣完全可以制备满足强度、流动度和有效固化重金属的矿山充填料，但目前全国各地的矿渣和钢渣质量参差不齐，因此进一步选用邢台的矿渣、钢渣和脱硫石膏作为胶凝材料制备充填料和进行固化重金属的研究。

表 3-22 为采用邢台的矿渣、钢渣和脱硫石膏作为胶凝材料制备充填料的试验方案以及流动度和强度的试验结果。由表 3-22 可以看出，不同的胶凝材料配比其流动度均为 300 mm，膏体充填坍落度达 230~250 mm 时，基本可以实现自流输送其流动度，本试验配比均能满足全尾砂膏体充填料流动度的要求，并且保水性好，不易离析和泌水。由表 3-22 可以看出，A2 组试样强度最高，3 d 龄期强度即可达 12.19 MPa，远远超过充填采矿对于充填体单轴抗压强度的要求。而 A9 组 3 d 龄期强度较低，但是 7 d、28 d 龄期强度也符合充填工程对充填体强度的要求。A10 组 3 d、7 d、28 d 龄期强度过低，故不考虑此配比。单从抗压强度上看，选择 A2 组的配比最优。

表 3-22　不同胶凝材料配比试样的流动性和强度试验结果

编号	胶凝材料/%			胶砂比	减水剂/%	料浆浓度/%	流动度/mm	抗压强度/MPa		
	矿渣	钢渣	脱硫石膏					3 d	7 d	28 d
A1	90	0	10				300	—	6.04	20.16
A2	80	10	10				300	12.19	15.74	19.74
A3	70	20	10				300	12.04	14.36	17.53
A4	60	30	10				300	10.96	13.82	16.30
A5	50	40	10	1:4	1	80	300	9.78	11.86	15.43
A6	40	50	10				300	8.51	10.89	14.02
A7	30	60	10				300	9.25	10.97	14.38
A8	20	70	10				300	6.61	8.48	10.26
A9	10	80	10				300	3.97	5.27	7.40
A10	0	90	10				300	0.68	1.46	3.09

不同邢台矿渣、钢渣和脱硫石膏配比试样的重金属固化结果如表 3-23 所示，结合前面的重金属固化结果可知，矿渣和钢渣体系胶凝材料对 Cr、Zn、Sn 和 Pb 等重金属有较好的固化效果，因此此次试验只重点检测 As、Cd 和 Sb 重金属的浸出浓度。由表 3-23 可知，相较于原始浸出浓度，邢台矿渣、钢渣和脱硫石膏胶凝材料对 As、Cd 和 Sb 的固化效果较好，均呈现明显的降低趋势。但是邢台矿渣、钢渣和脱硫石膏胶凝材料对 Cd 的固化效果优于 As 和 Sb，在不同水化龄期 Cd 的浸出浓度均低于检出限浓度。由表 3-23 可以看出，随着钢渣含量的增加，As 的浸出浓度呈下降趋势，但不同配比的胶凝材料对

As 和 Sb 的固化效果较差，难以达到饮用水标准，而这也是后期将重点进行研究解决的问题。

表 3-23　不同胶凝材料配比试样的重金属离子浸出浓度（μg/L）

养护时间	编号	As	Cd	Sb
3 d		—	—	—
7 d	A1	10	ND	74
28 d		26	ND	171
3 d		3	ND	108
7 d	A2	43	ND	725
28 d		32	ND	257
3 d		19	ND	162
7 d	A3	21	ND	571
28 d		**38**	**ND**	**323**
3 d		5	ND	100
7 d	A4	26	ND	362
28 d		31	ND	162
3 d		3	ND	53
7 d	A5	18	ND	246
28 d		44	ND	107
3 d		6	ND	100
7 d	A6	23	ND	232
28 d		49	ND	97
3 d		24	ND	452
7 d	A7	15	ND	130
28 d		44	ND	118
3 d		21	ND	770
7 d	A8	37	ND	185
28 d		24	ND	251
3 d		23	ND	672
7 d	A9	12	ND	196
28 d		25	ND	435
3 d		23	ND	217
7 d	A10	61	ND	340
28 d		22	ND	195
原始数据		62	17	524
检出限		4	0.2	4
饮用水标准		10	5	5

注：ND 表示元素含量低于检出限含量。

综合考虑充填料流动度和强度，确定邢台矿渣、钢渣和脱硫石膏胶凝材料的最优质量比例为 70%、20% 和 10%。由于不同配比的胶凝材料均对重金属 As 和 Sb 的固化效果较差，因此对邢台矿渣、钢渣和脱硫石膏胶凝材料的配比还需进行更进一步的研究。

3.1.2　充填料环管试验

为了模拟充填现场，验证试验室内充填料胶砂试块强度以及流动性等各项指标在扩大化环管试验中能否持续保持良好的泵送性能，验证充填料配比的可靠性和稳定性。通过进行充填料环管试验，为以后的充填料浆管道输送研究做准备。其流程图见图 3-6。

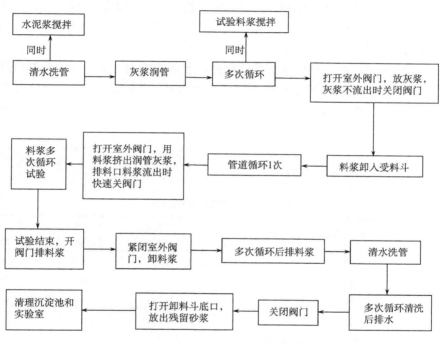

图 3-6　充填料环管试验流程图

1. 试验设备及过程

充填环管试验系统由计算机控制系统、物料提升机、物料秤、受料口、干粉计量器、水箱、水秤、搅拌桶、卸料斗、活塞泵、R800 水平弯管、内径 80 mm 管道等组成。

2. 测试内容及方法

环管试验胶凝材料配比为矿渣、钢渣、脱硫石膏和 $Ca(OH)_2$ 的质量比为 4：3：1：2，尾砂选用星鑫尾矿库堆存尾砂。

1）充填料温度测试

根据环管试验设备自动测量和人工测量数据相比较，以自动测量得到的数据为准。其中每次数据自动测量的时间间隔为 5 s，人工测量的数据时间间隔为 1 min。

2) 充填料料浆流量测试

根据环管试验设备自动测量和人工测量数据相比较，以自动测量得到的数据为准。其中每次数据自动测量的时间间隔为 5 s，人工测量的数据时间间隔为 1 min。

3) 水平直管、90 度弯管压差损失测试

根据环管试验设备自动测量和人工测量数据相比较，以自动测量得到的数据为准。其中每次数据自动测量的时间间隔为 5 s，人工测量的数据时间间隔为 1 min。

4) 坍落度测试

经过充填料浆搅拌混合，泵送后开始计时，经过循环 30 min、60 min 后在环管试验设备受料口中取样，进行坍落度测试，具体测试方法参考《普通混凝土拌合物性能试验方法标准》（GB/T 50080—2016）。

5) 力学性能测试

环管试验结束后，在排料口取充填料样品，装入边长为 150 mm 的标准模具内，养护的龄期为 3 d、7 d、28 d，分别进行抗压强度的测试，具体试验方法参考《普通混凝土力学性能试验方法标准》（GB/T 50081—2019）。

3. 测试结果

环管试验测试结果见表 3-24。

表 3-24　环管试验测试结果

序号	料浆浓度/%	泵送时间/min	室温/℃	料浆平均温度/℃	平均流量/(m³/h)	直管平均压差损失/(kPa/m)	弯管平均压差损失/(kPa/m)
1	50	60	21.2	28.6	29.0	3.15	6.12
2	60	30	21.1	31.9	28.3	11.12	16.34
3	70	30	21.2	35.6	28.1	19.01	19.98

坍落度损失及强度测试结果见表 3-25。

表 3-25　充填料坍落度损失及强度测试结果

序号	固体浓度/%	泵送时间/min	坍落度损失/mm			抗压强度/MPa		
			0 min	30 min	60 min	3 d	7 d	28 d
1	50	60	295	290	255	—	0.57	1.00
2	60	30	255	160	—	0.87	1.24	2.18
3	70	30	245	120	—	1.56	2.79	5.33

通过对环管试验的结果可以看出，充填料试样的坍落度和各龄期强度均满足国家对矿山采矿充填料的要求，充填料的工作性能良好。

3.1.3 矿渣-钢渣-脱硫石膏体系胶凝材料固化重金属的机理研究

本小节以典型重金属阳离子 Pb^{2+} 和阴离子 AsO_4^{3-} 为例，对矿渣-钢渣-脱硫石膏胶凝材料体系固化重金属的机理进行深入分析。

1. 固化 Pb^{2+} 机理研究

对矿渣-钢渣-脱硫石膏胶凝材料体系的固化 Pb^{2+} 性能和固化 Pb^{2+} 机理开展深入研究，研究结果表明矿渣-钢渣-脱硫石膏体系胶凝材料能够有效固化 Pb^{2+}，根据"复盐效应"理论，其他重金属阳离子也能有效固化于该胶凝材料体系中。该研究以用于深部胶结充填采矿的矿渣-钢渣-脱硫石膏胶结剂为基础，通过对矿渣-钢渣-脱硫石膏胶凝体系和普通硅酸盐水泥固化铅进行对比研究，讨论其胶凝材料对 Pb^{2+} 的固化效果，揭示其固化机理，特别是铅在固化体中的赋存状态对固化效果的影响，以及铅离子的介入对 C-S-H 凝胶和钙矾石晶体结构产生的影响进行了研究和探讨，阐明了两种胶凝材料在固化铅上的本质区别，同时也研究了胶结剂水化过程中铅铁矾、钙矾石等复盐类矿物的形成机理。

1) 试样制备及分析

将化学纯 $Pb(NO_3)_2$ 和 $PbCl_2$ 按铅的质量分数按比例溶于去离子水中配制成 Pb^{2+} 浓度分别为 1%、3%、5% 的 $Pb(NO_3)_2$ 溶液和 0.1%、0.3%、0.5% 的 $PbCl_2$ 溶液。

将矿渣、钢渣、石膏分别粉磨至 640 m^2/kg、590 m^2/kg、360 m^2/kg 并按实验所需比例分别称量然后与配制好的 $PbCl_2$ 混合搅拌，制成水胶比为 0.275 的净浆块，标准养护 24 h 后拆模，继续标准养护至 3 d、7 d、28 d 龄期时取样进行 Pb^{2+} 浓度分析。按同样水胶比制备 P.O. 42.5 水泥净浆块同条件养护作为对比样。参照含 $PbCl_2$ 净浆块的方法按水胶比 0.333 制备含 $Pb(NO_3)_2$ 的胶凝材料净浆块及 P.O. 42.5 水泥净浆块。

采用国标水平振荡法(HJ 557—2010)：将采集的所有样品破碎，使样品全部通过 3 mm 孔径的筛，称取干基试样 100 g，放在容积为 2 L 的提取瓶中，按液固比为 10∶1(L/kg)计算所需浸提剂的体积，加入浸提剂后，垂直固定于水平振荡装置上，室温下振荡 8 h 后，取下提取瓶静置 16 h，在压力过滤器上装好滤膜(0.45 pm 微孔滤膜)，过滤并收集浸出液，摇匀后供分析用。其中浸提剂为二级纯水。

按照 GB 5085.3—2007 的规定，采用电感耦合等离子体-原子发射光谱(ICP-AES)法，测定浸出液中重金属元素的含量。

将粉磨至 400 目的试块粉末样品按标准方法压片，用胶带固定于 XAFS 测定器中。将固体参照样 [PbO、$Pb(Ac)_2$、$PbCO_3$ 和 $Pb_3(PO_4)_2$]研磨之后的粉末均匀地涂于 10 cm×115 cm 胶带上，用于 XAFS 测定；液体参照样[如 Pb^{2+}(aq)]则置于有机玻璃小槽中用于 XAFS 测定。

XAFS 测试在中国科学院高能物理研究所同步辐射实验室(BSRF)完成。试验使用 4W1B 束线，储存环电子能量为 2.2 GeV，电子流强为 70～110 mA。采用双平晶 Si(Ⅱ1) 单色器。由于溶液标准样中 Pb 含量较低，采用荧光模式测定；固体参照样采用透射模式测定，探测器采用 Lyter 型荧光电离室。测试中使用 Tl 滤波片以消除样品的散射信号。所有样品均采集 Pb 原子 Lm 吸收边(13.035 keV)的 XAFS 谱，能量扫描范围是 12.8～

13.8 keV。荧光和透射模式的能量步长均为边前为 4 eV，近边为 1 eV，边后为 2 eV 和 4 eV。

XAFS 数据处理选择 Athena 和 Artemis（8.050）软件包，首先利用铅离子 XANES 谱中的一阶导数第一吸收峰所在能量值确定测定过程中能量漂移，然后通过边前线性拟合和边后的二次多项式拟合法扣除谱线背景并将其归一化，随后谱线基于其一阶导数第一吸收峰值（E0 值）将其由能量（E）空间转化到 K 空间，再利用 Cubic Spline 拟合法在 K 空间范围内进行等距离插值并拟合，得到 EXAFS 图谱；并采用 Hannin 窗函数对样品 Pb 离子第一配位层进行 FoMrier 变换将谱线从 K 空间转换到 R 空间，从而得到径向分布函数（RDF）；最后选取相应的配位峰经反傅里叶变换到 K 空间，得到相应配位层的 EXAFS 谱，对图谱线进行拟合获得的第一配位层近邻原子的配位数（N）和对应的配位距离（R）。

2）铅离子浸出试验

在重金属固化的安全评价中，浸出率是一个很重要的参数，浸出率越低，安全性越高。表 3-26 为普通 42.5 硅酸盐水泥和矿渣钢渣胶凝材料固化体的浸出试验结果，试验结果表明随养护时间的延长，铅的浸出浓度明显降低，所有固化样品 28 d 龄期铅浸出浓度值均低于危险废弃物鉴别标准中规定的 5 mg/L 限值，固化后较为安全。从表 3-26 中还可以看出，所有矿渣钢渣体系胶凝材料试样对铅的固化作用均远大于普通 42.5 硅酸盐水泥，浸出浓度随着初始铅离子浓度的增加而逐渐升高，初始铅离子浓度为 5%时 28 d 铅浸出浓度为 0.72 mg/L。

表 3-26　不同龄期试样中铅离子浸出浓度

编号	成分				Pb^{2+}浓度/(mg/L)		
	矿渣	钢渣	石膏	液态（铅离子浓度）	3 d	7 d	28 d
l1				0.1%氯化铅溶液	<0.1	<0.1	<0.1
l2	60%	28%	12%	0.3%氯化铅溶液	0.18	<0.1	<0.1
l3				0.5%氯化铅溶液	1.3	0.21	<0.1
sl1				0.1%氯化铅溶液	2.2	1.5	0.25
sl3		P.O. 42.5 水泥		0.3%氯化铅溶液	3.8	2	0.66
sl5				0.5%氯化铅溶液	5.4	3.7	0.52
ex1				1%硝酸铅溶液	0.85	0.61	<0.1
ex3	60%	28%	12%	3%硝酸铅溶液	2.1	1.3	0.17
ex5				5%硝酸铅溶液	4.2	2.6	0.72
sx1				1%硝酸铅溶液	12.6	3.5	2.6
sx3		P.O. 42.5 水泥		3%硝酸铅溶液	25	5.3	2.9
sx5				5%硝酸铅溶液	33.2	10.7	4.7

铅离子浸出浓度大幅降低的主要原因是钢渣和脱硫石膏所提供的 Ca^{2+}、OH^- 和 SO_4^{2-}，促进了钙矾石类复盐矿物形成，有研究资料认为在有 SO_4^{2-} 存在时，钙矾石能把少量铅以类质同象的形式固化在其晶格内，但在无 SO_4^{2-} 时，$Pb(OH)_3^-$ 不替代 SO_4^{2-} 进入钙矾石晶格；而另一种水化产物 C-S-H 凝胶在碱性条件下对溶解态 Pb^{2+} 的吸附很强，也

由于形成难溶的沉淀阻止了水泥水化而使得掺有铅离子的试块抗压强度有所下降。

3) 铅离子浓度对固化体强度的影响

由表 3-27 可知, 初始溶液中的铅离子浓度对固化体的抗压强度尤其是早期强度有较大影响, 随着铅离子浓度的增大, 固化体的抗压强度总体呈下降趋势。其中初始溶液中的铅离子浓度对钢渣矿渣体系胶凝材料固化体的抗压强度影响最大, 随着铅离子浓度的增加, 固化体的抗压强度大幅降低, 不含铅的固化体 3 d 强度为 4.48 MPa, 28 d 强度最高为 28.67 MPa, 而含有 5%铅离子的固化体 3 d 强度最低为 0.96 MPa, 28 d 抗压强度为 10.24 MPa。而对于铅离子浓度在 5%以内的普通硅酸盐水泥固化体, 铅离子浓度对固化体的抗压强度影响并不显著, 随着铅离子浓度的增加, 固化体的抗压强度略有降低, 并保持在一个较为平稳的水平。

表 3-27 初始铅离子浓度对固化体强度的影响

编号	成分				抗压强度/MPa		
	钢渣	矿渣	石膏	液态 (铅离子浓度)	3 d	7 d	28 d
ex0				不含硝酸铅溶液	4.48	10.65	28.67
ex1				1%硝酸铅溶液	3.27	16.55	24.20
ex2	60%	28%	12%	2%硝酸铅溶液	2.40	7.07	22.13
ex3				3%硝酸铅溶液	1.93	6.63	17.54
ex4				4%硝酸铅溶液	1.35	4.92	16.92
ex5				5%硝酸铅溶液	0.96	4.16	10.24
sx0				不含硝酸铅溶液	9.33	14.90	31.67
sx1				1%硝酸铅溶液	8.36	17.93	26.28
sx2	P.O.42.5 水泥			2%硝酸铅溶液	8.62	16.04	25.98
sx3				3%硝酸铅溶液	7.89	15.28	22.49
sx4				4%硝酸铅溶液	7.13	13.01	22.43
sx5				5%硝酸铅溶液	6.94	12.55	22.23

固化体的强度尤其是早期强度降低主要是铅离子在钢渣、矿渣水化产生的氢氧化钙的作用下与石膏提供的 SO_4^{2-} 反应生成含铅的硫酸盐、硫酸氢盐或其他形式的复盐沉淀, 使得整个水化环境的碱性降低。同时这种难溶的含铅化合物在钢渣与矿渣颗粒表面形成一层包裹层, 也阻止了矿渣、钢渣的进一步水化, 造成试块的抗压强度降低。对于钢渣、矿渣、脱硫石膏体系, 强度主要来自钢渣水化产生的氢氧化钙激发矿渣活性与脱硫石膏发生二次反应生成 C-S-H 凝胶和钙矾石, 而铅离子的介入使得激发矿渣活性的氢氧化钙和石膏减少, 生成了只能起微集料作用的含铅化合物, 使得原本碱度就低于水泥的浆体中的碱性进一步降低, 延缓了整个胶凝体系的水化反应速率。因此, 含铅离子的矿渣、钢渣体系胶凝材料固化体的强度低于水泥。

4) 矿渣-钢渣胶凝体系及水泥固化体试样的 XRD 分析

试验分别选取空白样、含 1%铅离子、含 5%铅离子的钢渣矿渣胶凝材料和 42.5 普通硅酸盐水泥试块, 利用 XRD 仪分析 3 d、28 d 水化产物, XRD 结果见图 3-7。

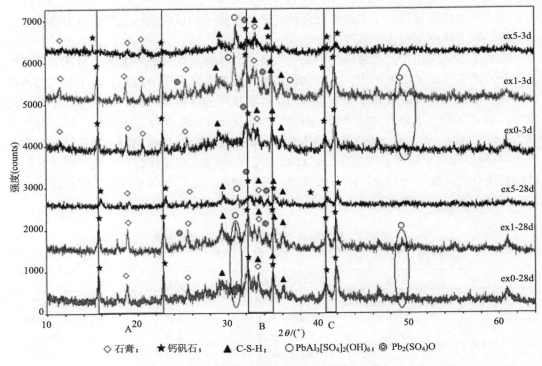

◇ 石膏；　★ 钙矾石；　▲ C-S-H；　○ PbAl$_3$[SO$_4$]$_2$(OH)$_6$；　◎ Pb$_2$(SO$_4$)O

图 3-7　含铅钢渣矿渣胶凝材料和空白样水化产物的 XRD 谱图

图 3-7 是含 1%、5%铅离子的钢渣矿渣胶凝材料和空白样标准养护 3 d、28 d 水化产物的 XRD 谱图。通过 XRD 谱图分析可知，龄期 3 d 的水化产物仅有少量钙矾石(Aft)和 C-S-H 凝胶，还存在大量未水化的脱硫石膏。28 d 的水化产物中，石膏峰明显减弱，钙矾石的衍射峰明显增强，并出现一些新的钙矾石衍射峰。对比空白样与含铅的钢渣矿渣胶凝材料水化产物发现，空白试样中的钙矾石与 C-S-H 凝胶的衍射峰要明显强于含铅试样，其中铅含量为 5%的衍射峰强度最弱，借助辅助方框 A、B、C 发现在含铅试样中钙矾石与 C-S-H 凝胶有部分主衍射峰的位置发生了一定程度的偏移，这说明有铅离子的作用下钙矾石与 C-S-H 凝胶结的晶体结构发生了一定改变。

C-S-H 凝胶是一种层状半结晶形态，即 CaO 多面体两端连接有两层[SiO$_4$]^{4}四面体链，形成一种"三明治"结构。对于掺杂 Pb 的 C-S-H 凝胶，Thevennin 认为 Pb 可以取代 C-S-H 凝胶中的 Ca，并进入 C-S-H 凝胶结构中与 Ca、Si 发生键接，并可能发生如下反应：

$$\text{C-S-H} + \text{Pb}^{2+} \longrightarrow \text{C-S-H-Pb}^{2+}$$

$$\text{C-S-H} \cdot \text{Ca}^{2+} + \text{Pb}^{2+} \longrightarrow \text{C-S-H-Pb}^{2+} + \text{Ca}^{2+}$$

$$\text{Pb} + \text{OH}^- + \text{Ca}^{2+} + \text{SO}_4^{2-} \longrightarrow \text{混合盐}$$

在含 5%铅离子的水化产物中还能识别出较为微弱的黄铅矿[Pb$_2$(SO$_4$)O]及含铅复盐{PbAl$_3$[SO$_4$]$_2$(OH)$_6$}衍射峰，这表明铅离子在钢渣、矿渣水化产生的氢氧化钙的作用

下与 SO_4^{2-} 反应生成了含铅的复盐，在这个反应过程中，Pb^{2+} 也可能替代了部分钙矾石 {$Ca_6Al_2[SO_4]_3(OH)_{12}·26H_2O$} 和 C-S-H 凝胶中的 Ca^{2+}，致使钙矾石与 C-S-H 凝胶的分子结构发生了变化。采用水泥基材料固化重金属的实践和研究结果都表明，铅等重金属元素能够以类质同象的方式进入钙矾石的晶格而被固化，而 C-S-H 凝胶在碱性条件下对溶解态重金属离子具有很强的吸附能力。近年蓝俊康等通过人工合成法证实，水化液相中有 SO_4^{2-} 存在时，Pb^{2+}、Cd^{2+} 可进入钙矾石晶格，形成 Ca-Pb 钙矾石 {$(Ca, Pb)_6[Al(OH)_6]_2·3SO_4·26H_2O$} 或和 Ca-Cd 钙矾石 {$(Ca, Cd)_6[Al(OH)_6]_23SO_4·26H_2O$}，并使钙矾石晶格也发生变异。另外，以铅铁矾类复盐矿物 [$(Pb, H^+)(Al^{3+}, Fe^{3+}, Fe^{2+})_3(SO_4^{2-}, AsO_4^{3-})_2(OH)_6$] 为代表的含铅矾类复盐矿物也可以在铅化合物的参与下快速消耗溶液中的 Al^{3+}、Fe^{3+}、Fe^{2+}、OH^- 和 SO_4^{2-} 等离子，因此也能促进体系中矿渣微粉、钢渣微粉和脱硫石膏的消耗，而这类溶解度低的含铅复盐完全附着包裹在钢渣、矿渣的表面时也在一定程度上影响了其继续水化反应的进行。

　　图 3-8 是含 1%、5% 铅离子的 42.5 普通硅酸盐水泥标准养护 3 d、28 d 和空白样 28 d 水化产物的 XRD 谱图。由图 3-8 可以看出，与空白水泥样对比含铅水泥水化过程中生成的水化产物主要是氢氧化钙、钙矾石（Aft）和 C-S-H 凝胶，而钙矾石结晶相的峰明显减小，体系中仍残留着未反应的石膏，并有少量 $Pb(OH)_2$ 和 $Pb_2(SO_4)O$ 的衍射峰。通过辅助线 a、b 发现在含铅试样中钙矾石与 C-S-H 凝胶有部分主衍射峰的位置也同样发生了一定程度的偏移，且含 Pb 试样中的 C-S-H 凝胶在 29° 的衍射单峰与纯净相相比宽度略有增大，衍射峰强度也有不同程度的减弱。

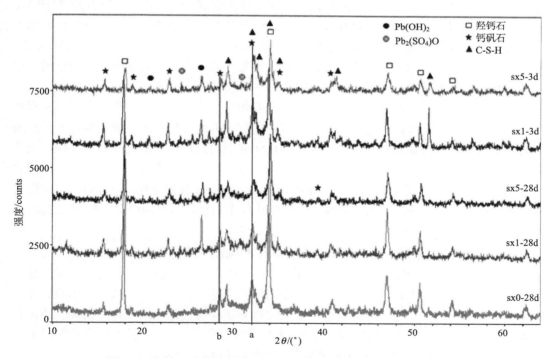

图 3-8　含铅 42.5 普通硅酸盐水泥和空白样水化产物的 XRD 谱图

这说明 Pb 的掺杂可能使 C-S-H 凝胶结构有序性变得相对较差，部分铅离子可能在进入 C-S-H 凝胶结构后，使其层状结构发生变化，形成新的固溶体，从而使 C-S-H 凝胶特征峰位置产生偏移，进而影响其在形成过程中对铅的吸附固化能力。另外在普通硅酸盐水泥体系中，当水泥中含有铅离子时，在有氢氧化钙存在的碱性环境下，水泥熟料和石膏中的 SO_4^{2-} 在水化过程中会与 Pb^{2+} 结合成含铅的硫酸盐或硫酸氢盐，并能与氢氧化钙反应生成 $Pb(OH)_2$。而也有研究认为 C_3S 在 pH 大于 12.5 的溶液中水化时，如果重金属离子含量较高，重金属离子就会与 Ca^{2+} 发生共沉淀。这种难溶的含铅化合物附着在已经水化的水泥颗粒表面，阻止了水泥的早期水化。当水泥中的含铅量过高，Pb^{2+} 就会结合大量的 SO_4^{2-} 而破坏水泥的水化环境。这也印证了前面含铅水泥的早期水化程度有所减弱，与空白样普通硅酸盐水泥相比强度降低的试验结果。

对比图 3-7 与图 3-8 不难发现，钢渣-矿渣体系胶凝材料与水泥的水化产物区别在于普通硅酸盐水泥 28 d 水化产物中氢氧化钙衍射峰的强度较大，而在钢渣-矿渣体系胶凝材料水化产物中则很难找到氢氧化钙特征衍射峰。在含铅试样的水化产物中钢渣-矿渣体系胶凝材料发现有较大分子结构的复盐 $\{PbAl_3[SO_4]_2(OH)_6\}$ 和黄铅矿 $[Pb_2(SO_4)O]$ 的衍射峰，而水泥中则是较小分子结构的 $Pb(OH)_2$ 和 $Pb_2(SO_4)O$ 的衍射峰。拥有溶解度更低、游离铅离子数量更少的复杂大分子结构的复盐也可能是钢渣-矿渣体系胶凝材料比水泥固化铅效果更好的主要原因。

5) 矿渣-钢渣胶凝体系及水泥固化体试样的 XANES 分析

Pb 元素 Lm 边 XANES(近边 X 射线吸收精细结构)谱对原子近邻结构非常敏感，通过谱线比较可得到铅离子的近邻结构信息。固化体样的 XANES 谱线见图 3-9。5 个固化体的图谱形态相近，表明其配位环境相似。其区别在于三个钢渣、矿渣胶凝材料固化体样的波峰均较水泥稍前一些，第一波峰在 13.05 keV 左右，第二波峰在 13.10 keV 左右，表明二者铅离子化合物形式稍有差异，且初始铅离子浓度变化并未影响和改变铅离子存在的价态和化合物形式。

将固化体样与参考样谱线相比较，其相似度代表了铅元素以参考样化合物形式存在的可能性及比例。在将固化体样与参考样谱线(图 3-10)对比后发现，固化体并不具有四价离子 Pb^{4+} 的前区特征肩峰。这表明所有固化体样中的铅是以二价离子 Pb^{2+} 存在。受条件限制本次研究参考谱线仍较少，因此未能与其他可能的化合物进行一一比较，但借助 a、b 两条辅助线对比图 3-9 与图 3-10 中各谱线峰、谷的形态和位置，仍可知固化体样与参考样 $Pb_4(OH)_4^{4+}$、PbO 相似度较高。表明固化体中铅可能以 $Pb_4(OH)_4^{4+}$ 与 PbO 的形式存在，这与 XRD 的结果相吻合。

6) 矿渣-钢渣胶凝体系及水泥固化体试样的 EXAFS 分析

EXFAS(扩展 X 射线吸收精细结构)光谱显示中心原子(Pb)光电子与外层配位原子间单反射情况，揭示固化体样中 Pb 原子不同配位层的位置与结构。从固化体的铅离子的能量空间(图 3-11)来看，峰值基本位于 13.042 keV 不变，代表固化体中铅离子的价态基本稳定，矿渣-钢渣胶凝材料与水泥固化体的峰值略有不同，指示其在化合物配位上有略微差异，矿渣-钢渣胶凝材料中铅的配位数(峰的高度)大于水泥的。

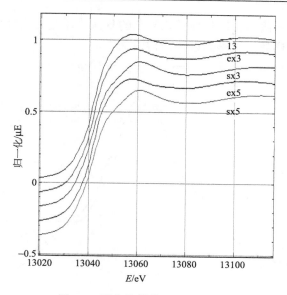

图 3-9　固化体样的 XANES 图谱

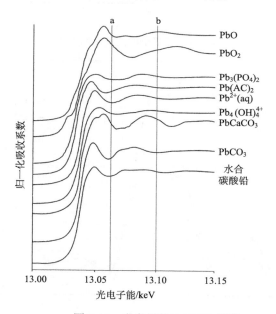

图 3-10　参考样的 XANES 图谱

图 3-12 展示了固化体样使用傅里叶滤波算法获得固化体样铅离子配位层的径向结构函数(RDF)的分布特征。从 R 空间看,所有固化体样的 Pb—O 键都比较明显,矿渣-钢渣胶凝体系的 3 个样本 R 在 2.2 以后基本没有看到明显的键,仅能解得第一配位层的信息。这可以认为是更远配位层信息被高无序度带来的噪声所掩盖或者铅离子结构复杂(XAFS 是统计结果,复杂结构基本都会被平均掉)。而普通硅酸盐体系的 2 个样本在 R 约为 2.4 及 3.3 处,分别出现了较弱的配位信息,推测为 Pb—C 键及 Pb—Pb 键。而在成

分复杂的固化体中，铅离子可能形成结构复杂的复盐，需要大量参考样以找到合适的参考曲线来校正固化体样品，以得到近邻结构信息。

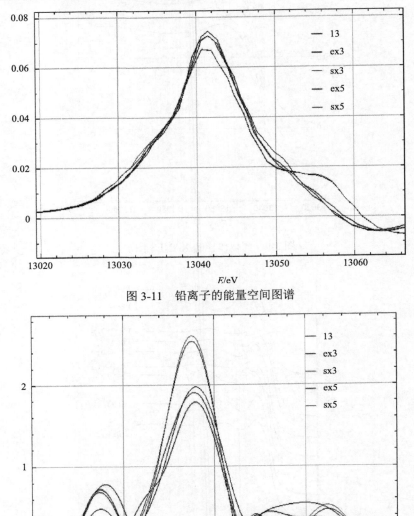

图 3-11　铅离子的能量空间图谱

图 3-12　铅离子配位层径向结构函数(RDF)

为进一步确定固化体中铅的分子结构，结合 Feff 理论计算和非线性最小二乘拟合法来获取上述固化体中铅紧邻壳层的微观结构参数，利用 Artemis 对 RDF 谱中第一壳层单壳层进行 Feff(6.0) 计算和拟合，获取振幅衰减因子(S02)；然后计算各固化体中铅的散射路径、振幅及相移；最后利用获取的 Pb—O 散射路径对固化体中铅 EXAFS 谱对应的 RSF 谱进行拟合，得到固化体中铅离子配位数及键长。固化体中 Pb 的第一配位层拟合结果如表 3-28 所示。

表 3-28　固化体中 Pb 的第一配位层 EXAFS 谱拟合结果

样品	配位原子	配位数	$R/\text{Å}$	$\sigma^2/\text{Å}^2$	ΔE_0	Residual
l3	O	4.2	2.335	0.1172	0.345	7.82
ex3	O	4.2	2.313	0.0115	−1.312	8.03
ex5	O	4.2	2.317	0.0112	−1.282	11.22
sx3	O	3.8	2.255	0.0077	−0.340	9.64
sx5	O	3.8	2.253	0.0070	2.469	10.06

注：σ^2 为无序度因子，表征分子热振动和结构无序的参数；ΔE_0 为能量偏移量；Residual 为拟合优度，越小表明拟合效果越好。

由图 3-12 和表 3-28 可以看出 Pb 的第一配位层与 O 结合，在矿渣-钢渣胶凝体系中 Pb 的第一配位层与 4.2 个 O 原子结合，平均配位键长为 2.313~2.317 Å，配位半径随铅离子浓度增大而增大；在普通硅酸盐体系中 Pb 的第一配位层与 3.8 个 O 原子结合，平均配位键长为 2.253~2.255 Å，配位半径随铅离子浓度增大而减小，且配位半径小于矿渣-钢渣胶凝体系中 Pb—O 键半径。Manceau 等的研究表示置换作用的增强会形成配位半径较大的复盐沉淀，因此可以认为矿渣-钢渣胶凝体系样品中铅浸出浓度小于普通硅酸盐水泥是由于矿渣-钢渣胶凝体系更能激发铅离子与钙离子的置换作用，使铅离子更容易被捕获进入 C-S-H 凝胶及钙矾石的硅氧四面体网络体中平衡电荷，或替换其晶格中的被捕获的钙离子，形成更大分子的复盐沉淀从而固化铅离子阻止其浸出。

7) 矿渣-钢渣胶凝体系及水泥固化体试样的 SEM 及能谱分析

含铅矿渣-钢渣试样主要水化产物为 C-S-H 凝胶和钙矾石，物相中还有大量二水石膏、矿渣、钢渣等。胶凝材料硬化体的强度发展主要依靠水化硅酸钙和钙矾石，针状钙矾石晶体以颗粒表面为依托放射生长，形成结晶结构网，C-S-H 凝胶将钙矾石晶体网胶结起来，针状钙矾石与 C-S-H 凝胶之间的交叉连锁，将硬化体各相黏结成整体。图 3-13 是含 5%铅矿渣-钢渣试样养护 7 d 在 8000 倍下的 SEM 图，从图中可以看到试样未水化的石膏与剩余矿渣、钢渣作为微集料填充在硬化体孔隙中，体系中已经开始有水化硅酸钙和钙矾石生成，但是数量极少且孔隙较大，整个空间有较大的孔隙存在，浆体的密实度较差，在矿渣颗粒表面有少量的短棒状钙矾石晶体。钙矾石在局部生成结晶结构网，周围被凝胶所包围。

图 3-14 是含 5%铅矿渣-钢渣试样养护 28 d 在 10000 倍下 SEM 图及能谱图，从图 3-14(a)中可以看到其表面有许多向外辐射生长的长条纤维状及长柱状晶体，这些是水化反应后成长起来的钙矾石晶体，它们构成密实的空间网状结构，从而使试样得到了较高的强度。试样中这些大量针棒状晶体及絮状、不规则块状物质通过能谱扫描可知块状晶体 A 为 C-S-H 凝胶，针棒状晶体 B 为钙矾石 Aft。SEM 图显示与早期相比辐射状的钙矾石晶体和 C-S-H 凝胶大为增加。这些针状晶体填充在颗粒之间的孔隙之间，将不同的小颗粒连接起来，形成整体结构。但是颗粒之间还是存在大量孔隙，且 C-S-H 凝胶并未能完整地胶结成大块，而是呈团块状的分散结构，颗粒仍十分疏松，粒径明显比不含铅的小。这说明掺杂 Pb 后，C-S-H 凝胶形态存在显著变化，凝胶结构整体变得更加疏松，与 XRD 结果相符，也表明掺杂 Pb 后，C-S-H 凝胶结构中硅氧四面体等的连接方

式发生了变化，从而改变了 C-S-H 凝胶形貌，这可能也是固化体强度不高的原因。

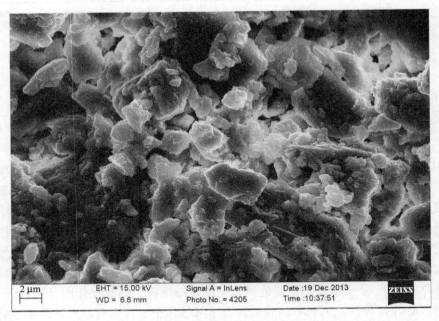

图 3-13　含 5%Pb 矿渣-钢渣养护 7 d 在 8000 倍下 SEM 图

　　参照不含铅空白试样的主要水化产物微观形态照片，对比图 3-14(a)可以发现，随着 Pb²⁺ 的介入，针状、网状和絮状水化物数量均减少，表明 Pb²⁺ 的介入已经延迟了水化反应的进程。同时，零星絮状 C-S-H 凝胶的存在，也证明了水化反应被严重抑制了。另外，有很多无定形的物质附着在反应物颗粒表面，根据 Bensted 等的理论，这些物质很可能是 C_3S 和 C_3A 在水化反应开始的早期产生的富铝酸盐的无定形包裹层。而含铅 28 d 水化反应程度仅相当于矿渣-钢渣正常水化 7 d 的反应程度。研究表明，金属元素(如 Cu、Pb、Zn)会延缓水泥的水化、初凝及终凝时间，形成不溶物或无定形物质阻碍土体-固化材料-污染物之间各反应的进行，并最终导致土体强度的降低。这与本书的研究成果是一致的。

　　在水泥试样养护 7 d 的水化产物中(图 3-15)，水化产物多以细颗粒或网格小块状的形态存在，且水化产物的数量不多，各物相颗粒边界轮廓浅析，相互堆积，连接并不紧密，存在大量较大的孔隙，结构十分疏松。随着水化龄期的延长(图 3-16)，含铅水泥试样的微观结构产生了相应的调整和转变，水化产物多呈长纤维状及絮状形态出现，且数目繁多，各水化产物间相互搭接，不再有明显的界线。由图 3-16 中 A 点的能谱图可看出长纤维状的水化晶体是 Aft，相对于不含铅的水泥水化时产生的钙矾石，掺有 5% Pb 的试样中，钙矾石不再以板状形态出来，而大多表现为纤维状，直径更小，长径比也大出很多。这表明 Pb 的介入促进了钙矾石结晶体沿长度方向生长。在水化 28 d 的 SEM 图中显示各水化产物之间互相重叠、搭接、交叉，构成网状或花瓣式的镶嵌结构，水化产物及大量的絮状凝胶体已全部被水泥浆体连接为一个整体，水化产物已布满了照片的整个视野，不再能看到未发生反应的原始物料，相对反应初期，其结构及孔洞也相对显得连贯而紧密。

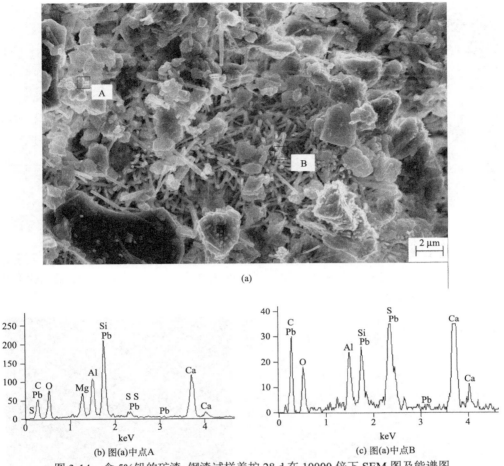

(a)

(b) 图(a)中点A　　　　　　　　　(c) 图(a)中点B

图 3-14　含 5%铅的矿渣–钢渣试样养护 28 d 在 10000 倍下 SEM 图及能谱图

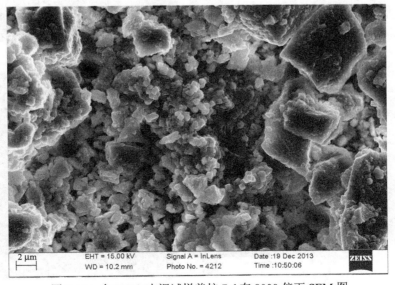

图 3-15　含 5%Pb 水泥试样养护 7 d 在 8000 倍下 SEM 图

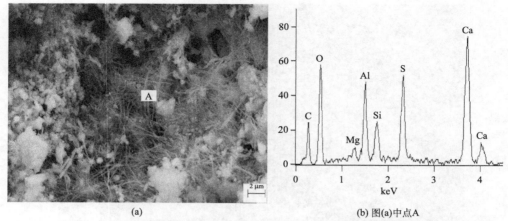

(a)   (b) 图(a)中点A

图 3-16　含 5%铅的水泥试样养护 28 d 在 10000 倍下 SEM 图及能谱图

　　而在铅试样养护 28 d 后的元素面扫描图(图 3-17 及图 3-18)中可以看到 Pb 元素在水化产物中均匀分布，没有出现随着水化的进行而出现富集现象，这也说明铅的化合物在水化产物中是无定形的。

图 3-17　含 5%铅的矿渣-钢渣试样养护 28 d 在 4000 倍下元素面扫描图

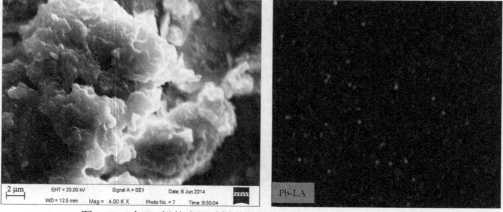

图 3-18　含 5%铅的水泥试样养护 28 d 在 4000 倍下元素面扫描图

8)矿渣-钢渣-脱硫石膏胶凝材料体系固化 Pb^{2+}的机理分析

由固化铅离子的试验可以得出,矿渣钢渣胶凝材料在固化铅离子的过程中,胶结剂与铅离子之间主要产生以下作用。

(1)物理包裹作用:由于矿渣钢渣水化产物,如 C-S-H 凝胶,其集合体结构致密,渗透性极低,利用水化产物把铅离子包裹于其中,致使其中的铅离子不容易浸出。

(2)物理吸附作用:由于矿渣钢渣水化产物的晶体颗粒极小,具有很大的比表面积,因此大量颗粒间的微孔也能大量吸附重金属离子。

(3)复盐沉淀效应:基于水化反应能提供高碱性环境,铅的化合物在固化物的微孔隙中发生复分解反应,形成低溶解度的复盐沉淀,从而固化铅离子阻止其浸出。

(4)硅的四配位同构化作用:矿渣钢渣胶凝材料水化产物中 C-S-H 凝胶及钙矾石均为硅酸盐,其硅氧四面体在解聚、迁移和再聚合的过程中会使三价或五价离子(如铝离子、磷离子)进入硅氧四面体网络结构,并使其形成具有四个氧配位的四面体,与硅氧四面体以顶角相连,而二价的铅离子能被捕获进入网络体的孔隙间平衡电荷,或替换其晶格中被捕获的钙离子,从而被牢固地束缚稳定化。

因此,铅离子是通过物理包裹、硅的四配位同构化、复盐沉淀反应和吸附等形式被固化到胶凝材料水化产物结构中的。

如图 3-19 所示,在矿渣-钢渣胶凝体系中,钢渣主要为胶凝体系提供 Ca^{2+}、OH$^-$和少量硅氧四面体,钢渣中的 Mg^{2+} 和 Fe^{2+} 在胶凝体系中起到与 Ca^{2+} 类似的作用。而较普通硅酸盐水泥体系 2~3 倍的脱硫石膏主要为胶凝体系提供源源不断的 Ca^{2+} 和 SO$_4^{2-}$。体系中另一主要组分矿渣微粉中含有大量相互连接的铝氧四面体和硅氧四面体。由于水淬高炉矿渣在快速水淬冷却中排渣,铝氧四面体和硅氧四面体间的桥氧与硅原子和铝原

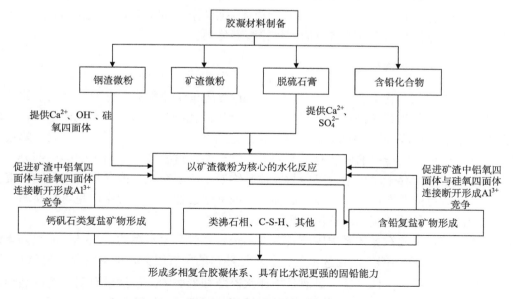

图 3-19　矿渣-钢渣胶凝体系固化铅的机理分析

子之间的化学键较长，键的强度较低。而矿渣微粉自身所含有一定量的活性 Ca^{2+} 和 Mg^{2+} 在遇水后会有部分进入溶液，矿渣表面的电荷被水中的 H^+ 所平衡，即矿渣微粉自身的水解使溶液显碱性。在这种碱性条件下，矿渣中的铝氧四面体易从硅氧四面体的连接中断裂而进入溶液。

以矿渣微粉为核心的水化反应是固化铅的主体反应。首先以矿渣微粉为核心的水化反应由于能从矿渣的硅氧四面体连接中释放大量的铝氧四面体，再加上钢渣和脱硫石膏提供的 Ca^{2+}、OH^- 和 SO_4^{2-} 离子，能促进钙矾石类复盐矿物形成。反过来，由于钙矾石极低的溶度积常数（$10^{-111.6}$），其结晶过程能够快速消耗溶液中的 Al^{3+}、Ca^{2+}、OH^- 和 SO_4^{2-} 等离子，因此能快速促进体系中矿渣微粉、钢渣微粉和脱硫石膏的消耗。

钙矾石 $[Ca_6Al_2(SO_4)_3(OH)_{12}\cdot 26H_2O]$ 是普通水泥混凝土中最常见的复盐矿物，也是大部分地下采矿胶结充填硬化体中最常见的复盐矿物。因此在有足够 Ca^{2+}、OH^- 和 SO_4^{2-} 离子供给的体系中，钙矾石的结晶将能持续促进水淬高炉矿渣微粉中的铝氧四面体从矿渣的硅氧四面体连接中体解出来，从而促进矿渣中较高聚合度的硅铝氧四面体的连接被破坏，形成大量的活性硅氧四面体或硅氧四面体团，为发生硅的四配位同构化效应或形成 C-S-H 凝胶奠定基础。而钢渣微粉在水中的水解会产生游离的 $Ca(OH)_2$ 和游离的 $Mg(OH)_2$，可使溶液的 pH 在室温下达到 12.6。这种 pH 较高的溶液会进一步加快铝氧四面体从矿渣的硅氧四面体连接中体解出来。

前面的物相研究表明固铅后的矿渣-钢渣-脱硫石膏体系中生成了大量的含铅钙矾石、含铅类沸石相、含铅 C-S-H 和铅铁矾类复盐矿物 $[(Pb, H^+)(Al^{3+}, Fe^{3+}, Fe^{2+})_3(SO_4^{2-}, AsO_4^{3-})_2(OH)_6]$，而普通硅酸盐水泥胶结的充填料中未发现类沸石相和砷铅铁矾类复盐矿物，但发现了 $Pb_2(SO_4)O$ 和氢氧化铅等简单物相。

因此，以超量脱硫石膏激发的矿渣-钢渣体系胶凝固化剂，其水化硬化后，实际上是一个多相复合并具有相互竞争特点的固化铅胶凝体系。

2. 固化 AsO_4^{3-} 机理研究

尾矿中砷的化合物主要为毒砂（FeAsS）、砷酸盐和亚砷酸盐。毒砂与空气中的氧发生氧化反应生成臭葱石（$FeAsO_4$），尾砂中其他金属硫化物与氧气反应时尾砂呈酸性，使臭葱石发生水解形成砷酸（H_3AsO_4），砷酸再经过沉淀、水解、离子交换、吸附、解吸附等一系列作用后，尾砂中的砷就有了不同的化学形态。这些被释放出来的砷一部分可能以专性吸附状态赋存于尾矿中，可能与胶体矿物发生离子交换，或者形成络合物、螯合物；另一部分可能非专性吸附在胶体矿物表面或被包裹在矿物颗粒中，呈可交换态，具有很高的活性，易随着废水迁移污染环境。

钢渣-矿渣-脱硫石膏体系中脱硫石膏含量是普通硅酸盐水泥的 2～3 倍，能够为该体系提供大量的 Ca^{2+}、SO_4^{2-}，且基本包含了水泥熟料的所有组分，能够为体系提供 Ca^{2+}、OH^- 和少量的硅氧四面体。其中矿渣是快速水淬冷却形成的，虽然没有明显的结晶相，但是含有很多互相连接的铝氧四面体和硅氧四面体。钢渣-矿渣-脱硫石膏胶凝体系的水化产物除有 C-S-H 凝胶、钙矾石外，还有类沸石相，矿渣、钢渣微粉溶于水使得溶液呈碱性，碱性环境使矿渣中的铝氧四面体从硅氧四面体的连接中断裂进入溶液，进而溶液中含有大量的活性硅、铝氧四面体。有研究表明：在含有大量活性硅、铝的体系中，由于 As^{5+}、Si^{4+}、Al^{3+} 的半径相近，并且均可以与氧形成四面体结构的阴离子，这就使得 AsO_4^{3-} 与 SiO_4^{4-}、AlO_4^{5-} 在一定条件下发生类质同象替换，可以形成—Al—O—Al—As—、—Si—O—Si—As—、—Al—O—Si—As—化学长链，从而将砷稳定固化。而钙矾石（AFt）晶体为定向排列呈柱状结构，通过化学置换晶体柱间间隙、通道及其表面电负性，许多外来离子 Al^{3+} 可以被 As^{5+} 取代，从而达到固砷效果。同时 C-S-H 凝胶也可以通过物理包裹和化学结合的方式达到固砷的效果。因此，该体系存在多种固砷机制，且各个机制之间可能存在竞争关系。

这里以钢渣、矿渣、脱硫石膏为原料制成水硬性胶凝材料，替代水泥。通过与水泥固化砷进行对比，讨论该胶凝材料对 As^{5+} 的固化效果，研究胶凝材料水化过程中砷铁矾、钙矾石等复盐类矿物的形成机理，从而实现利用地下采矿的胶结充填料固化砷的目标。

1）试验及分析方法

将化学纯 $Na_3AsO_4·12H_2O$ 按 Na_3AsO_4 的质量分数按比例溶于去离子水中配制成 As^{5+} 浓度分别为 0.01%、0.03%、0.05% 的砷酸钠溶液。

将钢渣、矿渣、脱硫石膏分别粉磨至 444 m^2/kg、435 m^2/kg、360 m^2/kg，按试验所需比例分别称量后与配制好的砷酸钠溶液混合搅拌，配制成水胶比 0.35 的净浆块，在 40℃ 的养护箱中养护 3 d 后拆模，继续养护至 7 d、28 d 龄期时取样进行 As^{5+} 浓度分析。按照同样的水胶比制备 P.O. 42.5 水泥净浆块。

采用国标 HJ 557—2010《固体废物浸出毒性浸出方法 水平振荡法》：将采集的所有样品破碎，使样品全部通过 3 mm 孔径的筛，称取干基试样 100 g，放在容积为 2 L 的提取瓶中，按液固比为 10∶1（L/kg）计算所需浸提剂，加入浸提剂后，垂直固定于水平振荡装置上，室温下振荡 8 h 后，取下提取瓶静置 16 h，在压力过滤器上装好 0.45 μm 微孔滤膜，过滤并收集浸出液，摇匀后供分析用。浸提剂使用二级纯水。

按照 GB 5085.3—2007 的规定，采用电感耦合等离子体-原子发射光谱法，测定浸出液中重金属元素的含量。

钢渣-矿渣-脱硫石膏胶凝材料试验试样，养护至规定龄期后，从养护箱中取出敲碎，取中心部位，用无水乙醇终止水化后在 40℃ 烘箱中烘干，取部分片状样品用于 SEM 观察，其余样品磨细后用作 XRD、FTIR 和 TG-DSC 分析。

2）砷离子浸出试验

在重金属固化的安全评价中，浸出率是一个很重要的参数，浸出率越低，安全性越高。表 3-29 为钢渣-矿渣-脱硫石膏胶凝材料固化体的浸出试验结果。试验结果表明：所有固化体样品 3 d、7 d、28 d 龄期的砷浸出浓度值均低于检出值 4 μg/L，符合国家饮用水标准规定的 10 μg/L。

砷离子浸出浓度低的主要原因是钢渣和脱硫石膏所提供的 Ca^{2+}、OH^- 和 SO_4^{2-} 离子，促进了钙矾石类复盐矿物的形成，通过化学置换晶体柱间间隙、通道及其表面电负性，许多外来离子 Al^{3+} 可以被 As^{5+} 取代，从而达到固砷效果，同时在钢渣提供的碱性环境中，

表 3-29　钢渣-矿渣-脱硫石膏胶凝体系不同龄期砷离子浸出试验结果

编号	胶凝材料/%			砷酸钠浓度 /%	砷离子浓度/(μg/L)			检出限 /(μg/L)	国家饮用水标准 /(μg/L)
	矿渣	钢渣	脱硫石膏		3 d	7 d	28 d		
I1				0.01	ND	ND	ND		
I2				0.03	ND	ND	ND		
I3				0.05	ND	ND	ND		
I4	60	30	10	0	ND	ND	ND	4	10
P1				0.01	ND	ND	ND		
P2				0.03	ND	ND	ND		
P3				0.05	ND	ND	ND		
P4				0	ND	ND	ND		

含有大量活性硅、铝，由于 As^{5+}、Si^{4+}、Al^{3+} 的半径相近，并且均可以与氧形成四面体结构的阴离子，这就使得 AsO_4^{3-} 与 SiO_4^{4-}、AlO_4^{5-} 在一定条件下发生类质同象替换，可以形成—Al—O—Al—As—、—Si—O—Si—As—、—Al—O—Si—As—化学长链，从而将砷稳定固化。同时 C-S-H 凝胶和类沸石相也可以通过物理包裹和化学结合的方式达到固砷的效果。

3) 钢渣-矿渣-脱硫石膏胶凝材料试样的 XRD 分析

试验分别选取空白样、含 0.01%、0.05% 砷离子的钢渣-矿渣-脱硫石膏胶凝材料试块，利用 X 射线衍射（XRD）分析 3 d、28 d 水化产物，XRD 结果见图 3-20。

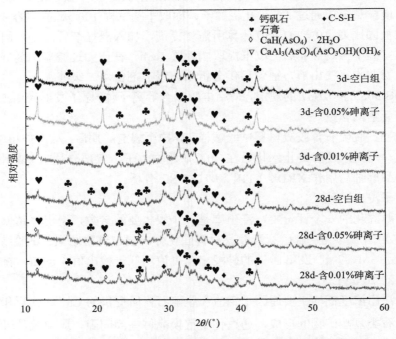

图 3-20　含砷钢渣-矿渣-脱硫石膏胶凝材料和空白样水化产物的 XRD 谱图

图 3-20 是含 0.01%、0.05%砷离子的钢渣-矿渣-脱硫石膏胶凝材料和普通硅酸盐水泥试块在 40℃下养护 3 d、28 d 水化产物的 XRD 谱图。通过 XRD 谱图分析可以看出，龄期为 3 d 的水化产物仅有少量的钙矾石和 C-S-H 凝胶。并且存在大量尚未水化的脱硫石膏。28 d 的水化产物中，石膏峰明显减弱，钙矾石的衍射峰明显增强并出现一些新的钙矾石衍射峰。对比空白组与含砷的钢渣-矿渣-脱硫石膏胶凝材料水化产物可以看出，空白试样中的钙矾石和 C-S-H 凝胶的衍射峰要明显强于含砷水化产物试样，其中砷含量为 0.05%的衍射峰强度最弱，这说明在砷离子的作用下，C-S-H 凝胶和钙矾石的晶体结构发生了一定的改变。

C-S-H 凝胶是一种层状半结晶形态，即 CaO 多面体两端连接有两层$[SiO_4]^{4-}$四面体链，形成一种"三明治"结构。相比于空白组，含有砷离子的试验试样的 C-S-H 凝胶衍射峰宽度有所增大，结晶程度变差，这可能是 As^{5+}挤入 C-S-H 凝胶的夹层间隙，使 C-S-H 凝胶的结晶度降低，衍射峰更为弥散。此外，还有可能 As^{5+}取代 C-S-H 凝胶中的 Si^{4+}，进入 C-S-H 凝胶结构中与 Ca、Si 发生键连，发生如下反应：

$$C\text{-}S\text{-}H + As^{5+} \longrightarrow C\text{-}As^{5+}\text{-}H$$

$$Ca^{2+} + As^{5+} + OH^- \longrightarrow Ca\text{-}As \downarrow$$

在含有 0.01%和 0.05%的砷离子的水化产物中能识别出较为微弱的 $CaH(AsO_4)\cdot 2H_2O$ 以及含砷复盐 $CaAl_3(AsO)_4(AsO_3OH)(OH)_6$ 衍射峰，这表明砷离子与钢渣-矿渣-脱硫石膏水化产生的 C-S-H 凝胶和钙矾石作用下产生了 $CaH(AsO_4)\cdot 2H_2O$ 以及含砷复盐 $CaAl_3(AsO)_4(AsO_3OH)(OH)_6$，使钙矾石分子的结构发生一定的变化。此外，通过 XRD 检测还发现了钙沸石、水钙沸石等沸石类，由于峰较为微弱，因此未在图 3-20 中标注。

4) 钢渣-矿渣-脱硫石膏胶凝材料及水泥试样的 TG-DSC 分析

TG-DSC 曲线中的失重主要是由矿物失水或者碳酸盐矿物分解所致的。矿物中的水分分为吸附水、胶体水、层间水、沸石水、结晶水和结构水。其中吸附水、胶体水和层间水的脱水温度相对较低。大量研究表明：100℃以下的失重主要是由水化产物脱去吸附水和钙矾石中脱去配位水导致的，110～135℃对应的吸热特征峰是 C-S-H 凝胶等物质在受热过程中脱水造成的。120℃的吸热峰为钙矾石脱水变成低硫型硫铝酸钙。740℃左右的吸热峰为水硅钙石($2CaO\cdot SiO\cdot H_2O$)脱水。800～950℃对应的放热峰为水化硅酸钙和沸石类矿物转变为 β-硅灰石。

图 3-21～图 3-23 为含 0.01%砷离子、含 0.05%砷离子、空白对照组试验试样 28 d 的 TG-DSC 曲线。图 3-24 水泥试样 28 d 的 TG-DSC 曲线。在 390℃左右，含 0.05%砷离子和空白对照组试验试样的 TG-DSC 曲线新增了吸热峰，该处为钙沸石脱失结晶水，晶格破坏，转变成非晶态造成的；在 820℃左右，胶凝材料试样均有放热峰，此处为白钙沸石、托勃莫来石、水化硅酸钙放热形成 β-硅灰石造成这与 XRD 中检测存在水化硅酸钙和水钙沸石、钙沸石等沸石类相一致。此外，单从 TG 曲线分析可以看出：800～1000℃的失重最多的为含 0.05%砷离子组试验试样，为 3.07%。可以推测含 0.05%砷离子的试验含有更多水化硅酸钙和沸石类矿物。

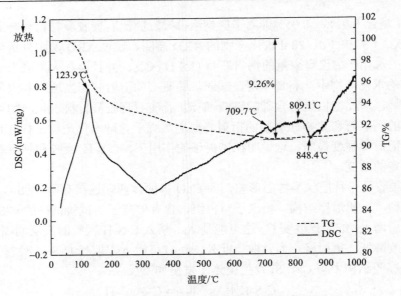

图 3-21　含 0.01%砷离子试样 28 d 的 TG-DSC 曲线

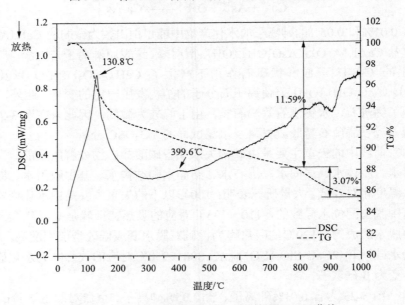

图 3-22　含 0.05%砷离子试样 28 d 的 TG-DSC 曲线

5) 钢渣-矿渣-脱硫石膏胶凝材料的 SEM 分析

通过 SEM 可以观察水化产物形貌并获得微观区成分分析结果, 推测钢渣-矿渣-脱硫石膏胶凝体系中砷的存在形式及固化机理。

此胶凝材料水化产物与水泥基本相同, 主要为 C-S-H 凝胶、钙矾石和 Ca(OH)$_2$, 单硫型硫铝酸钙及其固溶体, 可能还有未反应的石膏。

C-S-H 凝胶的实际化学组分不固定, 通常假定其分子式为 C$_3$S$_2$H$_3$, 实际其化学组成并不固定, Ca/Si 比会随着水固比、水化进程而变化。另外, C-S-H 凝胶中还存在不少其

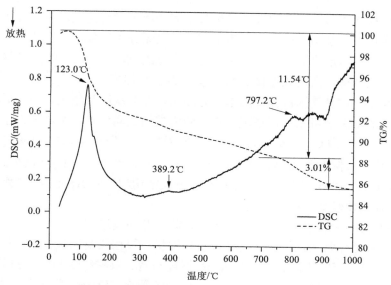

图 3-23　不含砷离子试样 28 d 的 TG-DSC 曲线

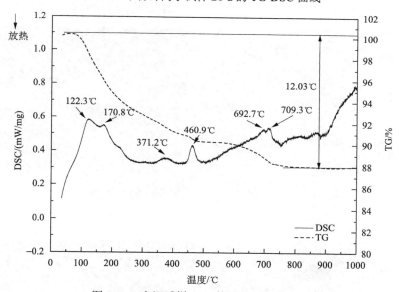

图 3-24　水泥试样 28 d 的 TG-DSC 曲线

他种类的离子，几乎所有 C-S-H 凝胶为无定形胶体态，呈现各种不同形貌，如颗粒状、网络状、纤维状、薄片状、放射状，也可能观察到珊瑚状和花朵状等。

钙矾石为三方晶系的柱状结构。在适当的条件下，有相当广泛的阴离子能与氧化钙、氧化铝和水结合成 "三盐" 型或 "高盐" 型的四元水化物，其化学通式为 $C_3A \cdot 3CaX \cdot mH_2O$，其中 X 可能为二价阴离子 SO_4^{2-}、CO_3^{2-} 等，或者一价阴离子 Cl_2^{2-}、$(OH)_2^{2-}$ 等，这些水化物的结构相似，所以当有两种或者更多的阴离子存在时，有可能生成复杂的固溶体系列，也可能有部分 Al_2O_3 被 Fe_2O_3 替代，形成 "三盐" 型铝酸盐和铁酸盐的固溶体。上述固溶体系列中出现最多的是钙矾石，其 S/Ca 比较常规化学计量低。

一般为六方棱柱状结晶，形貌取决于其生长空间和离子供应情况。常为针棒状，尺寸和长径虽然有变化，但是两端挺直，一头不变细，也无分叉现象。

Ca(OH)$_2$：有固定的组成，仅可能含有极少量的 Si、Fe、S，结晶良好，属于三方晶系，具有层状结构，由彼此连接的 Ca(OH)$_2$ 八面体组成。

单硫型硫铝酸钙及其固溶体：属于三方晶系，但呈现层状结构，与钙矾石类相似，也有许多种类的阴离子可以占据单硫型水化硫铝酸钙层间位置，组成所谓单盐型或低盐型四元水化物，通式为 $C_3A \cdot CaY \cdot nH_2O$，其中 Y 为 SO_4^{2-}、CO_3^{2-}、Cl_2^{2-}、$(OH)_2^{2-}$、$Al(OH)_4^-$ 等。单盐型水化物实际既是固溶体又是混合物，其 Al/Ca 比近似等于 0.5，S/Ca 比为 0.10～0.15，而 Si/Ca 比在 0.05 左右。外部与 C-S-H 凝胶密切相混的 AFm 相，其组成与上述类似，可能 S/Ca 比比较高，可达理论值 0.025。

石膏：单斜晶系，晶体呈板状，少数呈柱状，晶面具纵纹。

砷酸盐矿物晶体常呈现纤维状、针棒状、柱状、短柱状及板状、立方体状等。

图 3-25 为含 0.05%砷离子的钢渣-矿渣-脱硫石膏胶凝材料 3 d 的 SEM 图片，可以看出：许多细小针棒状的钙矾石以及部分块状 C-S-H 凝胶，说明钢渣-矿渣-脱硫石膏已经开始水化，并且产生大量的钙矾石以及部分 C-S-H 凝胶，这使胶凝材料具有一定的强度。

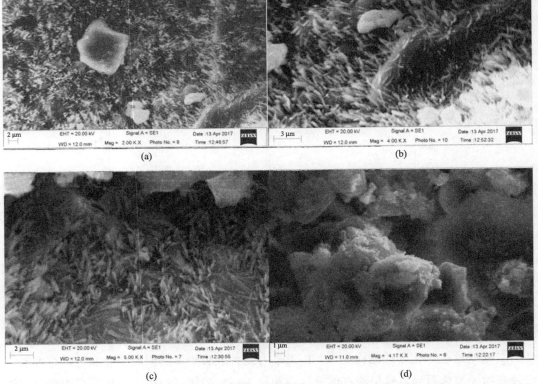

图 3-25　含 0.05%砷离子的钢渣-矿渣-脱硫石膏胶凝材料 3 d 的 SEM 图片

　　图 3-26 为含 0.05%砷离子的钢渣-矿渣-脱硫石膏胶凝材料 28 d 的 SEM 图片，可以看出：针棒状的物质从胶凝材料中伸出且相对于 3 d 针棒更粗更长更致密。除此以外，还有部分块状凝胶。

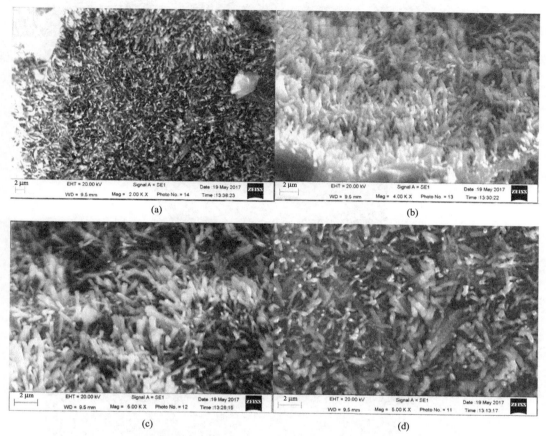

图 3-26　含 0.05%砷离子的钢渣-矿渣-脱硫石膏胶凝材料 28 d 的 SEM 图片

　　图 3-27 为不含砷离子的钢渣-矿渣-脱硫石膏胶凝材料 3 d 的 SEM 图片。可以看出：与含 0.05%砷离子的试验试样相比，该试验试样没有明显的针棒状物质，还存在未水化的钢渣、矿渣、脱硫石膏组分，只形成少部分的胶凝材料组分，尚未反应完全，孔隙也较大，强度较含 0.05%砷离子的试验试样低。

　　图 3-28 为不含砷离子的钢渣-矿渣-脱硫石膏胶凝材料 28 d 的 SEM 图片。可以看出：相对于 3 d 试验试样的 SEM 图片，28 d 的试验试样长出了更多的针棒状物质，呈簇状，更粗更密集。但是密集程度不及含 0.05%砷离子试验试样。

　　同时对比含 0.05%砷离子的试验试样和空白组试验试样 3 d、28 d 的 SEM 图可以明显看出，随着龄期的增加和水化的进行，钢渣-矿渣-脱硫石膏胶凝材料的结构由松散到致密，水化产物数量越来越多。且可以看出掺杂砷以后，C-S-H 凝胶的形态发生一定的变化，凝胶并未形成大块，且较为疏松，粒径比不含砷的小。与 XRD 结果相符，也表明了掺杂砷以后，C-S-H 凝胶结构中的硅氧四面体等的连接方式发生了变化，从而改变了 C-S-H 凝胶的外貌。

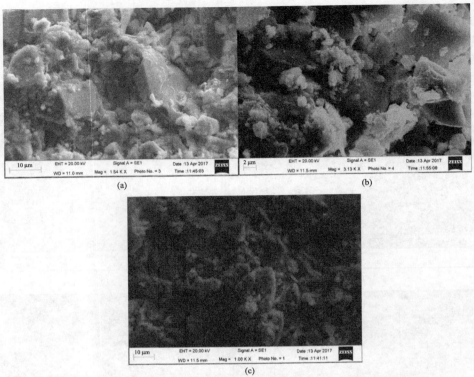

图 3-27　不含砷离子的钢渣-矿渣-脱硫石膏胶凝材料 3 d 的 SEM 图片

图 3-28　不含砷离子的钢渣-矿渣-脱硫石膏胶凝材料 28 d 的 SEM 图片

6) 钢渣-矿渣-脱硫石膏胶凝材料固化 As 的机理分析

在钢渣-矿渣-脱硫石膏体系中,钢渣主要为胶凝体系提供 Ca^{2+} 和 OH^- 以及少量的硅氧四面体,钢渣中的 Mg^{2+} 和 Fe^{3+} 在胶凝体系中起到的作用与 Ca^{2+} 相似;脱硫石膏则主要为胶凝材料体系提供源源不断的 Ca^{2+} 和 SO_4^{2-};矿渣中含有大量相互连接的铝氧四面体和硅氧四面体,且 Si—O 和 Al—O 之间的化学键较长,键的强度较低,在碱性环境使矿渣中的铝氧四面体从硅氧四面体的连接中断裂进入溶液,进而溶液中含有大量的活性硅、铝氧四面体,而在含有大量活性硅、铝的体系中,由于 As^{5+}、Si^{4+}、Al^{3+} 的半径相近,并且均可以与氧形成四面体结构的阴离子,这就使得 AsO_4^{3-} 与 SiO_4^{4-}、AlO_4^{5-} 在一定条件下发生类质同象替换,可以形成—Al—O—Al—As—、—Si—O—Si—As—、—Al—O—Si—As—化学长链,从而将砷稳定固化。

在有足够的 Ca^2、OH^- 和 SO_4^{2-} 离子供给的体系中,钙矾石的结晶也能够促进矿渣中较高聚合度硅氧四面体和铝氧四面体的连接被破坏,形成大量的活性硅氧四面体,从而为硅发生配位同构化效应或形成 C-S-H 凝胶做基础。

试验研究表明:砷能够以类质同象的方式进入钙矾石的晶格中而被固化,而 C-S-H 凝胶具有很强的吸附重金属的能力。此外,含砷化合物在与 Al^{3+}、Fe^{3+}、OH^- 和 SO_4^{2-} 等离子共存时也会产生碱式砷酸盐类复盐,此类物质溶解度极低。当大量的 Ca^{2+} 被迅速结合进入钙矾石后,钢渣-矿渣-脱硫石膏体系能够形成类沸石相。而推测砷离子能够进入类沸石相的水化硅铝网络中平衡电荷,或作为网络骨干的一部分而被固化。

由固砷的试验可以得出钢渣-矿渣-脱硫石膏胶凝材料在固化砷离子的过程中,砷离子与胶凝材料之间的作用主要有:

(1) 物理包裹:由于钢渣-矿渣-脱硫石膏的水化产物 C-S-H 凝胶具有致密结构和低渗透性的特点,利用其可以将砷离子包裹在凝胶中,使其不易浸出。

(2) 物理吸附:由于钢渣-矿渣-脱硫石膏水化产生的针棒状相互搭错的钙矾石、C-S-H 凝胶和类沸石相物质,表面的孔洞和孔隙可以吸附砷离子。此外,激发的钢渣微粉表面的活性位点也可以吸附砷离子,进而将砷进行固化。

(3) 复盐沉淀效应:钢渣-矿渣-脱硫石膏胶凝材料水化后会提供碱性的环境,因此含砷化合物在固化物的微孔隙中发生复分解反应,形成低溶解度的复盐沉淀从而将砷固化。

(4) 类质同相替换作用:由于 As^{5+}、Si^{4+}、Al^{3+} 的半径相近,并且均可以与氧形成四面体结构的阴离子,这就使得 AsO_4^{3-} 与 SiO_4^{4-}、AlO_4^{5-} 在一定条件下发生类质同象替换,可以形成—Al—O—Al—As—、—Si—O—Si—As—、—Al—O—Si—As—化学长链,从而将砷稳定固化。

3.2 尾矿库重金属污染微生物原位成矿技术

本节对尾矿库原位微生物群落结构进行了评价。微生物可以通过重金属的吸附、富集、溶解、氧化还原、生物有效性及重金属-有机络合物的生物降解等改变重金属在环境中的存在形态。环境中低浓度的重金属对微生物的生长是有利的,当达到一定浓度时可对微生物有生理胁迫作用，同时对微生物生物量、微生物活性、微生物群落结构及多样性做出响应。

3.2.1　主要实验材料和研究方法

1. 主要实验材料

1) 黄铁矿

黄铁矿的氧化产酸是产生矿山酸性废水的源头。这里主要针对抑制黄铁矿氧化进行研究，将抑制黄铁矿氧化所构成的体系称为抑制体系。为了更好地研究微生物对黄铁矿的氧化抑制作用，尽量用纯度较高的黄铁矿。所用黄铁矿购自北京百灵威科技有限公司，其出厂质量检测纯度>99.5%，对该黄铁矿进行 XRD 分析。

用 Philips XPert pro MPD 型 X 射线衍射(XRD)仪对实验产物做物相分析。测试条件：激发光源为 Cu K$_\alpha$，λ=0.15406 nm；靶电压 40 kV，电流 40 mA；连续扫描方式，扫描范围为 2θ=10°～90°，入射光发散狭缝为 0.5°，XRD 衍射谱图如图 3-29 所示。

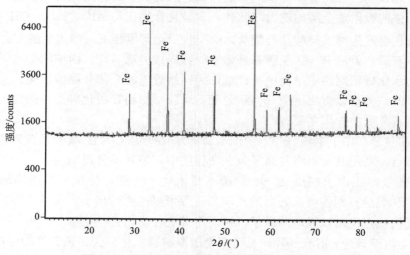

图 3-29　黄铁矿样品 XRD 衍射谱图(Fe：FeS$_2$)

如图 3-29 所示，将所有的衍射峰与 FeS$_2$ 的标准卡片(编号 03-065-3321)数据对比，衍射峰位置与相对强度一致，表明产物为黄铁矿晶体，且未检出其他杂质。结合元素分析表明，该黄铁矿的纯度>97%，使用前振动磨至 200 目以下模拟废矿堆和尾矿库中的细粒硫化矿石。

2) 实验用细菌和培养基

实验主要涉及三类细菌：促进矿山酸性废水形成的铁氧化细菌、作为修复细菌的铁还原细菌和硫酸盐还原菌。

铁氧化细菌常存在于酸性矿坑水中，实验用铁氧化细菌主要由氧化亚铁硫杆菌、氧化亚铁钩端螺旋菌等自养菌群组成，能够较好地利用 Fe^{2+}、FeS$_2$ 等还原态的铁作为能源，所适宜的培养基为 9K 培养基(用来培养嗜酸性氧化亚铁硫杆菌)，培养温度为 33℃。铁还原细菌采用脂环酸芽孢杆菌,能够利用有机碳源在厌氧的条件下还原 Fe(Ⅲ)为 Fe(Ⅱ)进行铁呼吸,所适宜的培养基为有研科技集团生物冶金国家工程实验室研制的 TYS 培养基,能够在 45℃条件下迅速地繁殖。有研科技集团生物冶金国家工程实验室所拥有的三种脂环酸芽孢杆菌分别为:*Alicyclobacillus* A、*Alicyclobacillus* B、AP-AC,已经纯化。硫酸盐细菌一般生活在厌氧和微厌氧条件下,利用有机物作为电子供体。实验室所具备的硫酸盐还原菌有 SRB S3、SRB S4 两种细菌,与产甲烷菌等厌氧细菌共生,并未进行分离纯化与鉴定。

所用自养菌和修复菌的生理生化特性如表 3-30 所示。

表 3-30　自养菌和修复菌的生理生化特性

名称	自养菌	修复菌	
	A.f 菌等	SRB	*Alicyclobacillus*. spp
营养类型	自养	异养	寡营养
氧利用	好氧	厌氧或兼性厌氧	兼性厌氧
适宜温度	28～35℃	28～38℃	35～65℃
适宜 pH	1.5～3.5	5～8	1.5～6.5

修复细菌主要为厌氧或兼性厌氧的异养细菌,需要外加有机碳源才能够生长,能够维持较低的氧化还原电位。涉及的自养菌一般适宜于酸性环境,自养且好氧,有机碳源的加入对自养菌有一定的抑制作用。外加有机碳源维持修复菌等异养菌生长,且抑制自养菌的生长,营造低电位气氛,从而抑制黄铁矿的氧化产酸,达到源头控制的目的。

铁氧化细菌自养菌群的 SEM 照片如图 3-30 所示。

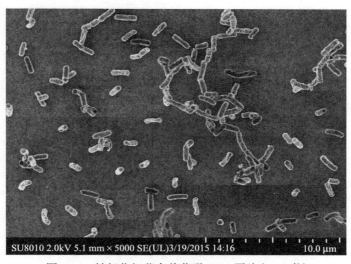

图 3-30　铁氧化细菌自养菌群 SEM 照片(5000 倍)

如图 3-30 所示,铁氧化细菌主要为短杆状和杆状,修复细菌 SEM 照片如图 3-31 所示。

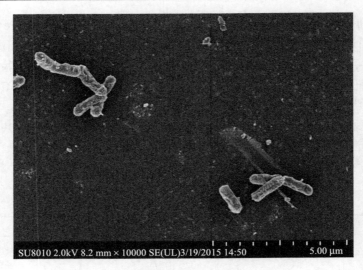

图 3-31　修复细菌 SEM 照片（10000 倍）

　　从温度上来看，修复菌和自养菌较适宜温度为 33℃左右，铁还原菌适宜的温度为 45℃，比环境温度要高，同时为了维持以硫酸盐还原菌为主的修复细菌的生长，选择常用的 33℃作为三种细菌的共同培养温度。

　　三类细菌所适宜的培养基如表 3-31 所示。

表 3-31　主要用到的培养基

成分	铁还原菌	硫酸盐还原菌					铁氧化细菌
	TYS	I	II	III	IV	V	9K
(Trytone)	0.5	3	1				
(Yeast Extraction)	0.25	1	1			1.0	
NaL				3.5	3.5		
Na_2SO_4				1.0	1.0	0.5	
NaCl	0.25		2.5				
$NaHCO_3$			0.2				
KCl			0.65				0.1
K_2HPO_4				0.5	0.5	0.5	0.5
NH_4Cl				1.0	1.0	1.0	
$(NH_4)_2SO_4$							3
$FeSO_4 \cdot 7H_2O$							44.3
$(NH_4)_2Fe(SO_4)_2 \cdot 6H_2O$				0.65		1.2	
$MgSO_4 \cdot 7H_2O$			6.3	0.1	2.0	2.0	0.5
$MgCl_2$			5				
$Ca(NO_3)_2$							0.01
$CaCl_2$		1.25	1.2	0.1	0.1	0.1	
调节 pH	3.0	7.2	7.2	7.0~7.2	7.0~7.5	7.4~7.6	2.0

3) 实验用主要设备和试剂

实验用的设备主要用于细菌的培养与驯化、细菌的观察、细菌的分子生物学鉴定，以及氧化还原电位、pH 等有关参数的测量。主要设备如表 3-32 所示。

表 3-32   主要实验设备

设备名称	设备型号	生产厂家
相差显微镜	Nikon 50i	尼康株式会社(日本)
冷冻离心机	Centrifuge 5804R	Eppendorf 公司
台式离心机	TGL-16C	上海安亭科学仪器厂
PCR 仪	GeneAmp PCR Systerm 2700	Applied Biosysterms
荧光定量 PCR 仪	Roter-Gene 6000	Corbett
电泳仪	DYY-6C	北京市六一仪器厂
电泳仪	DYY-Ⅲ-12B	北京市六一仪器厂
漩涡混合器	HQ-60-Ⅱ	北方同正生物技术发展有限公司
恒温加热器	BHW-8C	博通公司
恒温水浴锅	HH-4	郑州华峰仪器有限公司
电热干燥箱	DF204	北京二龙路第一金属厂
微波炉	—	LG 乐金公司
手提式高压蒸汽灭菌锅	YX-280 型	合肥华泰医疗设备有限公司
自动双重纯水蒸馏器	SZ-93A	上海亚荣生化仪器厂
微量移液器	—	Eppendorf 公司
冰箱	BCD-272AY	广东容声电器股份有限公司
超净工作台	SW-CJ-1BU	江苏苏净集团安泰公司
pH 计	Orion 3-Star	Thermo
电位计	PC-350	SUNTEX[上泰仪器(昆山)有限公司]

实验所用主要药剂如表 3-33 所示。

表 3-33   主要实验药剂

药剂名称	规格	生产厂家
二苯胺磺酸钠	指示剂	国药集团化学试剂有限公司
磷酸	AR(分析纯)	国药集团化学试剂有限公司
重铬酸钾	AR	国药集团化学试剂有限公司
硫酸铵	AR	国药集团化学试剂有限公司
氯化钾	AR	国药集团化学试剂有限公司
硝酸钙	AR	国药集团化学试剂有限公司
硫酸镁	AR	国药集团化学试剂有限公司
硫酸亚铁	AR	国药集团化学试剂有限公司
氯化钠	AR	国药集团化学试剂有限公司
盐酸	AR	北京化工厂

续表

药剂名称	规格	生产厂家
硫酸	AR	北京化工厂有限责任公司
溴酚蓝	AR（5g 装）	北京中生瑞泰科技有限公司
琼脂	AR	国药集团化学试剂有限公司
NaOH	AR	国药集团化学试剂有限公司
Tris	>99.5%	北京鼎国生物技术有限责任公司
磷酸氢二钾	AR	国药集团化学试剂有限公司
SDS	电泳级	北京鼎国生物技术有限责任公司
X-gal	AR	上海化学试剂有限公司
二甲基甲酰胺	AR	北京鼎国生物技术有限责任公司
IPTG	—	上海化学试剂有限公司
胰蛋白胨	—	OXOID（英国）
DNA 提取	—	普洛麦格（北京）生物技术有限公司
DNA 纯化	—	普洛麦格（北京）生物技术有限公司
聚乙烯吡咯烷酮 K30	AR	北京益利精细化学品有限公司
异丙醇	>99.0%	生工生物工程股份有限公司
EDTA	高纯	生工生物工程股份有限公司
乙酸钠	AR	北京益利精细化学品有限公司
玻璃珠	50g	北京鼎国生物技术有限责任公司
无水乙醇	GR	生工生物工程股份有限公司
硼酸	AR	北京益利精细化学品有限公司
硫酸亚铁	AR	国药集团化学试剂有限公司
乳酸钠	70%（质量体积分数）	国药集团化学试剂有限公司

2. 实验方法

1）抑制体系的确立和微生物的驯化

实验涉及的微生物种类较多，且各自适用于不同的培养基，详见表 3-31，找到一种合适的抑制体系并保证修复细菌均能够在该体系下较好地生长并发挥作用至关重要，研究乳酸钠、酵母提取物、蛋白胨、小分子糖类等有机碳源对修复细菌的影响。确立抑制体系碳源后对修复细菌进行驯化，主要通过逐步改变碳源种类和浓度，以及改变培养温度实现。

2）抑制体系对黄铁矿氧化产酸的抑制效果

黄铁矿浸出过程开始的时候，加入修复细菌，考察体系 pH 和氧化还原电位等物理化学指标的变化来衡量抑制体系对黄铁矿的氧化抑制效果。设置不同的对照组来说明抑制体系中碳源和微生物的效果。

3）有机碳源对铁氧化细菌的影响及碳源浓度上的优化

抑制体系所添加的有机碳源，对铁氧化细菌等自养菌群有抑制作用。研究有机碳源的种类以及对铁氧化细菌的影响有利于选取合适的碳源浓度来降低成本。在铁氧化细菌适宜的条件下和抑制体系的条件下分别改变有机碳源的浓度，研究碳源的浓度对铁氧化细菌的生长及其氧化二价铁能力的影响，从而找到合适的碳源浓度并对抑制体系中碳源浓度进行改进和优化。

4) 抑制体系微生物群落结构及动态演变

采集抑制体系中微生物样本，对其进行菌种鉴定和群落结构及动态演变分析，从而得到抑制过程中的细菌种类和浓度的变化，结合抑制的效果可以进一步说明抑制过程中微生物所起到的作用以及影响微生物修复的关键因素。

5) 分析微生物群落结构及动态演变的分析生物学方法

鉴定微生物种类，分析微生物群落结构及其动态演变主要通过构建细菌的 16S rDNA 克隆文库和荧光定量 PCR 手段进行。

3.2.2　尾矿淋滤条件下微生物修复固化的关键控制因素

1. 还原菌对黄铁矿氧化产酸的抑制

在确立了抑制培养基的有机碳源浓度后，探究抑制体系对黄铁矿氧化产酸的效果。前已述及，乳酸钠对铁氧化细菌及其氧化二价铁的能力有抑制作用，但是在抑制体系中乳酸钠对铁氧化细菌的具体作用仍未可知。因此，在研究抑制体系对黄铁矿氧化产酸效果的同时，设置不含修复细菌的对照组，在考察氧化还原电位(ORP)和 pH 的基础上，考察液相总铁离子和硫酸根的浓度变化，有助于说明有机碳源对铁氧化细菌抑制的途径，同时利用 16S rDNA 克隆文库技术对抑制体系前后的微生物群落结构变化进行分析，从抑制体系中修复细菌和铁氧化细菌的变化来说明整个抑制体系中修复细菌的作用和对铁氧化细菌的抑制作用。

黄铁矿采用纯矿物(纯度>99.5%)，粒度位于 200 目以下的全粒度矿石颗粒模拟废矿堆中的易被氧化的硫化矿物。修复细菌中硫酸盐还原菌包含 *Desulfosporosinus* 属和 *Desulfotomaculum* 属细菌的菌群，铁还原菌为 *Alicyclobacillus* 属细菌，铁氧化细菌采用 *Acidithiobacillus ferrooxidans* 细菌为主的常见硫化矿山环境中自养菌群。在修复培养基中接种修复细菌和铁氧化菌构成抑制体系来处理黄铁矿，模拟修复过程。抑制组、对照组和空白对照组的初始设置如表 3-34 所示。

表 3-34　研究抑制效果的各组初始设置

| 编号 | 有机碳源 | | 盐溶液 | 修复细菌 | | 铁氧化细菌 |
	乳酸钠	酵母提取物	无(NH₄)₂SO₄ 的 0 K	SRB	IRB	*A.f*
1	√	√	√	√	√	√
2	√	√	√	—	—	√
3	√	√	√	—	—	—
4	—	—	√	—	—	—

抑制组编号为 1 组，对照组分别为不加硫酸盐还原菌及铁氧化细菌的 2 组、不加任何细菌的 3 组、不加任何细菌和有机碳源的 4 组，每组设置平行实验组。培养基采用

121℃、30 min 高温灭菌手段，矿石采用紫外线照射 10 min 的灭菌手段，在无菌间中将矿石与培养体系混合，并接入相应细菌。300 mL 锥形瓶中 33℃静置培养，瓶口用实心瓶塞塞紧，营造抑制过程所需的微厌氧环境。每 7 d 固定时间取样 10 mL，检测各项指标，整个修复周期设置为 28 d。

pH 与 ORP 分别采用 pH 计和氧化还原电位计测量，可溶性总铁浓度用邻菲咯啉分光光度法测量，硫酸根浓度用硫酸钡比浊法测量，细菌浓度由血球计数法统计，微生物群落结构变化使用 16S rDNA 克隆文库技术。矿石的物相组成和表面形态由 XRD 谱图分析和扫描电子显微镜照片得到，EDS 能谱用于对微量产物进行元素组成分析。

1）抑制组及各对照组中各项物理化学指标的变化

研究抑制组及各对照组中各项物理化学指标的变化，考察各组 pH、ORP、可溶性总铁离子浓度和硫酸根浓度的变化，如图 3-32～图 3-35 所示。

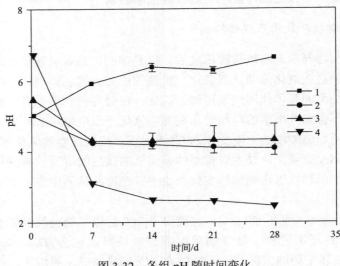

图 3-32　各组 pH 随时间变化

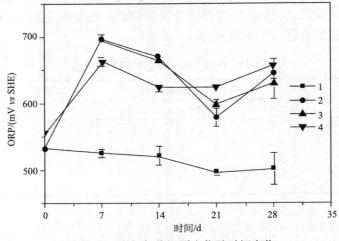

图 3-33　各组氧化还原电位随时间变化

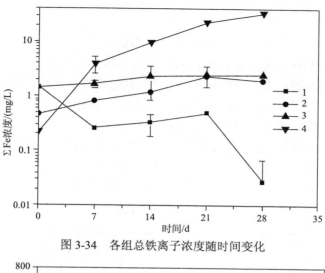

图 3-34　各组总铁离子浓度随时间变化

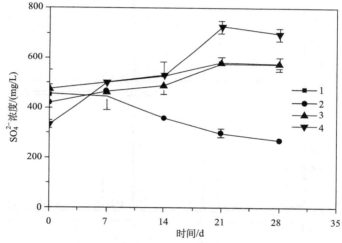

图 3-35　各组平均硫酸根离子浓度随时间变化

由图 3-32 可知，抑制组(编号 1)的 pH 持续升高，第 4 周结束时达到 6.62，接近中性，说明抑制体系有提升 pH 的作用；同时由图 3-33～图 3-35 可知，抑制组中的 ORP、可溶性总铁离子以及硫酸根离子浓度均保持下降趋势。而抑制组在保持中性 pH 的同时，ORP 均处于黄铁矿氧化临界电位(600 mV)以下，能够降低液相中微量的铁离子含量以及硫酸根离子含量，抑制黄铁矿氧化的效果明显。

对比不加修复细菌的各组(2、3、4 组)，其 pH 均保持不同程度的下降趋势，ORP 均保持在黄铁矿氧化的临界电位 600 mV 以上，可溶性总铁离子浓度与硫酸根离子浓度有不同程度的升高。无有机碳源的条件下(空白对照组 4)其 pH 在第一周内迅速分别降低并保持降低趋势，到第 28 d pH 降至 2.46，这是黄铁矿缓慢氧化所导致的；不加修复细菌有碳源条件下(对照组 2、3)添加铁氧化细菌和不加铁氧化细菌的 pH 在第一周内迅速分别降至 4.30 和 4.26，到第 28 d pH 各自降至 4.08 和 4.34，其数值明显高于无有机碳源的对照组 4，有机碳源乳酸钠在水中电离出乳酸根(L^-)，乳酸根对黄铁矿的氧化产酸起到一定的缓冲作用。

$$H^+ + L^- \Longrightarrow HL$$

由图 3-34、图 3-35 可知，抑制组中 SRB 发挥作用使硫酸根离子浓度持续下降，21 d 时明显检测出硫化氢的生成；无修复细菌的各组硫酸根和总铁离子浓度均有升高，来自黄铁矿的氧化溶解。不含乳酸钠的对照组 4 中硫酸根离子含量（394.7 mg/L）的前后升高幅度明显大于含乳酸钠的 2、3 组（125.1 mg/L、215.4 mg/L），说明 2、3 组中有较少的黄铁矿氧化，这与其中的乳酸根的缓冲作用维持较高的 pH 有关，高 pH 下不利于黄铁矿的氧化。同时，对照组 4 中的可溶性总铁离子含量（33.41 mg/L）远高于含乳酸钠的 2、3 组（1.47 mg/L、1.13 mg/L），这与溶液中乳酸根（L^{-1}）可以结合亚铁离子形成络合物有关。

$$Fe^{2+} + 2L^- \Longrightarrow FeL_2$$

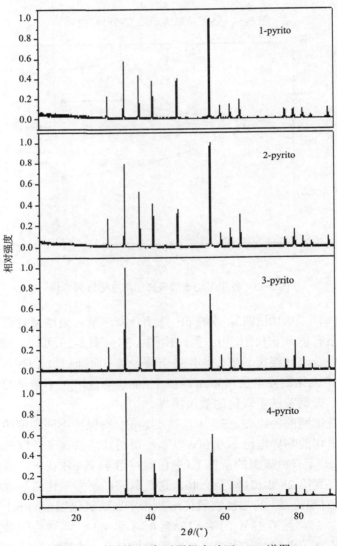

图 3-36　抑制组及各对照组中矿石 XRD 谱图

　　对照组 2 和 3 的各项物理化学指标经检验差别均不显著($T>0.05$)，说明对照组 2 中的铁氧化细菌并未发挥其氧化亚铁的功能，受到抑制。乳酸钠的存在从两方面降低黄铁矿的氧化溶解，一方面是乳酸根与氢离子、亚铁离子络合降低氢离子及可溶性总铁离子浓度，减缓了黄铁矿二价铁离子氧化为三价铁离子的过程，阻碍了黄铁矿的氧化产酸循环；另一方面是对铁氧化细菌有抑制作用，使其不能发挥氧化二价铁的能力。

2) 抑制组及各对照组中固相的 XRD 分析

　　各组的固相均为初始添加的黄铁矿矿石，但是抑制组在修复过程中观察到瓶壁上有黑色附着物生成，而各对照组均无。对矿石进行 XRD 分析，XRD 谱图如图 3-36 所示。

　　由图 3-36 可知，抑制组 1 及各对照组 2、3、4 中矿石的 XRD 分析表明固相均为黄铁矿（PDF 卡片编号：03-065-3321）。在实验过程中，抑制组 1 的瓶壁上明显有黑色附着物生成，而其他各组均无这种黑色附着物生成。但是抑制组中的黑色附着物量非常少，难以单独进行 XRD 分析，与黄铁矿混合的 XRD 分析在谱图峰值上没有体现。

3) 抑制组和各对照组黄铁矿表面矿相分析

　　抑制组和各对照组矿石表面的 SEM 照片如图 3-37 所示。

图 3-37　抑制组及各对照组矿石表面形态 SEM 图片（5000 倍）

(a) 抑制组；(b) 无修复菌对照；(c) 无菌对照；(d) 空白对照

　　由图 3-37 可知，抑制组及各对照组的矿石表面差别不大，由于矿石粒度不均一，其表面会附着一些粒度较小的黄铁矿颗粒。不同于各对照组的是，抑制组 1 中明显可以看到有细菌的存在，如图 3-37(a)所示，细菌呈杆状和弧状，其中弧状细菌有可能属于脱硫弧杆菌，属于硫酸盐还原菌，即实验中用到的修复细菌。此外，对抑制组中瓶壁上的黑色附着物进行扫描电子显微镜观察，如图 3-38 所示。

图 3-38　抑制组中黑色附着物 SEM 照片(10000 倍)

　　如图 3-38 所示，附着物呈层状，应为修复细菌的产物，这些产物势必也在黄铁矿表面有所生成。为了进一步说明抑制组 1 中形成的黑色附着物的物相组成，对矿石表面进行 EDS 能谱分析，如图 3-39 所示。

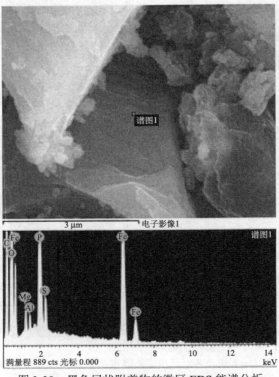

图 3-39　黑色层状附着物的微区 EDS 能谱分析

对图 3-39 中多边形区域内的层状附着物进行 EDS 能谱分析，分析结果如表 3-35 所示。

表 3-35　层状附着物的 EDS 能谱分析结果

元素	质量分数/%	原子分数/at%
C	36.56	46.31
O	52.42	49.85
Mg	0.37	0.23
Al	0.18	0.10
P	2.60	1.27
S	0.41	0.19
Fe	7.46	2.03
总量	100.00	

由表 3-35 中的分析结果可知，C 元素和 O 元素的原子分数分别占 46.31at% 和 49.85at%，做测试时样品粘在导电胶上，C 元素和 O 元素在结果中必然被检测出来，但不至于这么高。此外还有少量的 Fe 元素（7.46%）、P 元素（2.60%）和 S 元素（0.41%），由于 EDS 能谱分析不能对氢元素进行分析，结合抑制体系的液相组成可以推测，附着物应为碳氢氧为主要元素组成的有机物与含铁硫磷等元素的复合物，但具体成分未知。结合样品的 XRD 谱图说明产物的物相，附着物的 XRD 谱图如图 3-40 所示。

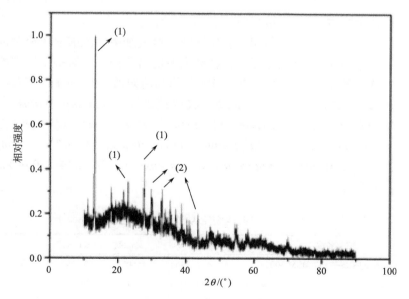

图 3-40　黑色附着物的 XRD 谱图分析

如图 3-40 所示，XRD 谱图中三强峰 (1) 与蓝铁矿的三强峰吻合，蓝铁矿成分为 $Fe_3(PO_4)_2 \cdot 8H_2O$，PDF 卡片编号为 00-030-0662；此外，还检测到磁黄铁矿 $Fe_{0.95}S$ 的三强峰(2)，PDF 卡片编号为 00-020-0535。XRD 结果分析表明，生成物中有蓝铁矿存在，还有少量磁黄铁矿 $Fe_{0.95}S$，产物经检测其中少量具有磁性，这也印证了磁黄铁矿的存在。产物中有机成分复杂，不能由 XRD 检测鉴定，但是能够说明附着物的形成，降低了溶液中铁元素的含量，对修复效果来说起到积极作用。

2. 抑制过程中的微生物群落结构及动态演变

抑制体系有效阻止了黄铁矿的氧化，从源头上控制了矿山酸性废水的形成，为后续的整个矿山修复过程奠定了基础。对抑制体系在修复前后的菌群建立 16S rDNA 克隆文库，分析其群落结构上的变化，从而表明以硫酸盐还原菌为主的修复细菌在抑制体系中的稳定性，以及整个抑制体系的可持续性。

此外，通过荧光定量 PCR 的手段对抑制过程中跟踪检测硫酸盐还原菌和铁氧化细菌等关键细菌浓度上的变化，能够说明抑制过程中的微生物群落结构变化，弥补了克隆文库技术在细菌定量上的不足。

用于分析微生物群落结构的样品来自抑制组在修复周期初始和终了的菌液。用于分析群落结构动态演变的样品来自抑制期间的取样。

对抑制初始和终了的细菌建立 16S rDNA 克隆文库，分析其抑制初始的微生物群落结构组成和终了的群落结构组成。通过抑制前后微生物群落结构的分析，找出相关的硫酸盐还原菌和铁氧化细菌，分别作荧光定量标准曲线，对修复期间所取的菌液样品在提取 DNA 后进行荧光定量 PCR 分析，表征硫酸盐还原菌和铁氧化细菌在抑制过程中细菌浓度上的变化。

1)抑制组初始时的微生物群落结构分析

抑制组初始时接种了修复细菌和铁氧化细菌，修复细菌为硫酸盐还原菌菌群和脂环酸芽孢杆菌，铁氧化细菌是以氧化亚铁硫杆菌为主的自养菌群。对抑制组起始的混合菌群建立 16S rDNA 克隆文库，初始菌群主要涉及的细菌如表 3-36 所示，涉及的细菌主要有 *Citrobacter* 属(31.25%)、*Alicyclobacillus* 属(22.22%)、*Acidithiobacillus ferrooxidans*(20.14%)、*Desulfosporosinus meridiei*(13.20%)、*Petrimonas sulfuriphila*(3.47%)、*Parabacteroides goldsteinii*(6.25%)、*Clostridium thermopalmarium*(2.08%)、*Aminobacterium colombiense*(T)ALa1(0.69%)、*Kluyvera cryocrescens*(T)ATCC33435(0.69%)，群落结构组成如图 3-38 所示。

表 3-36　抑制组初始菌群中涉及的细菌

序号	细菌名称	菌种号	克隆数	所占比例/%	备注
1	*Citrobacter freundii*(T)DSM 30039	AJ233408	45	31.25	直杆，兼性厌氧
2	*Kluyvera cryocrescens*(T)ATCC33435	AF310218	1	0.69	兼性厌氧
3	*Acidithiobacillus ferrooxidans* strain L01	KJ648626	29	20.14	好氧，自养
4	*Acidithiobacillus ferrooxidans*(T)	AF465604			好氧，自养

续表

序号	细菌名称	菌种号	克隆数	所占比例/%	备注
5	*Desulfosporosinus meridiei*（T）S10	AF076527	2	13.2	硫酸盐还原菌
6	*Petrimonas sulfuriphila*（T）	AY570690	5	3.47	
7	*Parabacteroides goldsteinii*（T）	AY974070	9	6.25	紫单胞菌属
8	*Clostridium thermopalmarium*（T）	X72869	3	2.08	梭菌属
9	*Thermincola carboxydiphila*（T）2204	AY603000			
10	*Desulfosporosinus meridiei* strain DSM 13257	NR_074129	17	11.81	硫酸盐还原菌
11	*Aminobacterium colombiense*（T）ALa1	AF069287	1	0.69	氨基杆菌
12	*Alicyclobacillus acidocaldarius*（T）type strain: DSM 446	AJ496806	32	22.22	脂环酸芽孢杆菌
总计			144	99.99	

如图 3-41 所示，抑制组用到的硫酸盐还原菌 *Desulfosporosinus meridiei*（13.20%）、铁还原菌 *Alicyclobacillus* 属（22.22%）、铁氧化细菌 *Acidithiobacillus ferrooxidans*（20.14%）占优势比例，所添加细菌数量相差不大。所占比例最多的为 *Citrobacter* 属（31.25%）是一种兼性厌氧菌，与 *Petrimonas sulfuriphila*（3.47%）、*Parabacteroides goldsteinii*（6.25%）、*Clostridium thermopalmarium*（2.08%）、*Aminobacterium colombiense*（T）ALa1（0.69%）、*Kluyvera cryocrescens*（T）ATCC33435（0.69%）同为硫酸盐还原菌伴生的杂菌。

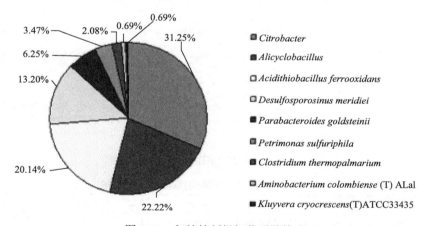

图 3-41　起始抑制组细菌群落构成

用邻接法对抑制组起始微生物群落构建系统进化树，如图 3-42 所示。

图 3-42 表示了抑制组初始时修复细菌和铁氧化细菌与其伴生各种细菌的亲缘关系及微生物的多样性。

2) 抑制组终了时的微生物群落结构分析

经过 28 d 的修复周期，抑制终了时的微生物群落结构势必与初始时有所不同，有机碳源的存在和抑制体系营造的厌氧环境对自养型微生物有抑制作用。收集抑制组终了时的菌液，建立 16S rDNA 克隆文库，抑制组终了时菌液中涉及的微生物如表 3-37 所示。

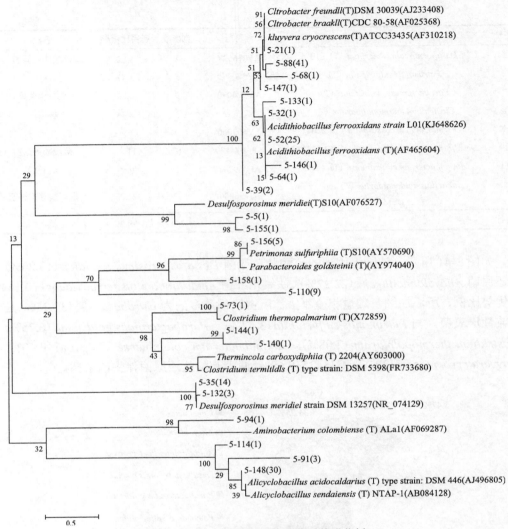

图 3-42　抑制组起始细菌群落系统进化树

表 3-37　抑制终了时抑制组菌群涉及的细菌

序号	细菌名称	菌种号	克隆数	所占比例/%	备注
1	*Desulfotomaculum aeronauticum* (T) DSM 10349	X98407	1	2.08	硫酸盐还原菌
2	*Clostridium leptum* (T) DSM 753T	AJ305238	3	6.25	柔嫩梭菌，专性厌氧
3	*Acidithiobacillus ferrooxidans* strain L01	KJ648626	5	10.42	铁氧化细菌
4	*Anaerovorax odorimutans* (T) NorPut	AJ251215	1	2.08	优杆菌属，厌氧
5	*Desulfitobacterium chlororespirans* (T) Co23	U68528	3	6.25	脱亚硫酸菌属
6	*Desulfotomaculum acetoxidans* (T) DSM 771	Y11566	6	12.5	硫酸盐还原菌
7	*Bacillus niacin* (T) IFO15566	AB021194	5	10.42	烟酸芽孢杆菌
8	*Bacteroidetes bacterium*	X72869	2	4.17	拟杆菌
9	*Citrobacter freundii* (T) DSM 30039	AJ233408	16	33.33	法氏柠檬酸杆菌
10	Unclassified		6	12.5	
总计			48	100	

如表 3-37 所示,抑制终了时抑制组中菌液涉及的细菌主要有 *Citrobacter* 属(33.33%)、*Acidithiobacillus ferrooxidans*(10.42%)、*Bacillus niacin*(10.42%)、*Desulfotomaculum*(14.58%)、*Desulfitobacterium* (6.25%)、*Clostridium*(6.25%)、*Bacteroidetes bacterium*(4.17%)、*Anaerovorax* (2.08%)、unknown (12.50%),如图 3-43 所示。

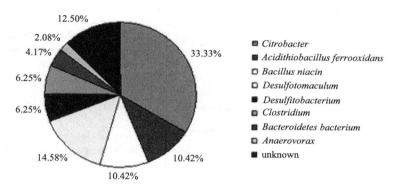

图 3-43　抑制终了时抑制组中微生物群落组成

　　Citrobacter 属(33.33%)仍占优势,比例与起始时相当,*Acidithiobacillus ferrooxidans* 占 10.42%,与起始相比有减少,*Desulfotomaculum*(14.58%)是一种硫酸盐还原菌,起始时并未检测到,*Desulfitobacterium* (6.25%)是一种脱亚硫酸盐菌,*Clostridium* 略有增加 (2.08%~6.25%),涌现出其他一些杂菌 *Bacteroidetes bacterium*(4.17%)、*Anaerovorax* (2.08%)和未知的细菌。用最大邻接法对抑制终了时抑制组中的细菌建立系统进化树,如图 3-44 所示。

　　抑制终了时中的微生物在有机碳源的调控下已经适应了抑制体系中的厌氧环境,图 3-44 中表示了抑制组终了时修复细菌及其伴生细菌之间的前缘关系和微生物多样性。

　　3)抑制组初始和终了微生物群落结构分析

　　对比图 3-42 和图 3-44 可知,抑制前后微生物群落结构有所变化。起始检测到的修复细菌——硫酸盐还原菌为 *Desulfosporosinus meridiei* (13.20%),终了时检测到的硫酸盐还原菌为 *Desulfotomaculum*(14.58%)、亚硫酸盐还原菌 *Desulfitobacterium* (6.25%)。但是硫酸盐还原菌在整个抑制体系中所占的比例稳定(13.20%~14.58%),且有利于硫酸盐还原菌 *Desulfotomaculum* 和亚硫酸盐还原菌 *Desulfitobacterium* 的生长。此外,*Citrobacter* 属细菌(33.33%)仍占优势,与硫酸盐还原菌共生。铁氧化细菌(*A.f*)在抑制过程中受到抑制,比例由 20.14%降至 10.42%;铁还原菌——脂环酸芽孢杆菌在抑制终了时未检测到,说明其抑制过程中所占比例有所下降。结合整个修复效果来看,修复细菌能够发挥阻止黄铁矿氧化的决定性作用,说明该抑制体系适宜以硫酸盐还原菌为主的修复细菌的生长。

　　4)抑制过程中微生物群落结构的动态演变

　　针对修复细菌中起主要作用的硫酸盐还原菌和产生矿山环境废水的铁氧化细菌,在抑制过程中的变化来说明微生物群落结构的演变,结合微生物群落结构表征抑制体系的稳定性和可持续性。

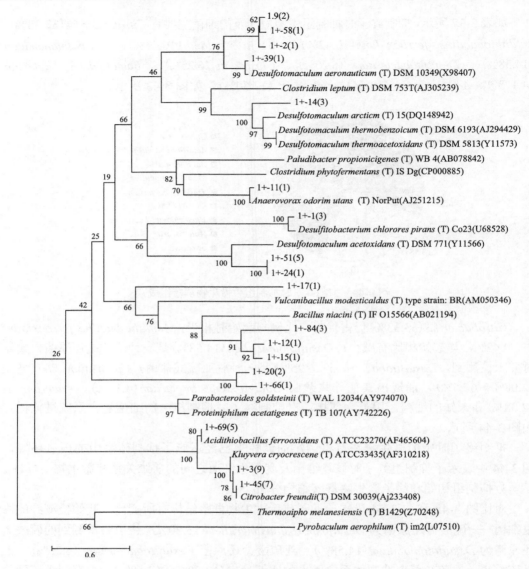

图 3-44　抑制组终了时细菌群落系统进化树

（1）抑制体系涉及的细菌荧光定量 PCR 标准曲线的建立。

　　经过 16S rDNA 克隆文库技术可以确定，抑制体系中主要涉及的细菌包括铁氧化细菌 *A. ferrooxidans*，硫酸盐还原菌 *Desulfosporosinus meridiei* strain DSM 13257。其中 *A. ferrooxidans* 的特异性引物是根据梁昱婷的报道中所选取的，实验室已有其标准曲线，硫酸盐还原菌的特异性引物是利用引物设计评估软件 Primer Premier 5.0 和 Oligo 6.0 所设计的。引物由生工生物工程(上海)股份有限公司进行合成。实验所用引物如表 3-38 所示。

表 3-38　实验所用的引物及序列

目的菌株	引物	引物序列	产物长度/bp
A. ferrooxidans	Af-F	27 f	160
	Af-R	CATTGCTTCGTCAGGGTTG	
Desulfosporosinus meridiei	Fc-F	CCTGGCATCAGGCATTAAGGA	284
	Fc-R	CCACCGTTCTTCCCCAAAGA	
Desulfotomaculum acetoxidans	Da-F	CAGTCGAGCGGGGTTTAGAG	180
	Da-R	GCAGCTTGTATCAGAGGCCA	

引物的特异性检验。使用特异性引物对菌群 DNA 模板进行 PCR 反应，然后对 PCR 产物进行凝胶电泳，如图 3-45 所示。

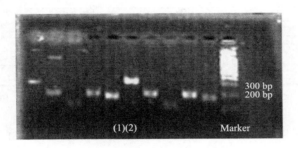

图 3-45　SRB 引物特异性检验凝胶成像

如图 3-45 所示，在凝胶成像系统下观察 PCR 产物条带，*A.f* 菌所用引物标准曲线实验室已有，（1）表示 *Desulfotomaculum acetoxidans* 菌引物 PCR 条带，（2）表示 *Desulfosporosinus meridiei* 菌引物，条带单一且亮度较高，说明所设计引物有效。

绘制目的细菌荧光定量PCR标准曲线。使用特异性引物和不同已知浓度的目的 DNA 模板进行 PCR 反应，检测荧光信号强度换算成 DNA 拷贝数，绘制出荧光定量标准曲线。SRB 引物实时 PCR 的标准曲线和溶解曲线如图 3-46～图 3-49 所示。

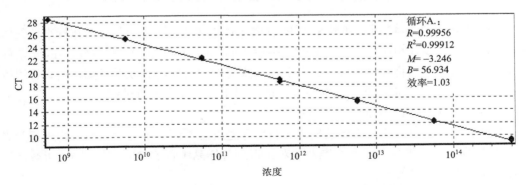

图 3-46　*Desulfosporosinus meridiei* 引物实时 PCR 标准曲线

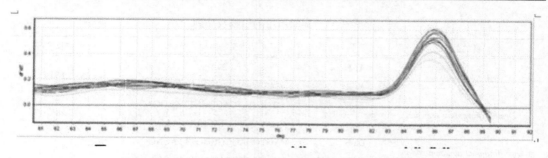

图 3-47　*Desulfosporosinus meridiei* 引物实时 PCR 溶解曲线

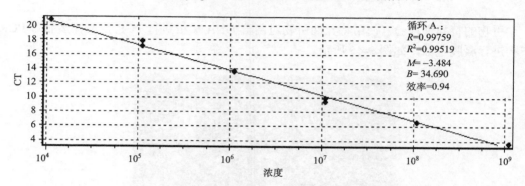

图 3-48　*Desulfotomaculum acetoxidans* 引物实时 PCR 标准曲线

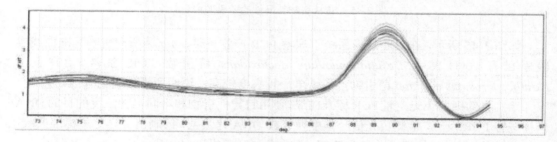

图 3-49　*Desulfotomaculum acetoxidans* 引物实时 PCR 溶解曲线

由图 3-46 和图 3-48 所示两种 SRB 的引物实时 PCR 标准曲线可知,所作标准曲线线性相关性良好,线性相关度均大于 0.99。由图 3-47 和图 3-49 可知,引物实时 PCR 溶解曲线可知,所用引物特异性良好,结合前述引物特异性检验凝胶成像可知,所设计引物合理,实时 PCR 标准曲线线性相关度高,能够用于后续荧光定量过程。

(2)抑制过程中微生物的群落动态演变。

对抑制过程中所取的菌液样品提取 DNA 后进行用不同细菌的特异性引物进行荧光定量 PCR 反应,将扩增曲线和标准曲线对比得到各样品中目的 DNA 片段的拷贝数,用以间接反映细菌浓度的变化。

抑制组中硫酸盐还原菌在抑制过程的浓度变化如图 3-50 所示。

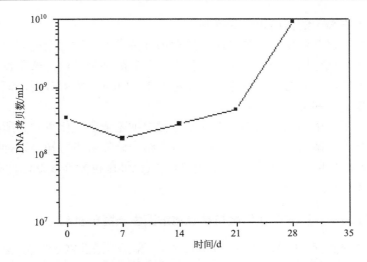

图 3-50 抑制组中硫酸盐还原菌(SRB)在抑制过程中细菌浓度的变化

DNA 拷贝数反映了菌液中所提取细菌 DNA 中荧光定量 PCR 所扩增的目的细菌中 DNA 的数量，间接反映了细菌浓度的变化。由图 3-47 可知，硫酸盐还原菌在抑制过程中的细菌浓度变化为先降低后升高的趋势，这一趋势很好地说明了硫酸盐还原菌在抑制体系中的效果。初始时抑制体系中含有一定量的氧气，抑制了硫酸盐还原菌的生长，体系中的好氧细菌消耗完氧气后形成厌氧环境，硫酸盐还原菌开始大量生长，浓度逐步升高。这一趋势与图 3-35 中抑制组的硫酸根变化趋势一致，图 3-35 中硫酸根含量在 7 d 后急剧下降。

抑制组中铁氧化细菌($A.f$)在抑制过程中的浓度变化如图 3-51 所示。

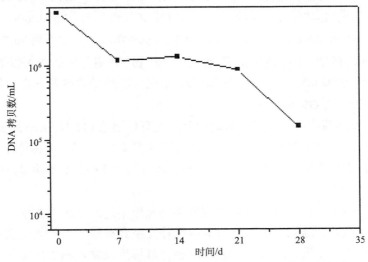

图 3-51 抑制组中铁氧化细菌($A.f$)在抑制过程中的浓度变化

如图 3-51 所示的铁氧化细菌目的 DNA 拷贝数随时间变化呈下降趋势，即铁氧化细菌的浓度呈下降趋势。这一下降趋势印证了抑制体系中铁氧化细菌受到抑制的作用，其相应的氧化二价铁离子的作用也受到抑制。

抑制组起始时以铁还原菌接种的脂环酸芽孢杆菌在终了时并未检测出，考虑到硫酸盐还原菌也有作为铁还原菌的作用，抑制体系下脂环酸芽孢杆菌生长不良以及实验条件和安排等因素限制，并未对脂环酸芽孢杆菌进行 Real-time PCR 分析，但对说明所构建的抑制体系的稳定性和可持续性并未影响。

通过硫酸盐还原菌和铁氧化细菌在抑制过程中细菌浓度变化可知，所构建的抑制体系适宜以硫酸盐还原菌为主的修复细菌的生长，结合修复效果可知，该抑制体系具有良好的阻止黄铁矿氧化的作用以外，对环境中的铁氧化细菌也能够较好地抑制。也就是说，所构建的抑制体系稳定可持续。

3.2.3 寡营养嗜酸菌、硫酸盐还原菌与铁氧化细菌生长竞争机制

为测试和调控寡营养嗜酸菌 *Alicyclobacillus*、寡营养嗜酸铁还原菌 *Acidiphilium*、硫酸盐还原菌 SRB 和尾矿中的铁、硫氧化菌之间的竞争，进行了寡营养嗜酸菌、硫酸盐还原菌与铁、硫氧化细菌生长竞争机制，取得了理想的效果。

从图 3-52(a)可以看出，培养微生物修复 40 d 后，对照组 pH 略有降低，为 2.2 左右，Eh 在 340~350 mV 之间。添加酵母提取物的溶液 Y1~Y5 中，酵母提取物浓度越大，pH 越高。酵母提取物 0.4 g/L 溶液中，pH 在 3 以下，而含酵母提取物浓度大于 0.8 g/L 溶液中，经过 40 d 的反应，pH 接近中性。溶液 Eh 随酵母提取物浓度增大而降低。溶液中 SO_4^{2-} 和可溶性铁浓度也随酵母提取物浓度的增大而降低，经过 40 d 的反应在 Y1 溶液中仍含有 100 mg/L 的 Fe 元素，而 Y2~Y5 溶液中已经检测不到可溶性 Fe 的存在。

培养微生物修复 40 d 后，pH 随蛋白胨添加量的增加而升高，在蛋白胨浓度 1.2 g/L 及以下时，溶液显示较强的酸性，当添加量为 1.6 g/L 及 2.0 g/L 时，pH 再升高到中性。Eh 随蛋白胨添加量增大而降低。溶液中 Fe 和 SO_4^{2-} 浓度随蛋白胨添加量增加而降低，在蛋白胨添加量 1.6 g/L 及 2.0 g/L 时，SO_4^{2-} 浓度大幅降低且溶液中检测不到 Fe 离子的存在。

在 L1~L5 溶液中，随乳酸钠浓度增大，溶液 pH 升高，但都在 4 以下，Eh 基本不变，维持在 350~400 mV。溶液中 Fe 和 SO_4^{2-} 浓度随乳酸钠浓度升高而降低，但在 40 d 后的溶液中皆有一定浓度的 Fe 存在。

在 G1~ G5 溶液中，不同浓度的葡萄糖并没有使溶液 pH 和 Eh 有所变化，溶液 pH 皆在 2.3 左右，Eh 皆在 370 mV 左右。在葡萄糖浓度 2.0 g/L 以下，溶液中 Fe 和 SO_4^{2-} 浓度比对照偏低，但仍有大量存在，对消耗 SO_4^{2-} 和对沉淀 Fe 作用不明显，在葡萄糖浓度 1.2 g/L 时，浓度最低。

XRD 结果[图 3-52(b)]显示在四个有机物补充组中均产生硫化亚铁，而在对照组中没有产生硫化亚铁。在这四组中，酵母提取物补充组具有最大的硫化亚铁产量。

微生物 RT-PCR 分析结果(图 3-53)显示补充酵母提取物，胰蛋白胨和葡萄糖能够显著提高微生物生物量(P <0.05)，此外，生物量与营养物浓度呈正相关(P <0.05)。然而，过高的营养物浓度导致微生物群落过早进入衰退期并缩短稳定期，这些结果表明过高的营养物浓度不利于微生物的稳定性。

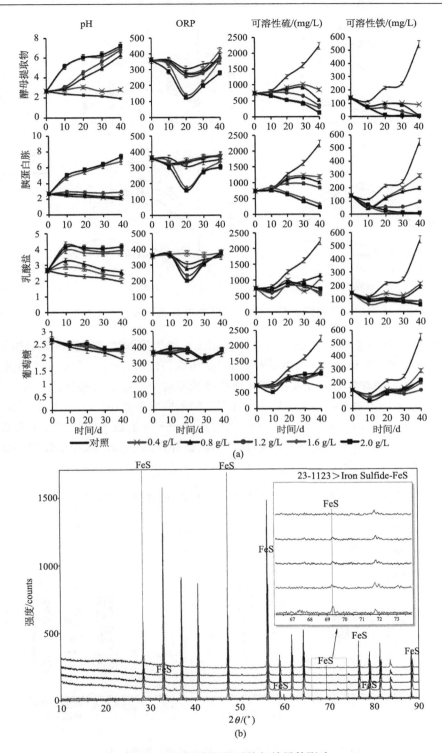

图 3-52　不同有机物对修复效果的影响

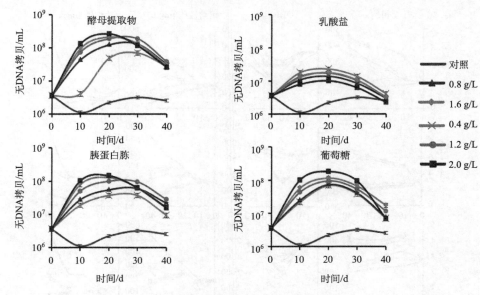

图 3-53　微生物 RT-PCR 检测结果

α 多样性结果如图 3-54 所示。与对照组相比，酵母提取物和胰蛋白胨增加了 Chao1 指数（微生物丰度）和 Shannon 指数（微生物丰度和均匀性）。由于在尾矿中存在重金属和较低的 pH，大多数微生物几乎不能在这种恶劣的环境中生存。嗜酸细菌是优势微生物，微生物的丰度和均匀性相对较低。酵母提取物和胰蛋白胨补充组中 Chao1 指数和 Shannon 指数的增加意味着矿山环境的改善。乳酸盐提高 Shannon 指数并降低 Chao1 指数，这意味着乳酸盐抑制了原有的优势菌（嗜酸菌）。葡萄糖补充组中 Shannon 指数的降低意味着所涉及的微生物群落更不平衡。

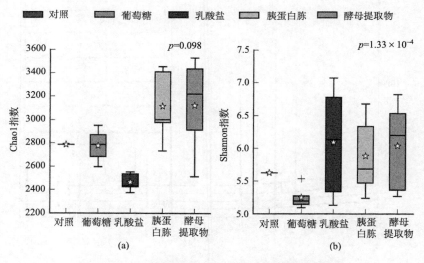

图 3-54　不同营养物对微生物 α 多样性系数的影响

微生物的 PCA 结果(图 3-55)显示来自酵母提取物补充组的样品在主成分分析图中具有最大距离，随后是胰蛋白胨和乳酸盐组。这些结果表明，酵母提取物对微生物群落具有最大的影响，其次是胰蛋白胨和乳酸盐；葡萄糖对主要微生物具有最小的影响。因此，酵母提取物是改变这种微生物群落的最有效的营养物。

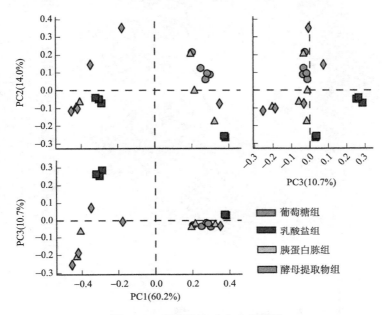

图 3-55　微生物主成分分析结果

主要微生物的 LEfSe 结果[图 3-56(a)]显示，酵母提取物可促进厚壁菌门的生长，促进了厚壁门(Forticutes phylum)的脱硫孢菌属(*Desulfosporosinus*)和脱硫细菌属(*Desulfotomaculum*)的生长。葡萄糖促进了 Proteobacteria 门的生长，特别是对于尾矿中存在的关键嗜酸细菌 *Acidithiobacillus*。在这个意义上，葡萄糖对重金属的固定是不利的。然而，葡萄糖还促进 *Acidiphilium* 的生长，这可以将 Fe(Ⅲ)还原成 Fe(Ⅱ)，这有利于尾矿的修复。

由图 3-56(b)可以看出，实验起始时菌种中含有约 50%的氧化菌和 10%的还原菌，在 40 d 后，对照组中细菌总量减少，但氧化菌依旧是优势菌群。在添加酵母提取物的溶液中，添加量 1.2 g/L 浓度溶液中细菌数量最多，且还原菌群是优势菌，所占比例达到 50%左右。在酵母提取物添加量为其他浓度的溶液中还原菌菌量相对减少，且还原菌群所占比例减少。在酵母提取物添加量为 0.4 g/L 的溶液中，还原菌群含量最少。溶液中氧化菌数量随酵母提取物添加量增大而减少，在酵母提取物浓度大于 1.6 g/L 以上，氧化菌受到较大程度的抑制。

在蛋白胨浓度为 1.2 g/L 及以下时，溶液中氧化菌数量最多，所占比例 80%以上，始终为优势菌种，还原菌群所占比例为 1%左右。在蛋白胨浓度大于 1.6 g/L 的溶液中，细菌总量减少，氧化菌所占比例在 5%以下，明显受到抑制，而还原菌数量增大，所占比例分别达到 10%左右，但仍不是优势菌种。

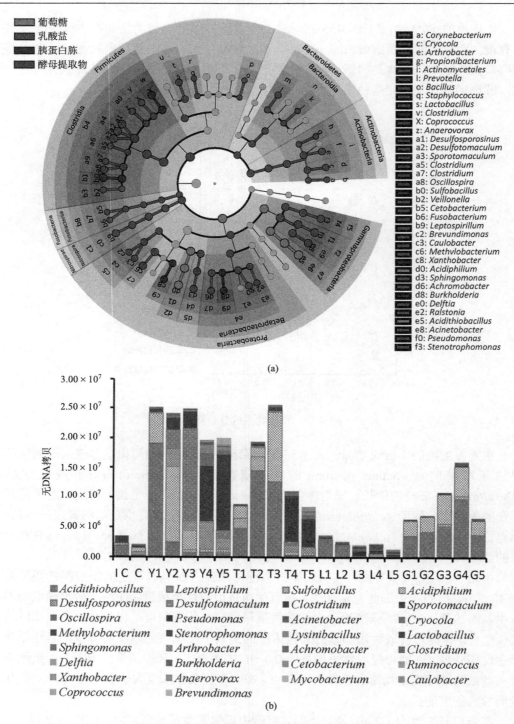

图 3-56　不同有机物对微生物种群结构的影响

在 L1～L5 溶液中，细菌生长皆受到一定程度的抑制，且还原菌数量极少。在乳酸钠浓度 0.8 g/L 及以下时，氧化菌为优势菌种；在乳酸钠浓度为 1.2 g/L 及以上时，氧化菌数量相对减少，其受到更大程度的抑制作用。

在 G1～G5 溶液中，氧化菌皆为优势菌种，细菌数量在葡萄糖浓度为 1.6 g/L 时达到最大，且氧化菌数量也最多。溶液中还原菌和其他无关细菌数量都较少。

前 30 个主要属的热图如图 3-57 所示。结果很容易将 20 个实验处理分成两个大组，微生物群落的这种分类与修复效果分类一致，左侧和右侧组分别具有较差的修复效果和良好的修复效果。这个结果表明修复效果和微生物群落之间有一定的相关性。

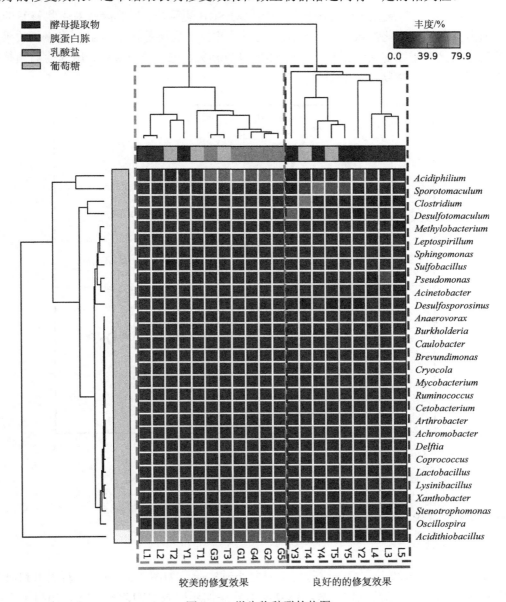

图 3-57　微生物种群的热图

使用 RDA 方法确定营养物、微生物和生理化学性质的相关性，结果如图 3-58 所示。RDA 分析表明，前两个轴解释了 96.0%的物种-环境相关性。酵母提取物与 SRB 和溶液 pH(P <0.05)显著正相关，但与溶解硫和溶解铁显著负相关(P <0.05)。此外，与钩端螺旋菌属、磺杆菌属、嗜酸硫杆菌属和 ORP 呈负相关，但不显著。这些相关性暗示酵母提取物主要促进 SRB 生长，而不是抑制嗜酸性细菌来调整微生物群落和进行修复。胰蛋白胨也与 SRB 和 *Acidiphilium* 呈现正相关，但与钩端螺旋体呈负相关。这些结果暗示胰蛋白胨也可以促进 SRB 和 *Acidiphilium* 的生长，同时抑制钩端螺旋体的生长。乳酸盐与 *Acidiphilium*、*Acidithiobacillus* 和 *Sulfobacillus* 呈现更多的负相关性，与 SRB 的负相关性较小。因为乳酸盐对氧化嗜酸性细菌的抑制比对 SRB 更强，所以乳酸盐对生物修复的作用显示出更多的对理化参数恶化的抑制。与对照相比，乳酸盐还显示出一些修复效果。葡萄糖与氧化嗜酸性细菌呈正相关，与 SRB 呈负相关。这些结果表明，用葡萄糖调整微生物群落对于尾矿修复没有帮助。

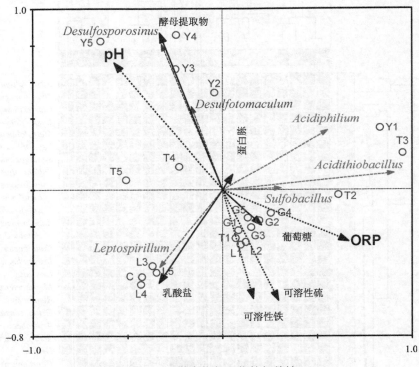

图 3-58　微生物与理化的相关性

3.2.4　尾矿修复小试实验

1. 实验方法

用 1 m×1 m×30 cm 容器进行尾矿修复小试实验，如图 3-59 所示，对照组和修复组分别添加 5 L 的氧化微生物菌液，修复组另外添加还原微生物菌液 30 L，用自来水补足两组液体体积到 100 L，每隔 5 天循环一次并取样检测。

图 3-59　修复小试实验

2. 实验结果

结果表明实验室规模 1 m×1 m×30 cm 修复取得了理想的效果，在修复的第 56 d，修复组矿样比对照组明显变黑（图 3-60），这表明由大量的金属硫化物生成，重金属被固定。为了验证这一结果，对样品进行了检测，结果发现修复组能够显著提高 pH，使反应体系 pH 接近中性；显著降低氧化还原电势，显著抑制 Cu、Pb 和 Zn 的溶出，Cu、Zn、Pb 的溶出率分别减少 99.52%、99.39%、84.62%，并且仍呈现出递减的趋势，铁和硫酸

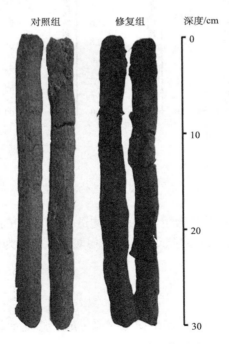

图 3-60　修复小试实验后的尾矿

根的含量也在随实验的进行呈现出减少的趋势，达到了预期目标(图 3-61)。按照趋势，金属离子的浓度可能还会降低。另外，修复组的通透性也在随实验的进行呈现出明显降低的趋势，尾矿库土壤对水通透性的降低能够减少雨水和氧气的渗入，减少重金属离子的溶出，在实际的尾矿重金属污染治理中具有非常重要的意义。

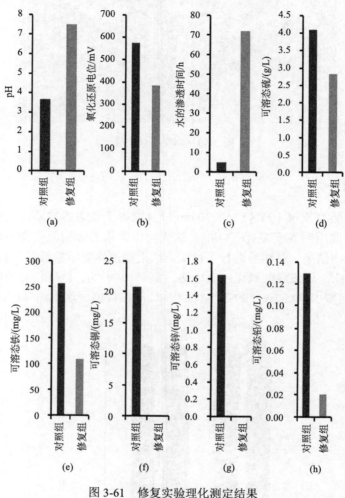

图 3-61　修复实验理化测定结果

　　我们对修复第 56 d 样品的微生物种群结构进行了 RT-PCR 荧光定量分析，微生物 RT-PCR 结果如图 3-62 所示，结果显示对照组中嗜酸性氧化菌为优势菌群，比例大于 90%。在修复组中，还原微生物占优势。

3.2.5　现场修复实验

　　2015 年 11 月启动的 30000m² 尾矿微生物原位成矿修复示范工程如图 3-63 所示。

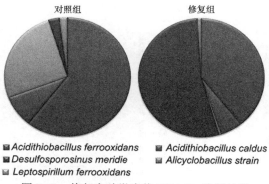

图 3-62　修复实验微生物 RT-PCR 检测结果

图 3-63　工程现场照片

尾矿库经 10 个月的修复取得了较好的效果，效果如图 3-64 所示；渗液取样装置如图 3-65 所示，渗液修复效果如表 3-39 所示，现场修复 1 年后采样第三方检测结果如表 3-40 所示。

图 3-64　修复前后对照照片

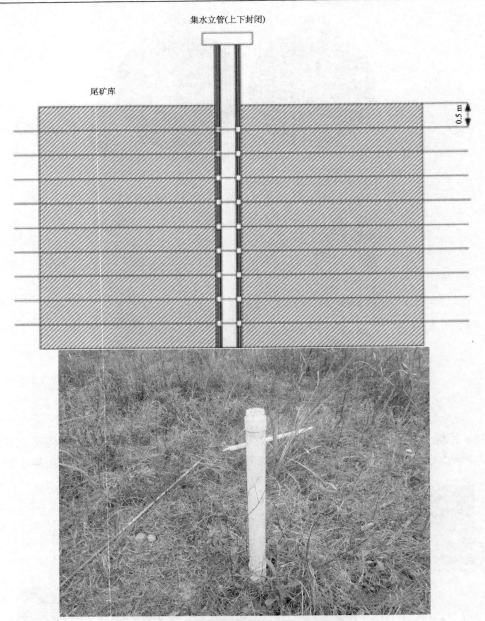

图 3-65 修复效果取样管示意图及现场照片

表 3-39 修复 3 个月后渗液修复效果

序号	指标	排放限值	实测值
1	pH	6～9	7.1
2	Zn	0.1 mg/L	<0.1 mg/L
3	Pb	0.1 mg/L	<0.1 mg/L
4	Cd	0.1 mg/L	<0.1 mg/L
5	总铁	0.1 mg/L	<0.1 mg/L

表 3-40 现场修复 1 年后采样第三方检测结果(mg/L)

重金属	初始值	对照区		修复区		饮用水标准阈值
		对照区	淋溶率降低	修复区	淋溶率降低	
镉	0.024	0.002	92%	<0.001	>99%	0.005
砷	0.263	0.119	55%	0.0072	97%	0.01
铅	0.002	<0.01	—	<0.01	—	0.01
锌	4.315	0.34	92%	<0.05	>99%	1
总铁	—	0.79	—	0.04	—	0.3
锑	7.267	0.1883	97%	0.0316	99.6%	0.005

在星鑫尾矿库完成 50 亩①以上稀散多金属典型污染区污染控制技术示范工程,使其主要的稀散多金属镉、铅、锌、锑的氧化淋溶率降低 99%,砷降低 97%,其中修复区淋溶液中镉、砷、铅、锌等重金属浓度均低于饮用水标准阈值。

3.3 重度污染区的强还原原位矿化修复新技术

针对已应用尾矿库微生物原位成矿修复技术进行修复的待闭库尾矿库区,在表面构建基于矿物学–生物地球化学协同作用的复合强还原原位矿化修复层。具体结构如图 3-66 所示。

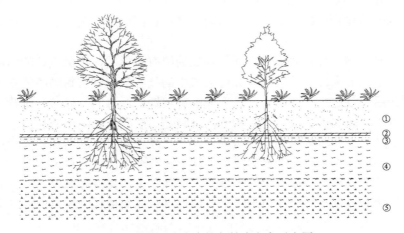

图 3-66 尾矿库生态恢复技术方案示意图

①无污染客土层;②膨润土密封层;③有机质深度还原密封层:农作物秸秆碎屑或牲畜粪便;④含稀散多金属及砷和重金属尾矿生物法控制污染主反应层:大量农作物秸秆碎屑或牲畜粪便与少量钢渣粉或石灰粉及少量石膏粉与尾矿混合;⑤原始尾矿层

最下面一层⑤为原始尾矿层。这一层与层④无明显边界,其上界面随着生态恢复后时间的延长,会不断下移。层④是低溶解度含砷硫化物矿物及重金属硫化物矿物生成反

① 1 亩≈666.67 m²。

应的主层位，其下界面随着生态恢复后时间的延长会不断下移，主反应层不断变厚。这一层中将采用大量的农作物秸秆碎屑或牲畜粪便等有机物及少量钢渣粉或石灰粉等碱性粉末与大量尾矿库表层尾矿混合，并加入少量石膏粉作为提供硫酸根的物质来源。石膏粉可采用电厂的烟气脱硫石膏。在基本没有外来氧气补给的条件下，厌氧微生物将不断将有机质分解并促进该层内的残留氧气与有机质反应：

$$C + O_2 \xrightarrow{\text{细菌}} CO_2$$

所生产的 CO_2 或缓慢溢出地表，或与层内的 $Ca(OH)_2$ 结合：

$$CO_2 + Ca(OH)_2 \longrightarrow CaCO_3 \downarrow + H_2O$$

随着该层内孔隙中气态氧以及孔隙水中溶解氧含量的不断下降，硫酸盐还原菌将促进如下反应不断进行：

$$2C + SO_4^{2-} \xrightarrow{\text{细菌}} 2CO_2 \uparrow + S^{2-}$$

$$2C + 3Fe_2O_3 + 6H_2O \xrightarrow{\text{细菌}} CO_2 \uparrow + 6Fe^{2+} + 12OH^- + CO \uparrow$$

砷酸盐还原菌将促进如下反应发生：

$$C + AsO_4^{3-} + 3H_2O \xrightarrow{\text{细菌}} As^{3+} + 6OH^- + CO \uparrow$$

As^{3+} 还可以被进一步还原成各种更低价态，并与还原态硫和还原态铁形成砷黄铁矿（FeAsS）、毒砂（FeAsS）、雌黄（As_2S_3）、雄黄（As_2S_2）等极溶解度的硫砷化合物。而 Pb^{2+}、Zn^{2+}、Cu^{2+}、Cd^{2+}、Hg^{2+} 等重金属污染物则形成方铅矿、闪锌矿、黄铜矿、硫镉矿、辰砂等溶解度极低的硫化物矿物，而铟以类质同象赋存在闪锌矿、黄铁矿、黄铜矿及其他金属硫化物中。

层③是由农作物秸秆碎屑或牲畜粪便铺成的纯有机质层，在厌氧菌的作用下能够消耗由大气降水带入的大部分溶解氧，并对大气中的气态氧起到密封隔离的作用，以保证层④的还原作用有效进行，并防止已经形成的砷黄铁矿、毒砂、雌黄、雄黄、方铅矿、闪锌矿、黄铜矿、硫镉矿、辰砂等矿物再次被氧化。层②是膨润土密封层，主要防止大气中的气态氧及含饱和溶解氧的水大量渗入层③，减少有机质的消耗。同时也能防止下部残留在溶液中的少量砷和重金属等污染物向上迁移至未污染的覆盖土层。

层①是覆盖的未污染的新土层或土壤层，又称客土。其设计厚度为 30～60 cm，保证一般草本植物的根系下伸所需厚度。特殊情况下，如果植物的根系穿透层②、层③到达层④，由于层④中的砷已被转化为溶解度极低的硫砷化合物，Pb^{2+}、Zn^{2+}、Cu^{2+}、Hg^{2+} 等重金属，以及 Cd^{2+}、Sb^{3+} 等稀有稀散金属等污染物则形成方铅矿、闪锌矿、黄铜矿、硫镉矿、辰砂、辉锑矿等溶解度极低的硫化物矿物，而铟以类质同象赋存在闪锌矿、黄铁矿、黄铜矿及其他金属硫化物中，因此也可以保证基本不被植物的根系所吸收。随着生态恢复年代的延长，大量死亡的植物根系将残留在①～⑤层内，在厌氧菌促进其分解的同时，层④的厚度逐渐加大，保证多年生草本植物和较长根系的木本植物的根系均处在砷及重金属已被固定在硫砷化合物和重金属硫化物的层④内，从而避免砷及重金属对生态链和食物链的污染。

　　该技术的核心是以植物碎屑或动物粪便等有机物为还原剂，依靠厌氧菌的作用将高氧化态的砷还原成低氧化态或还原态的砷，将高氧化态的硫还原成还原态的硫，重新形成低溶解度的砷黄铁矿、磁黄铁矿、砷黄铁矿、方铅矿、黄铜矿、闪锌矿、辰砂、雄黄、雌黄等矿物、毒砂、雌黄、雄黄、辉锑矿等矿物。而 Pb^{2+}、Zn^{2+}、Cu^{2+}、Cd^{2+}、Hg^{2+} 等重金属，以及 Cd^{2+}、Sb^{3+} 等稀有稀散金属等污染物则形成方铅矿、闪锌矿、黄铜矿、硫镉矿、辰砂、辉锑矿等溶解度极低的硫化物矿物，同时较多的铁被还原形成黄铁矿，而铟以类质同象赋存在闪锌矿、黄铁矿、黄铜矿及其他金属硫化物中。同时在其上面加盖强还原密封层，黏土密封层，然后再覆盖未被污染的新鲜土层或土壤层(客土)，用于种植草木，实现生态恢复的目标。

　　现阶段通过实验室和现场试验研究，已确定有机物还原剂和污染组分的配比方案和密封厚度及不同水文地质条件下有机污染物还原剂的配比方案、密封层厚度和客土厚度，设计种植植物的种群结构。具体为将尾矿库表层翻 45 cm，并掺入脱硫石膏粉、钢渣粉、蔗渣、畜禽粪便。掺入体积比(压实体积)为(脱硫石膏+钢渣+蔗渣+畜禽粪便)：尾矿(质量比)=1∶9。钢渣∶脱硫石膏∶蔗渣∶畜禽粪便(湿态)(质量比)=0.5∶0.5∶3∶6。翻匀后的厚度为 50 cm 作为层④含高风险稀散多金属及砷和重金属尾矿生物法控制污染主反应层。在层④上覆秸秆+畜禽粪便的混合物层，松散厚度为 5 cm。该混合物层中蔗渣∶畜禽粪便(湿态)(质量比)=1∶2 作为层③有机质深度还原密封层。在层③上覆盖 5 cm 厚膨润土作为层②膨润土密封层。在层②上覆盖 40 cm 厚无污染客土作为层①无污染客土层。在层①上种植绿草和油松以实现恢复生态的目的。并已在广西壮族自治区河池市南丹县大厂镇星鑫尾矿库按照实验研究方案完成 30000 m^2 的中试。

第4章 稀散多金属采选冶废弃物污染控制技术示范工程

4.1 50亩锑、镉等稀散多金属典型多金属污染区污染控制技术示范工程

4.1.1 工作项目和内容

本工程启动日期为2015年12月，计划于2016年8月完成修复工程。总工期为9个月。

尾矿库修复示范工程由该示范工程的2个技术示范工程组成。

(1)现役尾矿库微生物原位成矿修复技术示范工程。

(2)闭库尾矿库五层强还原生态修复技术示范工程。

其中普通裸露对照尾矿库面积10亩，尾矿库微生物原位成矿修复示范面积5亩，现役尾矿库微生物原位成矿修复+单层覆土示范面积5亩，现役尾矿库微生物原位成矿修复+典型五层结构生态修复示范面积3亩，尾矿库其余平顶部分及凹坑生态修复示范面积8亩，尾矿坝坡生态修复示范面积8亩，总面积约50亩(库顶平面+尾矿坝坡面+周边坡面)。

原材料购买及运输：蔗渣150 t；畜禽粪便300 t；脱硫石膏68 t；钢渣粉100 t；膨润土50 m³；无污染客土1650 m³；草绳网13340 m²。

4.1.2 施工部署和施工方案

1. 施工内容

本项目主要施工工程量有：购买原材料及运输、道路修建、水电架设、水池清淤、水池补漏、布点采样、打孔及立水样管、细菌培养、原料混配、表层翻耕混料等。

2. 测量放线分区

测量放样、设控制桩确定各示范区施工的范围和工程量。根据本工程地形条件及前期采样检测，测设各示范区工程的平面控制网。控制网要避开建筑物、构筑物、土方机械操作及运输线路，并有保护标志，在各方格点上做控制桩。

4.1.3 施工准备

1. 临时设施修建

按施工平面布置临时建筑、供水、供电线路的敷设。施工机械进入现场经过的道路，并事先做好必要的修筑、加固等准备工作。

2. 场地清理

包括拆除施工区域内的房屋设施、树木等。

3. 修建施工道路

施工道路布置是工程施工的关键，其对工程施工进度和工程造价有重大影响。选择方案时，主要应满足运输强度的要求，并保证车辆行驶的安全，具有足够的宽度和设置调头会车场地。施工中使用车辆较多，为保证施工进度和施工安全，施工中派专人现场指挥，疏导行车，减少运输中的相互干扰，保持交通的利用率。根据现场情况需修一条进入尾矿库区的施工道路。

4.1.4　主要施工方案和技术措施

1. 测量放线

以原采样坑为中心，测量放样、设控制桩确定该示范区施工的范围和工程量，示范区如图 4-1 所示。

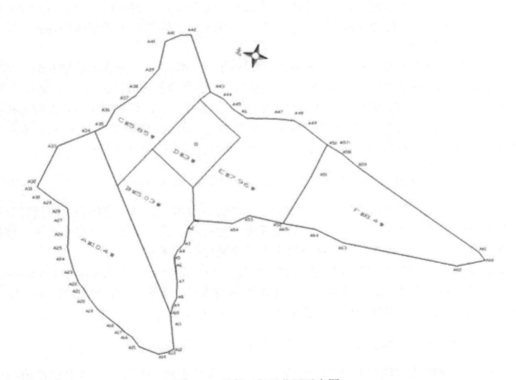

图 4-1　示范工程示范区示意图

2.3 亩五层结构生态修复+微生物原位成矿修复技核心工程(D 区)施工方法

在 3 亩五层结构生态修复示范面积内进行网格采样,同时将原选厂二级沉渣池进行清理并冲洗,然后将原出水口及其他漏水部位进行水泥封堵,待水泥干后进行蓄水,达到一定体积后将菌种放入水池内于现场梯度放大修复菌液,然后在示范区布置安装布液系统,修复菌液利用水泵和布液系统喷淋进入待修复尾矿区域。喷淋完成后,采用铲车按计算用量将蔗渣铺撒于尾矿表面,同时人工调整局部过厚的蔗渣层及铲车未能将蔗渣铺撒到位的区域,然后再利用铲车按计算用量将脱硫石膏粉、钢渣粉、畜禽粪便进行初混,再将物料进行铺撒,同时也用人工调整局部过厚的物料层及铲车未能撒到位的区域,最后利用翻耕犁设备翻耕深度 45 cm,并反复铺撒翻耕 3~5 遍。掺入原材料体积比(压实体积)按(脱硫石膏+钢渣+蔗渣+畜禽粪便):尾矿(质量比)=1:9。翻匀后的厚度为 50 cm。钢渣:脱硫石膏:蔗渣:畜禽粪便(湿态)(质量比)=0.5:0.5:3:6。

将尾矿与上述材料混匀后,通过混凝土搅拌机按计算量蔗渣+畜禽粪便搅拌混合,再利用铲车进行铺撒覆盖,同时采用人工调整局部过厚的物料层及铲车未能铺撒覆盖到位的区域,混合物层松散厚度为 5 cm。该混合物层中蔗渣:畜禽粪便(湿态)(质量比)=1:2。覆盖完成后再在该混合物层之上覆盖一层厚 5 cm 的膨润土,然后在 5 cm 膨润土层之上再覆盖一层 20 cm 厚的无污染客土,施工方式同样采用铲车铺撒为主,同时以人工辅助调整为辅。

本项子工程需清水 1000 m³,物料有:乳酸钠 1 t,酵母 1 t,无水硫酸钠 0.5 t,硫酸镁 1 t,磷酸氢二钾 0.5 t,氯化钙 0.1 t,蔗渣 30 t,畜禽粪便 60 t,脱硫石膏 12 t,钢渣粉 13 t,膨润土 50 m³,无污染客土 200 m³。所需设备及人员:翻耕犁 1 台,混凝土搅拌机 1 台,铲车 1 台,水泵 2 台,电线 350 m,20 软胶管 200 m,50 消防水管 100 m,50PVC 塑料管 20 m,草坪喷头 20 个,人员 3 人(含抽水人员及铺撒物料人员)。

3. 现役尾矿库微生物原位成矿修复技术示范(C 区)施工方法

利用原菌种放大池进行菌种培养放大,首先进行蓄水,达到一定体积后将菌种放入水池内于现场梯度培养放大 1000 m³ 修复菌液,然后在示范区布置安装布液系统,修复菌液利用水泵和布液系统,将菌液喷淋进入待修复尾矿区域内。

本项子工程需清水 1000 m³,物料有:乳酸钠 1 t,酵母 1 t,无水硫酸钠 0.5 t,硫酸镁 1 t,磷酸氢二钾 0.5 t,氯化钙 0.1 t。所需设备及人员:水泵 2 台,电线 350 m,20 软胶管 200 m,50 消防水管 180 m,草坪喷头 30 个,人员 2 人。

4. 现役尾矿库微生物原位成矿修复+单层覆土(B 区)施工方法

利用原菌种放大池进行菌种培养放大,首先进行蓄水,达到一定体积后将菌种放入水池内于现场梯度放大 1000 m³ 修复菌液,然后在示范区布置安装布液系统,修复菌液利用水泵和布液系统喷淋进入待修复尾矿区域。喷淋完成后,采用铲车按计算用量将蔗渣铺撒于尾矿表面,同时用人工进行调整局部过厚的蔗渣层及铲车未能将蔗渣铺撒到位的区域，然后再利用铲车按计算用量将脱硫石膏粉、钢渣粉、畜禽粪便进行初混，再将物料进行铺撒，同时也用人工调整局部过厚的物料层及铲车未能撒到位的区域，铺撒混合物松散厚度 1～2 cm，按钢渣∶脱硫石膏∶蔗渣∶畜禽粪便（湿态）（质量比）=0.5∶0.5∶3∶6，然后用翻耕犁设备翻耕 25 cm，并反复铺撒翻耕 3～5 遍。待翻耕混合均匀后，采用铲车铺撒为主，同时人工辅助调整为辅的方式在其上覆 2 cm 厚无污染客土。

本项子工程需清水 1000 m³，物料有：乳酸钠 1 t，酵母 1 t，无水硫酸钠 0.5 t，硫酸镁 1 t，磷酸氢二钾 0.5 t，氯化钙 0.1 t，蔗渣 50 t，畜禽粪便 101 t，脱硫石膏 17 t，钢渣粉 18 t，无污染客土 275 m³。所需设备及人员：翻耕犁 1 台，混凝土搅拌机 1 台，铲车 1 台，水泵 2 台，电线 350 m，20 软胶管 300 m，50 消防水管 60 m，50PVC 塑料管 20 m，草坪喷头 30 个，人员 3 人（含抽水人员及铺撒物料人员）。

5. 尾矿库其余平顶部分及凹坑生态修复工程（E 区）施工方法

采用铲车按计算用量将蔗渣铺撒于尾矿表面，同时人工调整局部过厚的蔗渣层及铲车未能将蔗渣铺撒到位的区域，然后再利用铲车按计算用量将脱硫石膏粉、钢渣粉、畜禽粪便进行初混，再将物料进行铺撒，同时也用人工调整局部过厚的物料层及铲车未能撒到位的区域，铺撒混合物厚度 1～2 cm，钢渣∶脱硫石膏∶蔗渣∶畜禽粪便（湿态）（质量比）=0.5∶0.5∶3∶6，然后用翻耕犁设备翻耕 25 cm，并反复铺撒翻耕 3～5 遍。待翻耕混合均匀后，采用铲车铺撒为主，同时人工辅助调整为辅的方式在其上覆 2 cm 厚无污染客土。

尾矿库平顶范围内大凹坑部分不用进行回填平整，采用草袋装满翻耕混合物后在斜坡及凹坑部分坡边堆砌一层翻耕混合物。堆砌完成后在其外侧再用草袋装满无污染客土后堆砌一层无污染客土。坑底与斜坡一样采用堆砌方式进行堆砌混合物料与无污染客土，然后在斜坡和坑底堆砌物上再撒一层 1～2 cm 厚的松散无污染客土。

本子工程需采购钢渣粉 26 t，脱硫石膏 25 t，蔗渣 70 t，畜禽粪便 139 t，无污染客土 375 m³。所需设备及人员：翻耕犁 1 台，砂浆搅拌机 1 台，铲车 1 台，人员 15 人。

6. 尾矿坝坡生态修复（F 区）施工方法

尾矿坝坡生态修复工程，将毛草还坡，在尾矿坝坡上铺撒覆盖一层 1～2 cm 无污染客土后用草绳网进行挂网覆盖。尾矿库上陡坡裸露的部分采用挂网绿化法进行生态修复。

本子工程需要购买草绳网 13340 m²，无污染客土 133.4 m³。所需设备及人员：铲车 1 台，人员 10 人。

7. 裸露对照区（A 区）施工方法

不做修复处理，作为其他区域修复效果对比。

4.1.5　施工进度计划及保证措施

1. 进度安排的基本原则

(1)根据现场情况，统筹兼顾，合理安排满足工程总进度要求。

(2)在保证工程质量、施工安全的基础上，优化资源配置，挖掘人员和设备潜力，充分发挥企业综合优势，确保在目标工期内完成施工任务。

(3)以组织均衡法施工为基本方法，采用平行、流水、交叉作业的方法，超前运作。

2. 工期目标

(1)总工期安排：计划工期 9 个月，开工日期为 2015 年 12 月，竣工日期为 2016 年 8 月。

(2)主要分部工程工期安排：①施工准备：2015 年 12 月；②修复前网格布点取样、水池清理及修补、修复菌种培养、现场各关键区域中心点打孔及立管：2015 年 12 月～ 2016 年 1 月。

3. 工程进度计划安排说明

根据控制性进度和总工期的要求，并结合本标工程的具体特点，本工程分为施工准备、治理修复工程。

方案确定后，立即进行施工准备，施工人员、机械设备进场，完成主体工程开工前的一切准备工作。申请开工令，获开工令后，立马进行主体工程施工。

4.1.6　主要机具使用安排

经施工现场的勘察及对工程特点的仔细分析，认为本项目工程量大、工期短，为确保施工工期及质量，充分发挥设备优势，拟租用与购买以下机械设备和五金设备，如工程需要，随时调入相应的机械，主要设备如表 4-1 所示。

表 4-1　所需机械、五金设备表

设备名称	单位	数量				备注
		合计	自有	租赁	新购	
履带式液压挖掘机	台	1	0	1		
装载机	台	1	0	1		
混凝土搅拌机	台	1	0	1		
翻耕犁	台	1	0	1		
水泵	台	2	0	0	2	
20 软胶管	米	150			150	
50 消防水管	米	160			160	

续表

设备名称	单位	数量				备注
		合计	自有	租赁	新购	
电线	米	350			350	
草坪喷嘴	个	30			30	
柴油发电机	台	1			1	
50PVC 塑料管	米	20			20	

4.1.7　尾矿库重金属原位生态修复效果研究

1. 生态修复示范工程与过程中的样品采集

在 A 区至 E 区五个修复区域的中心位置，共设置 5 个采样点位，分别记为 A、B、C、D、E；在每个采样点位，设置表面(0～20 cm)、0.3 m、0.5 m 三个深度，并在该点位的周围分别采集表面样品三次，然后混合均匀作为一个样品。所有样品保存在密封的塑料封口袋中。所有尾矿样品置于 4℃ 条件下保存备用。采样点位置如图 4-2 所示。

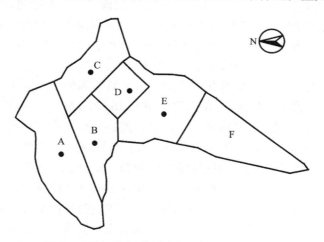

图 4-2　修复过程中的星鑫尾矿库采样位点图

为了研究生态修复过程中尾矿样品理化性质、重金属赋存形态等的变化情况，采用分别于 2016 年 7 月和 12 月、2017 年 5 月和 9 月采集到的样品，即生态修复 1 个月、6 个月、11 个月、15 个月之后的样品进行相关研究。

2. 生态修复过程中尾矿的理化性质

使用电位法测定尾矿样品的 pH 及 EC。测定结果如表 4-2、表 4-3、图 4-3 所示。

表 4-2　生态修复过程中尾矿 pH 变化

点位	最小值	平均值	标准偏差	最大值
A	6.32	7.38	0.73	7.96
B	6.10	6.82	0.54	7.40
C	6.65	7.06	0.50	7.76
D	7.02	7.23	0.14	7.32
E	6.77	7.04	0.20	7.23

表 4-3　生态修复过程中尾矿 EC 值变化（mS/cm）

点位	最小值	平均值	标准偏差	最大值
A	0.16	0.20	0.06	0.28
B	1.97	2.08	0.07	2.14
C	0.49	1.42	0.70	2.11
D	1.18	1.84	0.47	2.21
E	2.04	2.10	0.06	2.18

在生态修复的过程中，总体上尾矿样品的 pH 出现了下降的趋势，而 EC 值则出现了上升的趋势，这与前文中 pH 与 EC 的负相关性一致。即尾矿中存在大量的硫化矿物，在其风化淋溶过程中，释放的酸使尾矿 pH 降低；而产生的酸性尾矿促进了部分元素的释放，提高了尾矿含盐量，进而导致 EC 值的升高。

尽管总体上均显示出了尾矿酸化的趋势，但是具体到每个修复区域则有很大不同。从表 4-2 中可以明显看出，A 区（7.38±0.73）、B 区（6.82±0.54）、C 区（7.06±0.50）pH 变化波动极大。这与三个区域的生态修复方法有很大关系：A 区空白对照未做处理；B 区施加修复菌液，进行有机混合物、客土双层浅覆盖；C 区仅施加修复菌液。

此三种方法对外界环境变化的抵御能力弱于 D 区采用的完整的、具有更厚的有机物和客土的五层覆盖方法。而施加了修复菌液的 B 区 pH、EC 值稳定性稍弱于未施加修复菌液的 E 区的原因，则是修复菌液中的功能菌——硫酸盐还原菌及寡营养铁还原菌，均为兼性厌氧菌。而 B 区尽管覆盖了有机混合物和客土，但是由于厚度不足且缺乏阻止氧气进入的密闭层，其表层还是难以形成厌氧还原环境，发挥修复菌群作用。施加的有机物反而会促进菌液中其他微生物及尾矿库本源微生物的新陈代谢，氧化尾矿产酸。

E 区的尾矿 pH（7.04±0.20）、EC（2.10 mS/cm±0.06 mS/cm）波动均较小，D 区则是pH（7.23±0.14）波动小，修复前后变动为−0.02（7.29～7.27）、EC（1.84 mS/cm±0.47 mS/cm）从修复前的 1.18 mS/cm 增大到修复后的 2.21 mS/cm。这与前文提及的 pH 与 EC 之间显著的负相关性不一致。发生这种现象的原因是：构建了强还原环境的 D 区，其中的微生物可以发挥硫酸盐还原及铁还原作用，降低环境酸性、抑制矿物酸化。而 EC 值的升高与其他区域表现一致，这可能与上层覆盖物的垂直迁移与其他区域的水平迁移有关。

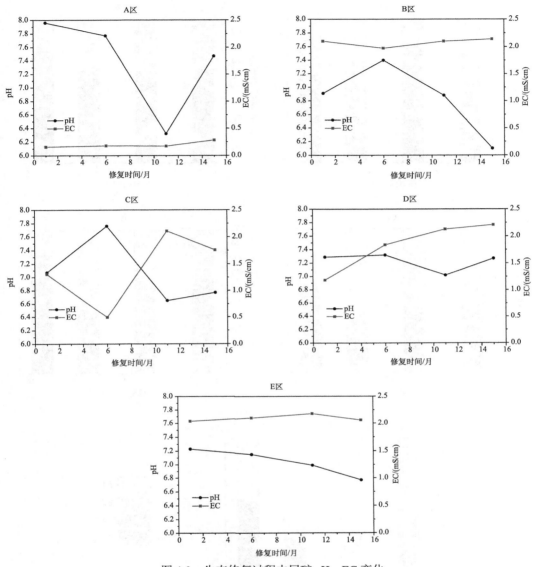

图 4-3　生态修复过程中尾矿 pH、EC 变化

3. 生态修复过程中尾矿的重金属赋存形态

如前文所述，综合考虑各个重金属污染评价方法，潜在生态危害指数法能够更好地综合评价尾矿样品的重金属污染及生态危害情况，本研究中各种重金属的污染/生态危害等级排序为：Sb≈Cd＞As＞Pb＞Zn＞Cu＞Cr。在日后针对研究区域的治理过程中，应当着重考虑 Sb、Cd、As、Pb、Zn 的污染状况与修复效果。因此，以下将主要讨论 Sb、Cd、As、Pb、Zn 五种重金属在不同技术生态修复过程中的赋存形态变化情况。

1）Sb 赋存形态的变化

图 4-4 展示了生态修复过程中 Sb 的赋存形态变化情况。

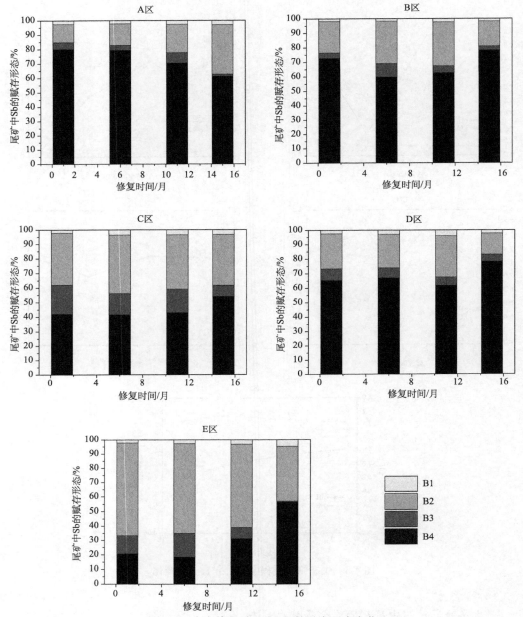

图 4-4　生态修复过程中 Sb 的赋存形态变化

　　使用五层覆盖强还原原位矿化技术进行修复的 D 区，各个形态的比例比较稳定，且残渣态(B4)的比例上升，可还原态(B2)、可氧化态(B3)比例下降，说明修复过程使得 Sb 向残渣态转变，提高了 Sb 在环境中的稳定度。与 D 区相似的 C 区，各形态比例也较稳定，可氧化态有向残渣态转变的趋势，但是总体上残渣态所占比例较小，Sb 稳定度较差。B 区、E 区的可还原态及可氧化态均有向残渣态转变的趋势，B 区 Sb 稳定度较高。

2)Cd 赋存形态的变化

图 4-5 展示了生态修复过程中 Cd 的赋存形态变化情况。

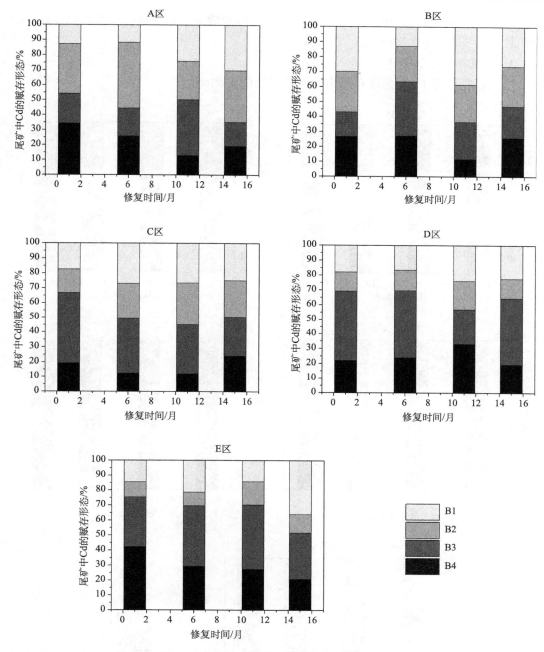

图 4-5　生态修复过程中 Cd 的赋存形态变化

　　使用五层覆盖强还原原位矿化技术进行修复的 D 区，可还原态比例较稳定，可氧化态、残渣态比例波动较大，未展现出明显的变化趋势。C 区有残渣态提高的微弱趋势，仍需进行长期的观察以确定修复效果。A 区、B 区、E 区趋势类似，残渣态比例减小、可提取态比例增大，这对重金属的修复及日后植被复垦不利。

　　整体而言，Cd 的各个形态分布比较平均，残渣态比例小、可提取态（B1）比例大、修复过程中的赋存形态变化趋势未显示出明显的修复效果,需要进行长期观察以确定应用的技术对于 Cd 的修复效果。

3) As 赋存形态的变化

生态修复过程中 As 的赋存形态变化情况如图 4-6 所示。

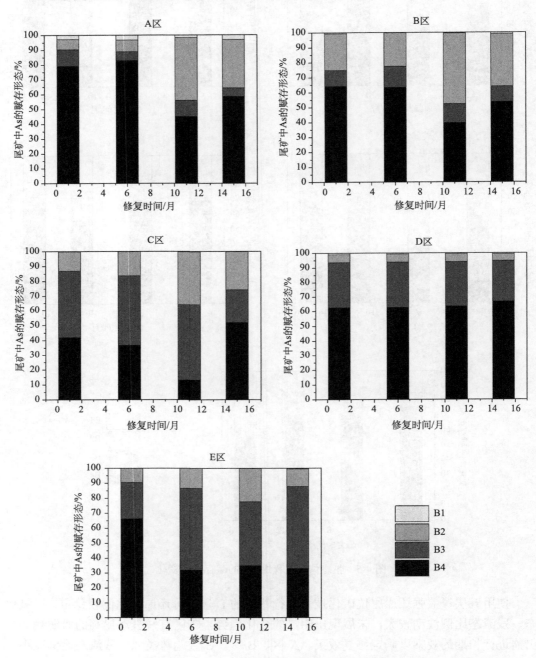

图 4-6　生态修复过程中 As 的赋存形态变化

　　D 区 As 的各个形态比例十分稳定，可氧化态有向残渣态转变的微弱趋势。其他四个区域比例波动较大，且除了 C 区外，残渣态有向其他赋存状态，尤其是可提取态转变的趋势。B 区、C 区各态波动较大且趋势不明显，需要长期观察以确定微生物对 As 赋存形态的影响效果。

　　4）Pb 赋存形态的变化

　　生态修复过程中 Pb 的赋存形态变化情况如图 4-7 所示。

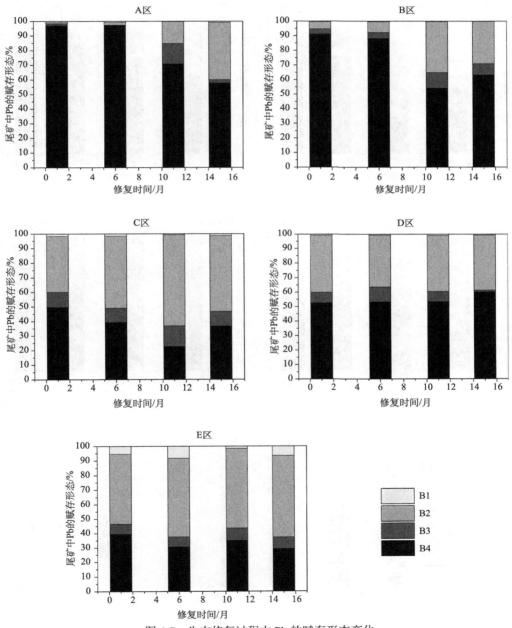

图 4-7　生态修复过程中 Pb 的赋存形态变化

五层覆盖强还原原位矿化技术修复的 D 区显示了良好的修复效果：可氧化态向残渣态转移，可提取态、可还原态比较稳定。其他各区的残渣态有转化为可还原态的趋势，总体上可提取态所占比例都极小，E 区的此项数据有一定波动。

5）Zn 赋存形态的变化

图 4-8 展示了生态修复过程中 Zn 的赋存形态变化情况。

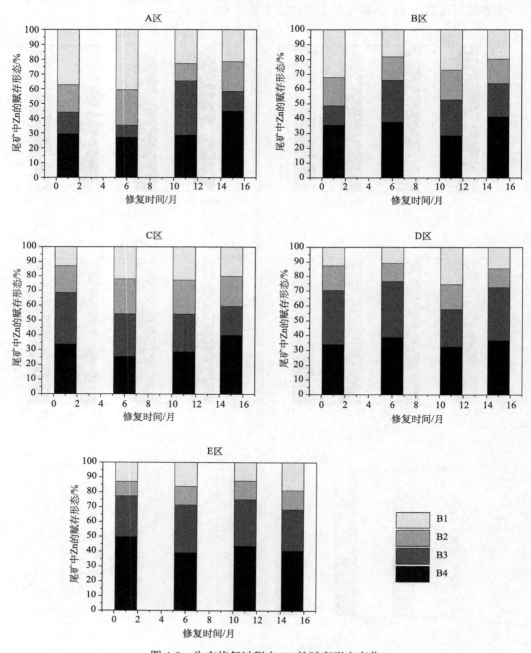

图 4-8　生态修复过程中 Zn 的赋存形态变化

与 Cd 类似，重金属 Zn 的各赋存形态比例比较平均。除 E 区外，各个区域内 Zn 的残渣态均有上升趋势，A 区、B 区的可提取态有下降趋势，D 区 Zn 赋存状态比例虽有波动，但是总体上比较稳定。C 区可氧化态比例降低，但是可提取态有上升的趋势。总体而言，虽然 Zn 的残渣态含量有升高的趋势，但是其可提取态比例变化趋势不明显，同样需要更加长期的观察以确定修复效果。

4. 不同修复方法的重金属修复效果

上述内容分别展示了不同修复技术对 Sb、Cd、As、Pb、Zn 五种前文确定的需要优先考虑修复的重金属的修复效果。总体上可以看出，采用了最复杂的五层覆盖强还原原位矿化修复技术的 D 区的重金属各个形态的比例比较稳定，且残渣态有提高的趋势，有利于提高重金属在环境中的稳定性。Cd、Zn 两种重金属在研究期间的赋存状态变化波动较大，尚无明显趋势，需要长期的观察和实验以确定修复技术对此两种重金属的修复效果。

修复前后的尾矿矿物学差异：

图 4-3 中的 C 区和 D 区，分别使用微生物原位矿化修复技术和五层覆盖强还原原位矿化技术进行修复。采取 C、D 两个采样点修复前（2016 年 7 月，记为 C1、D1）、后（2017 年 9 月，记为 C2、D2）的样品共 4 个，研究两种技术修复前后尾矿样品的矿物学差异。考虑到 C、D 区域由于应用技术不同，因此 C1、C2 为去除浮土等杂物的表面（0～20 cm）样品，D1、D2 为深度 50 cm 的样品以避免工程施工中覆盖的外源物质的干扰。所有样品保存在密封的塑料封口袋中。所有尾矿样品置于 4℃条件下保存备用，并在上机测试前干燥、研磨至通过 100 目尼龙筛。

X 射线衍射（XRD）分析、扫描电子显微镜（SEM）及 X 射线能谱（EDS）分析结果如下。

1）X 射线衍射分析

图 4-9、图 4-10 显示了修复前后四个样品的 XRD 谱图。

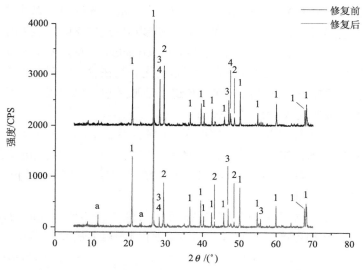

图 4-9　微生物原位矿化修复技术修复前后 XRD 谱图对比

1. 石英；2. 方解石；3. 萤石；4. 闪锌矿；a. 石膏

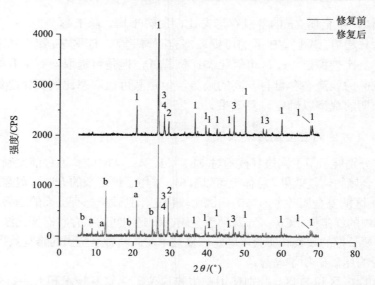

图 4-10 五层覆盖强还原原位矿化修复技术修复前后 XRD 谱图对比

1. 石英；2. 方解石；3. 萤石；4. 闪锌矿；a. 石膏；b. 绿泥石

由图可以看出，这四个样品均含有常见的石英、方解石、萤石、白云母（未标出）等矿物。其中，修复前样品的 XRD 谱图相对简单，修复后样品的 XRD 谱图则具有较多的峰，说明修复后的尾矿样品矿物成分复杂，尤其是五层覆盖强还原原位矿化修复后的尾矿样品，其 XRD 谱图中出现了较多的新峰。

进行微生物原位矿化修复的 C 区的矿物组成变化显示了投加的微生物的作用。修复后的样品中，鉴定出的峰强度明显增大的物相石膏，是一种常见的次生矿物，其来源有两种可能性：一是由于硫化矿物在含 Ca 矿物的存在下风化而形成的。二是其他修复区域施加石膏的过程中由于人为的撒漏等因素或者自然的风吹而进入微生物修复区。

采用五层覆盖强还原原位矿化修复的样点，修复后的尾矿 XRD 谱图中的峰明显增多。图 4-10 标出的成分 a 为石膏，b 为绿泥石[chlorite-serpentine，$(Mg, Al)_6(Si, Al)_4O_{10}(OH)_8$]。可以确定石膏是修复工程中外源添加的，而非硫化矿物在含 Ca 矿物的存在下风化而形成的，这是由于五层覆盖在样品所处深度制造了还原环境，难以发生风化过程。

2）扫描电子显微镜及 X 射线能谱分析

图 4-11、图 4-12 为修复前后四个样品的 SEM 照片。

由图 4-11 可以看出，修复后的尾矿粒径差异较大，主要为 100 μm 左右的较大颗粒和大量粒径在 10 μm 内的极细颗粒，而修复前的尾矿中有大量 20~50 μm 的中型颗粒，10 μm 内的极细颗粒比例较小。

由图 4-12 可以看出，修复后的尾矿粒径极小，只有少量 50~100 μm 的较大颗粒，绝大多数均为 10 μm 内的极细颗粒，而修复前的尾矿中有 1/3 以上是大于 50 μm 的中型颗粒。

使用 Thermo Scientific 公司的 NORAN System 7 型 X 射线能谱（EDS）仪对微区样品元素种类及含量进行分析。部分重要元素的 EDS 结果如图 4-13~图 4-16 所示。

图 4-11　微生物原位矿化修复技术修复前后 SEM 照片

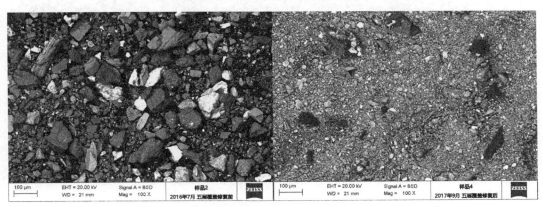

图 4-12　五层覆盖强还原原位矿化修复技术修复前后 SEM 照片

　　与 XRD 分析结果相似，EDS 谱图分析也测出了尾矿样品中的石英、萤石、方解石等常见矿物。除此之外，EDS 分析中还测出了一些未在 XRD 分析中鉴定出的矿物。

　　图 4-13 显示了微生物原位矿化修复前的样品的部分微区元素种类及组成。测得微区 1 含有 Sb 及 S 元素，参考其原子组成，推测此为辉锑矿（stibnite，Sb_2S_3）；推测微区 2 矿物为石英，可见此辉锑矿物嵌于石英中，显示了这两种矿物之间的共生关系。推测微区 3 主要为掺杂了少量（>1%）Si、Al 和微量（<1%）S、Fe、K 的含钙矿物，分别为方解石（$CaCO_3$）和萤石（CaF_2）。微区 4 也推测为以石英为主，掺杂了 7.60%的 Al 元素，另有少量 K、Fe、Ca 元素。

　　图 4-14 显示了微生物原位矿化修复后的样品的部分微区元素种类及组成。测得微区 1 中含有 28.5%的 O，14.34%的 Fe，少量的 Si、Mg、Sb、Zn，推测这可能是诸多氧化矿物的混合物；另外，该区域中测出 0.90%的 P，推测其以磷酸根 PO_4^{3-} 的形式存在，来源应当是施加的修复菌液中尚未被利用的磷酸盐营养物质。微区 2 中含有 12.73%的 Fe、11.21%的 As 和 12.65%的 S，判定其为毒砂（arsenopyrite，FeAsS）。同样的，微区 4 中除了含有大量的 O（25.76%），同时含有 8.67%的 Fe、6.71%的 As 和 7.84%的 S，判定其中也含有少量毒砂（FeAsS）。微区 3 中含有 14.59%的 Fe、14.70%的 S 和 20.80%的 O，推测其为黄铁矿（pyrite，FeS_2）和一些铁的氧化物或氢氧化物。

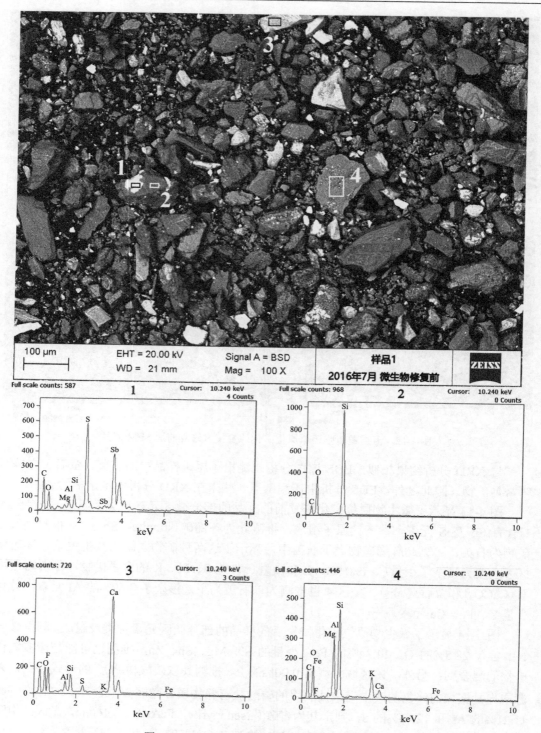

图 4-13　微生物原位矿化修复前的 EDS 谱图

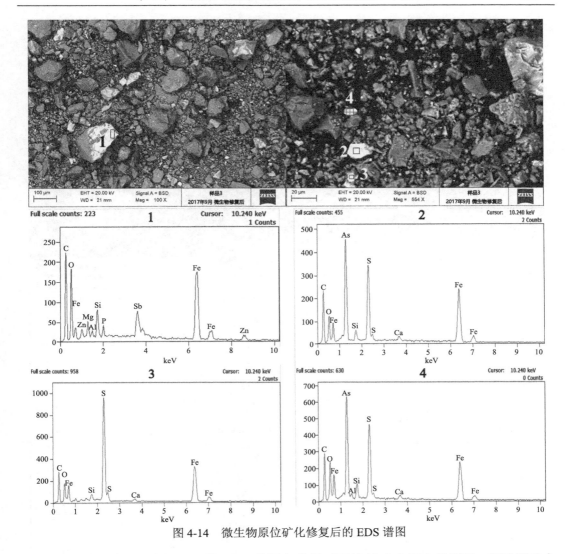

图 4-14　微生物原位矿化修复后的 EDS 谱图

　　微生物原位矿化修复前后的 EDS 谱图变化显示了该技术应用中的不足：表层尾矿中的微生物可以充分接触氧气，进而氧化尾矿中的一些硫化矿物并产酸，导致 pH 的下降，这对于表层的生态修复而言短期是不利的。微生物原位矿化技术对于表层尾矿的长期修复效果仍需继续观察。

　　图 4-15、图 4-16 则显示了五层覆盖强还原原位矿化修复前后的样品的部分微区元素种类及组成。

　　图 4-15 中的微区 1 为方解石；微区 3 为黄铁矿（FeS$_2$）；微区 5 为毒砂（FeAsS）。微区 2 中含有 11.8% 的 Zn、3.36% 的 Fe、1.23% 的 Cu 和 16.68% 的 S，判定为闪锌矿（sphalerite，ZnS）、黄铁矿（FeS$_2$）和黄铜矿（chalcopyrite，CuFeS$_2$）。微区 4 含有 13.26% 的 Fe、37.96% 的 O，少量的 Zn、Mg 和 Sb，因此判定其为掺杂了 Zn、Mg、Sb 的氧化铁矿物。微区 6 中含有 15.85% 的 Fe、14.83% 的 As 和 17.95% 的 O，同时有少量的 Si、Al 和微量 Ca，其应为多种氧化金属矿物的混合物。

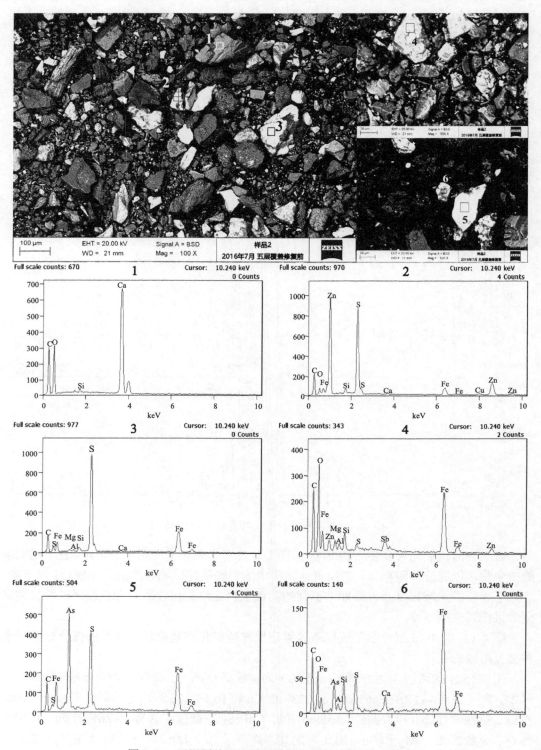

图 4-15　五层覆盖强还原原位矿化修复前的 EDS 谱图

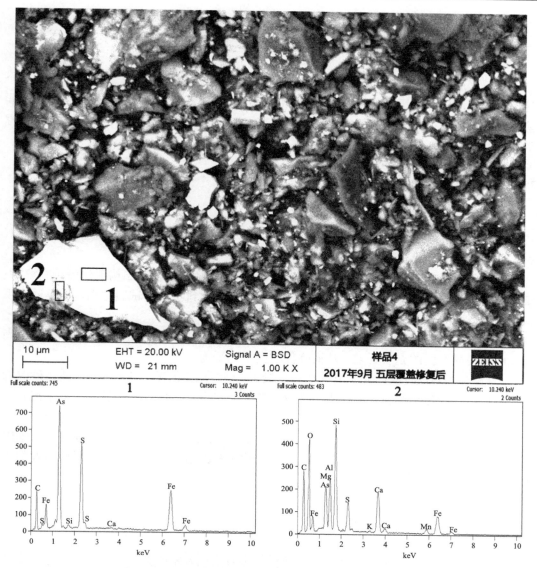

图 4-16　五层覆盖强还原原位矿化修复后的 EDS 谱图

图 4-16 中的微区 1 为毒砂（FeAsS），微区 2 以 O 为主，其余的 Si、Al、Ca、Fe 等元素所占比例较小，推测其为以石英为主的混合了 Al、Ca、Fe 的氧化物的混合矿物。

五层覆盖强还原原位矿化修复前后的 EDS 谱图变化较小，显示了该技术可以提高被覆盖的尾矿的化学稳定性，但是前后的氧化矿物变化较大：修复后的样品中的 O 元素多存在于石英、方解石中，金属氧化物含量较少，可能是由于投加的修复菌群的硫还原作用，使金属元素转变生成稳定的硫化矿物。

4.2   120 m³废弃物资源化、减量化示范工程

本工程启动日期为2016年3月，计划于2016年9月完成修复工程。总工期为7个月。根据减量化、资源化目标，周边矿井的地下充填需要，尾矿库地理位置，实验室实验研究等确定充填方案，选择广西高峰矿业有限责任公司(简称高峰矿业公司)完成工程示范。

4.2.1   高峰井下充填现状

1. 充填系统方案设计原则

综合考虑高峰矿业公司内外部开采技术条件、目前及今后生产需求及已有生产设施，充填系统改造方案设计遵循以下原则。

(1)采用砂坪选厂再选全尾砂(即最终尾砂)作为充填料并实现结构流体胶结充填，充填体强度满足上向分层充填采矿方法要求。根据充填材料实验室试验结果，全尾砂充填料浆浓度>68%。

(2)充填系统充填能力满足正常采矿作业生产能力要求并适当留有富余，以满足对尚未探明的民采空区的充填要求，从而确保实现采充平衡。

(3)充分利用已有生产设施以降低建设投资、缩短施工周期。将充填料由跳汰砂改为全尾砂后，在满足充填新工艺技术条件及参数的前提下，尽量利用已有砂池、水泥仓、厂房及输送管道。

(4)确保采矿生产的平稳进行。由于采用上向分层充填采矿法，充填作业为正常采矿生产中必不可少的作业环节，所以在充填系统建设和改造过程中仍需保证采矿作业的正常进行。

(5)新的充填工艺技术成熟、先进，管理简便。

2. 充填工艺方案

根据国内外充填技术发展趋势、充填材料实验室试验结果并结合高峰矿业公司生产实际，设计采用全尾砂结构流体胶结充填工艺，充填体强度满足上向分层充填采矿方法要求。

1)充填材料

采用砂坪选厂再选全尾砂(即最终尾砂)作为充填集料，硅酸盐水泥作为胶结剂。采用全尾砂作为充填集料的好处有：①充填集料来源稳定、充足；②可提高充填质量，从而提高上向水平分层充填采矿法作业效率，降低矿石损失贫化；③可大幅度降低充填成本；④可将8万~10万吨尾砂充填于井下，从而延长尾矿库使用年限。

2)充填工艺流程

砂坪选厂再选全尾砂(即最终尾砂)10%浓度的全尾砂浆，由砂坪选厂尾砂输送泵站扬送至充填站的φ9 m高效深椎浓密机中，浓缩成65%以上的高浓度尾砂浆送入充填

站卧式全尾沙池中，单套系统两个砂池交替进行进砂和充填，砂仓进砂完毕后，经自然沉降脱水达到最大浓度，充填前打开排水设施，排除砂面以上的澄清水。浓密机溢流水和砂仓澄清水回选厂回用，砂池内饱和砂浆经压气造浆、管道放砂，放入搅拌机中搅拌，水泥和调浓水经过各自的供料设施添加到搅拌机中。充填料浆采用两段连续搅拌制备，搅拌好的充填料浆输送经充填钻孔和井下管网自流输送至井下采空区进行充填。

3）井下充填管网

井下充填管网利用现有系统，由于现有管网于 2012 年 8 月刚进行更换，已设置两路输送管道，可基本满足新充填系统制备的充填料浆输送要求，所以暂不进行更换。但由于现有输送管道规格为 $\varphi108\times13$ 陶瓷钢管，管道内径为 82 mm，相对较小，当料浆流量为 60 m³/h，料浆流速为 3.317 m/s，充填料浆浓度 74%时，输送阻力为 9.914 kPa/m，可实现自流输送的充填倍线为 1.72，所以生产中需将浓度降低至 72%左右。待新充填系统投入使用并时机恰当时，将现有 $\varphi108\times13$ 陶瓷钢管更换为 $\varphi128\times14$ 陶瓷钢管，以降低管道输送阻力，提高充填料浆输送能力。更换管道后，当料浆流量为 60 m³/h，料浆流速为 2.123 m/s，充填料浆浓度 74%时，输送阻力为 4.17 kPa/m，可实现自流输送的充填倍线提高至 4.09。

4）系统运行参数

系统制备输送能力：60～80 m³/h；

充填料浆浓度：72%～74%；

系统连续稳定运行时间：8～10 h；

系统一次最大充填量：500～600 m³；

灰砂比：1∶4～1∶12 可调；

充填体强度满足采矿作业要求。

充填站设施及井下充填料状况如图 4-17～图 4-20 所示。

(a)　　　　　　　　　　　　　　　(b)

图 4-17　(a) 充填站全貌；(b) 现有 7.6 m 平台及开孔

(a)   (b)

图 4-18 （a）现有双管螺旋给料机、台板及螺旋电子秤；（b）1#系统现有 4.8 m 平台及开孔
（未安装双轴搅拌机）

(a)   (b)

图 4-19 （a）2#系统现有 4.8 m 平台及开孔（安装双轴搅拌机）；（b）现有 0 m 平台布置
（两台搅拌桶及下料井）

(a)   (b)

图 4-20 （a）井下采场充填料状况；（b）井下采场充填料暴露状况

4.2.2　工作项目和内容

1. 工程原料

(1)柳钢与邢台矿渣、钢渣、脱硫石膏。
(2)星鑫尾矿库堆存尾砂。
(3)砂坪选厂再选全尾砂。

2. 工程方案

A：以氢氧化钙：矿渣：钢渣：脱硫石膏(质量比)为 2：4：3：1，以星鑫尾矿库堆存尾砂为骨料，胶砂比 1：5，固体浓度 82%，在−200 m 水平 1#空区内完成 1 m³ 的充填试验(矿渣、钢渣、脱硫石膏选用柳钢原料)。

B：以矿渣：钢渣：脱硫石膏(质量比)为 7：2：1，以砂坪选厂再选全尾砂为骨料，胶砂比为 1：5，固体浓度 70%，借助高峰井下充填设备完成 120 m³ 井下充填工程示范，在示范前，将矿渣-钢渣-脱硫石膏体系胶结剂与高峰矿业公司长期使用的复合 32.5 水泥做对比结果如表 4-4、表 4-5 所示，矿渣-钢渣-脱硫石膏体系胶结剂在抗压强度和固化重金属性能上优于复合 32.5 水泥，确保了工程示范的安全性。

表 4-4　矿渣-钢渣-脱硫石膏体系胶结剂与复合 32.5 水泥对比实验(抗压强度)

编号	胶凝材料	胶砂比	抗压强度		
			3 d	7 d	28 d
E1		1：3	2.19	2.98	5.88
E2	复合 32.5 水泥	1：4	1.57	2.41	3.58
E3		1：5	1.52	1.79	2.82
F1	邢台矿渣：钢渣：脱硫石膏	1：3	4.87	9.28	13.26
F2	(7：2：1)	1：4	2.38	4.96	7.79
F3		1：5	1.25	3.83	5.70

表 4-5　矿渣-钢渣-脱硫石膏体系胶结剂与复合 32.5 水泥对比实验(固化重金属)

编号		龄期 28 d 试块浸出液重金属浓度/(μg/L)					
		Cr	Zn	As	Cd	Sb	Pb
固化前重金属浓度		65	210	165	40	1410	445
固化后重金属浓度	E1	ND	6	6	ND	48	16
	E2	1	9	26	ND	57	24
	E3	1	14	77	ND	79	37
	F1	2	ND	42	ND	79	ND
	F2	2	ND	68	ND	164	ND
	F3	2	ND	79	ND	199	ND
检出限		1	1	4	0.2	4	4
饮用水标准		50	1000	10	5	5	10

注：ND 表示未检测出。

工程施工现场状况如图 4-21 所示。

图 4-21　工程现场状况

工程施工完成后，对充填体进行采样，检测不同龄期试块的抗压强度和试块浸出液重金属浓度，结果如表 4-6 和表 4-7 所示。

表 4-6　充填体不同龄期的抗压强度

工程	抗压强度/MPa		
	7 d	14 d	28 d
A	3.0	5.8	9.7
B	0.8	4.1	6.6

表 4-7　充填体不同龄期的重金属离子浸出浓度（μg/L）

工程	取样时间	Cr	Zn	As	Cd	Sb	Pb
	7 d	53	ND	7	ND	13	ND
A	14 d	33	2	13	1.4	ND	ND
	28 d	ND	ND	ND	ND	ND	ND

续表

工程	取样时间	Cr	Zn	As	Cd	Sb	Pb
B	7 d	13	ND	141	ND	75	ND
	14 d	9	ND	94	ND	55	ND
	28 d	2	ND	51	ND	37	ND
	检出限	1	1	4	0.2	4	4
	饮用水标准	50	1000	10	5	5	10

注：ND 表示未检测出。

　　所配制的充填料在易于输送，并在流动性、流变性及凝结硬化的可控性方面均优于普通硅酸盐水泥。固结砷和镉、锑等重金属的能力优于普通硅酸盐水泥所配制的充填料。从而实现把目前堆存于地表的大部分含重金属有色金属采、选、冶固体废弃物用于井下充填，并达到安全固结处置的目的，同时为降低矿山企业充填采矿成本，增加资源回采率做出贡献。

参 考 文 献

车军平. 基于模糊综合评价法的尾矿库环境风险评价研究——以菜子沟尾矿库为例[D]. 兰州: 兰州大学, 2015.

陈杰, 倪文, 张静文. 以冶金渣为胶凝材料的全尾砂胶结充填料的制备[J]. 现代矿业, 2014, (11): 171-174.

陈小凤, 周新涛, 罗中秋, 等. 化学沉淀法固化/稳定化除砷研究进展[J]. 硅酸盐通报, 2015, (12): 3510-3516.

陈益民, 张洪滔, 郭随华, 等. 磨细钢渣粉作水泥高活性混合材料的研究[J]. 水泥, 2001, (5): 1-4.

邓坤, 胡振光. 广西南丹矿产资源及可持续发展探讨[J]. 矿产与地质, 2010, (6): 552-556.

董明传, 陈建民, 兰桂密. 车河选矿厂硫化矿分离的新工艺研究与应用[J]. 有色金属(选矿部分), 2005, (3): 13-16.

何东明, 王晓飞, 陈丽君, 等. 基于地积累指数法和潜在生态风险指数法评价广西某蔗田土壤重金属污染[J]. 农业资源与环境学报, 2014, (2): 126-131.

何仔颖. 金属尾矿库环境风险评价体系构建研究 [D]. 长沙: 中南大学, 2011.

贺梦醒, 高毅, 孙庆业. 尾矿废水对河流沉积物和稻田土壤细菌多样性的影响[J]. 环境科学, 2011, (6): 1778-1785.

胡留杰. 砷在土壤中的形态转化及植物有效性研究[D]. 北京: 中国农业科学院, 2008.

扈亲怀. 不同粒径与用量的磷矿粉钝化土壤重金属(Cd、Pb)的机制研究[D]. 福州: 福建师范大学, 2014.

黄国有, 陈泰, 苟晓利, 等. 广西南丹县大坪锌锡铜银多金属矿矿石矿物学特征[J]. 桂林理工大学学报, 2015, 35(S): 12-16.

冀红娟, 杨春和, 张超, 等. 尾矿库环境影响指标体系及评价方法及其应用[J]. 岩土力学, 2008, 29(8): 2087-2091.

蹇丽, 黄泽春, 刘永轩, 等. 刁江底泥砷形态的化学分级法与 XANES 方法比较[J]. 环境科学研究, 2012, (7): 820-825.

江虹. 红外分析在水泥化学中的应用[J]. 贵州化工, 2001, (4): 30-31.

金忠民, 郝宇, 刘丽杰, 等. 扎龙湿地土壤重金属对土壤化学性质和电导率的影响[J]. 江苏农业科学, 2015, (8): 333-336.

雷良奇, 罗远红, 宋慈安, 等. 桂北某矿区硫化物尾矿重金属复合污染评价预测[J]. 地球科学(中国地质大学学报), 2013, (5): 1107-1115.

李柏林, 李晔, 汪海涛, 等. 含砷废渣的固化处理[J]. 化工环保, 2008, (2): 153-157.

李飞. 城镇土壤重金属污染的层次健康风险评价与量化管理体系[D]. 长沙: 湖南大学环境工程, 2015.

李立平, 王亚利, 冉永亮, 等. 铅冶炼厂附近农田土壤 pH 值和电导率与重金属有效性的关系[J]. 河北农业科学, 2012, (9): 71-76.

李全明, 张兴凯, 王云海, 等. 尾矿库溃坝风险指标体系及风险评价模型研究[J]. 水利学报, 2009, 40(8): 989-994.

李晓晨, 赵丽, 印华斌. 浸提剂 pH 值对污泥中重金属浸出的影响[J]. 生态环境, 2008, (1): 190-194.

李雪华. 锑矿区沉积物生态风险评价及修复技术研究[D]. 北京: 北京林业大学, 2013.

李玉, 俞志明, 宋秀贤. 运用主成分分析(PCA)评价海洋沉积物中重金属污染来源[J]. 环境科学, 2006, (1): 137-141.

廖国礼. 典型有色金属矿山重金属迁移规律与污染评价研究[D]. 长沙: 中南大学, 2005.

廖敏, 黄昌勇, 谢正苗. pH 对镉在土水系统中的迁移和形态的影响[J]. 环境科学学报, 1999, (1): 83-88.

廖仁梅. 陕西凤县农田土壤重金属污染评价[D]. 咸阳: 西北农林科技大学, 2016.

刘家详, 杨儒, 胡明辉. 高炉水淬渣的利用研究[J]. 矿产综合利用, 2003, (3): 40-44.

刘晋仙, 景炬辉, 乔沙沙, 等. 中条山十八河铜尾矿库微生物群落组成与环境适应性[C]. 海口: 2016 中国环境科学学会学术年会, 2016.

刘庆, 杜志勇, 史衍玺, 等. 基于 GIS 的山东寿光蔬菜产地土壤重金属空间分布特征[J]. 农业工程学报, 2009, (10): 258-263.

刘文刚, 魏德洲, 郭会良, 等. 硫化剂对畜禽粪便中重金属存在形态的影响[J]. 东北大学学报(自然科学版), 2015, (6): 863-867.

陆占清, 朱丽苹, 张良勤, 等. 含砷酸泥固化方法研究[J]. 水泥技术, 2012, (6): 25-28.

宁建凤, 邹献中, 杨少海, 等. 广东大中型水库底泥重金属含量特征及潜在生态风险评价[J]. 生态学报, 2009, (11): 6059-6067.

欧阳东, 谢宇平, 何俊元. 转炉钢渣的组成、矿物形貌及胶凝特性[J]. 硅酸盐学报, 1991, (6): 488-494.

曲烈, 刘洪丽, 樊祥远, 等. 脱硫石膏复合胶凝材料及其激发效果研究[J]. 低温建筑技术, 2012, (6): 1-3.

权刘权, 罗治敏, 李东旭. 脱硫石膏胶凝性的研究[J]. 非金属矿, 2008, (3): 29-32.

施择, 孙鑫, 宁平, 等. 云南新平铜尾矿库周边土壤重金属污染评价[J]. 矿冶, 2014, (4): 92-96.

唐明述, 袁美栖, 韩苏芬, 等. 钢渣中 MgO、FeO、MnO 的结晶状态与钢渣的体积安定性[J]. 硅酸盐学报, 1979, (1): 35-46, 107-109.

陶志超, 周新涛, 罗中秋, 等. 含砷废渣水泥固化/稳定化技术研究进展[J]. 材料导报, 2016, (9): 132-136, 143.

汪海涛. 含砷废渣的稳定化/固化处理研究[D]. 武汉: 武汉理工大学, 2007.

王光远. 铅锌尾矿库重金属污染微生物原位修复[D]. 北京: 北京有色金属研究总院, 2016.

王萍, 王世亮, 刘少卿, 等. 砷的发生、形态、污染源及地球化学循环[J]. 环境科学与技术, 2010, (7): 90-97.

王强, 阎培渝. 大掺量钢渣复合胶凝材料早期水化性能和浆体结构[J]. 硅酸盐学报, 2008, (10): 1406-1410, 1416.

王强. 钢渣的胶凝性能及在复合胶凝材料水化硬化过程中的作用[D]. 北京: 清华大学, 2010.

王玉吉, 叶贡欣. 氧气转炉钢渣主要矿物相及其胶凝性能的研究[J]. 硅酸盐学报, 1981, (3): 302-308, 377.

王志楼, 谢学辉, 王慧萍, 等. 典型铜尾矿库周边土壤重金属复合污染特征[J]. 生态环境学报, 2010, (1): 113-117.

韦明, 朱文涛. 车河选矿厂微细粒级铅锑锌回收技术研究与工业应用[J]. 广东化工, 2014, (16): 69-70.

吴达华, 吴永革, 林蓉. 高炉水淬矿渣结构特性及水化机[J]. 石油钻探技术, 1997, (1): 33-35.

吴蓬, 吕宪俊, 胡术刚, 等. 粒化高炉矿渣胶凝性能活化研究进展[J]. 金属矿山, 2012, (10): 157-161.

吴月茹, 王维真, 王海兵, 等. 采用新电导率指标分析土壤盐分变化规律[J]. 土壤学报, 2011, (4): 869-873.

肖如林, 吕杰, 申文明, 等. 基于风险系统理论的尾矿库环境风险评估模型研究[J]. 安全与环境工程, 2016, 23(6): 81-86.

肖唐付, 洪冰, 杨中华, 等. 砷的水地球化学及其环境效应[J]. 地质科技情报, 2001, (1): 71-76.

解飞翔, 徐志远, 刘春英. 膏体充填特点及其现状分析[J]. 中小企业管理与科技(上旬刊), 2009, (8): 296.

徐彬, 蒲心诚. 矿渣玻璃体微观分相结构研究[J]. 重庆建筑大学学报, 1997, (4): 53-60.

徐彬. 固态碱组分碱矿渣水泥的研制及其水化机理和性能研究[D]. 北京: 中国建筑材料科学研究所, 2003.

徐沛斌, 雷良奇, 莫斌吉, 等. 砷的地球化学习性及尾矿源砷污染防治[J]. 金属矿山, 2012, (9): 158-161.

徐玉霞, 薛雷, 汪庆华, 等. 关中西部某铅锌冶炼区周边土壤重金属污染特征与生态风险评价[J]. 环境保护科学, 2014, (2): 110-114.

徐争启, 倪师军, 庹先国, 等. 潜在生态危害指数法评价中重金属毒性系数计算[J]. 环境科学与技术, 2008, (2): 112-115.

徐中慧. 矿业废渣的环境毒性及其电动去除技术研究[D]. 重庆: 重庆大学, 2010.

许依山, 卢平. 脱硫石膏资源化综合利用途径及未来发展[J]. 中国水泥, 2016, (5): 87-89.

薛志刚, 任瑞晨, 李彩霞, 等. 基于 Origin7.5 的某钒矿 XRD 谱线峰的绘制与分析[C]. 忻州: 2008 年全国金属矿山采矿专题、选矿专题学术研讨与技术交流会, 2008.

杨培月. 乙硫氮的降解特性及其重金属络合物的稳定性研究[D]. 沈阳: 东北大学, 2014.

姚燕, 王昕, 颜碧兰, 等. 水泥水化产物结构及其对重金属离子固化研究进展[J]. 硅酸盐通报, 2012, (5): 1138-1144.

姚中亮. 全尾砂结构流体胶结充填的理论与实践[J]. 矿业研究与开发, 2006, (S1): 15-18.

张超兰, 李忠义, 邓超冰, 等. 铅锌矿区农田土壤重金属的统计分析及空间分布研究[J]. 上海环境科学, 2009, (6): 253-257.

张朝阳, 彭平安, 宋建中, 等. 改进 BCR 法分析国家土壤标准物质中重金属化学形态[J]. 生态环境学报, 2012, (11): 1881-1884.

张军英, 杨廷华, 邓永怀, 等. 尾矿库环境风险评价方法研究 [J]. 甘肃冶金, 2010, 32(6): 113-117.

张乃明. 环境土壤学[M]. 北京: 中国农业大学出版社, 2013.

张西玲, 姚爱玲. 矿渣的活性激发技术及机理的研究进展[J]. 萍乡高等专科学校学报, 2007, (3): 12-16.

张雄, 鲁辉, 张永娟, 等. 矿渣活性激发方式的研究进展[J]. 西安建筑科技大学学报(自然科学版), 2011, (3): 379-384.

赵凯华, 罗蔚茵. 新概念物理教程: 力学[M]. 北京: 高等教育出版社, 1995.

赵祥伟, 骆永明, 滕应, 等. 重金属复合污染农田土壤的微生物群落遗传多样性研究[J]. 环境科学学报, 2005, (2): 186-191.

周连碧. 铜尾矿废弃地重金属污染特征与生态修复研究[D]. 北京: 中国矿业大学, 2012.

周艳, 陈樯, 邓绍坡, 等. 西南某铅锌矿区农田土壤重金属空间主成分分析及生态风险评价[J]. 环境科学, 2018, (6): 1-20.

朱宏伟, 夏举佩, 周新涛, 等. 矿渣基胶凝材料固化硫砷渣的研究[J]. 硅酸盐通报, 2014, (4): 874-879.

Abdelatey L M, Khalil W K B, Ali T, et al. Heavy metal resistance and gene expression analysis of metal resistance genes in gram-positive and gram-negative bacteria present in Egyptian soils[J]. Journal of Applied Sciences in Environmental Sanitation, 2011, 6(2): 201-211.

Atanassova D, Stefanova V, Russeva E. Co-precipitative pre-concentration with sodium diethyldithio-carbamate and ICP-AES determination of Se, Cu, Pb, Zn, Fe, Co, Ni, Mn, Cr and Cd in water[J]. Talanta, 1998, 47(5): 1237-1243.

Azarbad H, Niklińska M, van Gestel C A, et al. Microbial community structure and functioning along metal pollution gradients[J]. Environmental Toxicology & Chemistry, 2013, 32(9): 1992-2002.

Bi X, Zhang F, Shi J, et al. Climatic Change Characteristics of Hechi city in the last 56 years[J]. South-to-North Water Transfers and Water Science & Technology, 2016, 14(2): 105-110.

Bruins M R, Kapil S, Oehme F W. Microbial resistance to metals in the environment[J]. Ecotoxicology & Environmental Safety, 2000, 45(3): 198-207.

Bruus Pedersen M, van Gestel C A M. Toxicity of copper to the collembolan *Folsomia fimetaria* in relation to the age of soil contamination[J]. Ecotoxicology and Environmental Safety, 2001, 49(1): 54-59.

Cao Q Q, Wang H, Chen X C, et al. Composition and distribution of microbial communities in natural river wetlands and corresponding constructed wetlands[J]. Ecological Engineering, 2017, 98: 40-48.

Cao X D, Wahbi A, Ma L, et al. Immobilization of Zn, Cu, and Pb in contaminated soils using phosphate rock and phosphoric acid[J]. Journal of Hazardous Materials, 2009, 164: 555-564.

Capra E J, Laub M T. Evolution of two-component signal transduction systems[J]. Annual Review of Microbiology, 2012, 66(1): 325-347.

Chae Y, Cui R, Kim S W, et al. Exoenzyme activity in contaminated soils before and after soil washing: β-glucosidase activity as a biological indicator of soil health[J]. Ecotoxicology & Environmental Safety, 2017, 135: 368-374.

Chakraborty A, Sengupta A, Bhadu M K, et al. Efficient removal of arsenic (V) from water using steel-making slag[J]. Water Environment Research A Research Publication of the Water Environment Federation, 2014, 86(6): 524-531.

Chen H L, Yao J, Wang F. Soil microbial and enzyme properties as affected by long-term exposure to phthalate esters[J]. Advanced Materials Research, 2013, 726-731: 3653-3656.

Chen H L, Zhuang R S, Yao J, et al. Short-term effect of aniline on soil microbial activity: a combined study by isothermal microcalorimetry, glucose analysis, and enzyme assay techniques[J]. Environmental Science and Pollution Research, 2014, 21(1): 674-683.

Chen J, Dick R, Lin J G, et al. Current advances in molecular methods for detection of nitrite-dependent anaerobic methane oxidizing bacteria in natural environments[J]. Applied Microbiology & Biotechnology, 2016, 100(23): 9845-9860.

Chen L, Li J, Chen Y, et al. Shifts in microbial community composition and function in the acidification of a lead/zinc mine tailings[J]. Environmental Microbiology, 2013, 15(9): 2431-2444.

Chen S H, Gong W Q, Mei G J, et al. Primary biodegradation of sulfide mineral flotation collectors[J]. Minerals Engineering, 2011, 24(8): 953-955.

Chen S, Gong W, Mei G, et al. Anaerobic biodegradation of ethylthionocarbamate by the mixed bacteria under various electron acceptor conditions[J]. Bioresource Technology, 2011, 102(22): 10772-10775.

Chen S, Gong W, Mei G, et al. Integrated assessment for aerobic biodegradability of sulfide mineral flotation collectors[J]. Desalination & Water Treatment, 2013, 51(16-18): 3125-3132.

Chen Z, Pan X, Chen H, et al. Biomineralization of Pb(II) into Pb-hydroxyapatite induced by *Bacillus cereus* 12-2 isolated from lead-zinc mine tailings[J]. Journal of Hazardous Materials, 2016, 301: 531-537.

Clark D A, Norris P R. *Acidimicrobium ferrooxidans* gen. nov., sp. nov.: mixed-culture ferrous iron oxidation with *Sulfobacillus* species[J]. Microbiology, 1996, 142(4): 785-790.

Claypool B M, Yoder S C, Citron D M, et al. Mobilization and prevalence of a fusobacterial plasmid[J]. Plasmid, 2010, 63(1): 11-19.

Davidson C M, Wilson L E, Ure A M. Effect of sample preparation on the operational speciation of cadmium and lead in a freshwater sediment[J]. Fresenius Journal of Analytical Chemistry, 1999, 363(1): 134-136.

Deng C, Wang S, Li F. Research on soil multi-media environmental pollution around a Pb-Zn mining and smelting plant in the karst area of Guangxi Zhuang Autonomous Region, Southwest China[J]. Acta Geochimica, 2009, 28(2): 188-197.

Deutscher J, Francke C, Postma P W. How phosphotransferase system-related protein phosphorylation regulates carbohydrate metabolism in bacteria[J]. Microbiology and Molecular Biology Reviews, 2006, 70(4): 939-1031.

Dhakar S, Ali N, Chauhan R S, et al. Potentiality of Acidithiobacillus thiooxidans in microbial solubilization of phosphate mine tailings[J]. Journal of Degraded and Mining Lands Management, 2015, 3(2): 355-360.

Du Z, Jin Y, Du Z, et al. Comparative transcriptome and potential antiviral signaling pathways analysis of the gills in the red swamp crayfish, Procambarus clarkii infected with White Spot Syndrome Virus (WSSV)[J]. Genetics and Molecular Biology, 2017, 40(1): 168-180.

Dudka S, Cadriano D. Environmental impacts of metal ore mining and processing: a review[J]. Journal of Environmental Quality, 1997, 26(3): 590-602.

Dyksma S, Bischof K, Fuchs B M, et al. Ubiquitous *Gammaproteobacteria* dominate dark carbon fixation in coastal sediments[J]. Isme Journal, 2016, 10(8): 1939-1953.

Erkelens M, Adetutu E M, Taha M, et al. Sustainable remediation—the application of bioremediated soil for use in the degradation of TNT chips[J]. Journal of Environmental Management, 2012, 110(18): 69-76.

Erkelens M, Ball A S, Lewis D M. The influences of the recycle process on the bacterial community in a pilot scale microalgae raceway pond[J]. Bioresource Technology, 2014, 157(4): 364-367.

Fan M, Lin Y, Huo H, et al. Microbial communities in riparian soils of a settling pond for mine drainage treatment[J]. Water Research, 2016, 96: 198-207.

Fernández-Ondoño E, Bacchetta G, Lallena A M, et al. Use of BCR sequential extraction procedures for soils and plant metal transfer predictions in contaminated mine tailings in Sardinia[J]. Journal of Geochemical Exploration, 2017, 172: 133-141.

Gao M, Jia R, Qiu T, et al. Size-related bacterial diversity and tetracycline resistance gene abundance in the air of concentrated poultry feeding operations[J]. Environmental Pollution, 2016, 200(PtB): 1342-1348.

Govarthanan M, Lee K J, Cho M, et al. Significance of autochthonous *Bacillus* sp. KK1 on biomineralization of lead in mine tailings[J]. Chemosphere, 2013, 90(8): 2267-2272.

Grettenberger C L, Pearce A R, Bibby K J, et al. Efficient low-pH iron removal by a microbial iron oxide mound ecosystem at scalp level run[J]. Applied & Environmental Microbiology, 2017, 83(7): 15-17.

Guo Z W, Yao J, Wang F, et al. Effect of three typical sulfide mineral flotation collectors on soil microbial activity[J]. Environmental Science and Pollution Research, 2016, 23(8): 7425-7436.

Hafsteinsdottir E G, Camenzuli D, Rocavert A L, et al. Chemical immobilization of metals and metalloids by phosphates[J]. Applied Geochemistry, 2015, 59: 47-62.

Hakanson L. An ecological risk index for aquatic pollution control: a sedimentological approach[J]. Water Research, 1980, 14(8): 975-1001.

Hallberg K B, Hedrich S, Johnson D B. *Acidiferrobacter thiooxydans*, gen. nov. sp. nov.; an acidophilic, thermo-tolerant, facultatively anaerobic iron- and sulfur-oxidizer of the family *Ectothiorhodospiraceae*[J]. Extremophiles Life Under Extreme Conditions, 2011, 15(2): 271.

Hammi I, Delalande F, Belkhou R, et al. Maltaricin CPN, a new class IIa bacteriocin produced by *Carnobacterium maltaromaticum* CPN isolated from mold ripened cheese[J]. Journal of Applied Microbiology, 2016, 121(5): 1268-1274.

Hashimoto Y, Yamaguchi N, Takaoka M, et al. EXAFS speciation and phytoavailability of Pb in a contaminated soil amended with compost and gypsum[J]. Science of the Total Environment, 2011, 409(5): 1001-1007.

He Z, Long X, Li L, et al. Temperature response of sulfide/ferrous oxidation and microbial community in anoxic sediments treated with calcium nitrate addition[J]. Journal of Environmental Management, 2017, 191: 209-218.

Ho J, Adeolu M, Khadka B, et al. Identification of distinctive molecular traits that are characteristic of the phylum "Deinococcus-Thermus" and distinguish its main constituent groups [J]. Systematic & Applied Microbiology, 2016, 39 (7): 453-463.

Hong C O, Chung D Y, Lee D K, et al. Comparison of phosphate materials for immobilizing cadmium in soil [J]. Archives of Environmental Contamination and Toxicology, 2010, 58 (2): 268-274.

Hong C, Si Y, Xing Y, et al. Illumina MiSeq sequencing investigation on the contrasting soil bacterial community structures in different iron mining areas [J]. Environmental Science and Pollution Research, 2015, 22 (14): 10788-10799.

Hovasse A, Bruneel O, Casiot C, et al. Spatio-temporal detection of the *Thiomonas* population and the *Thiomonas* arsenite oxidase involved in natural arsenite attenuation processes in the carnoulès acid mine drainage [J]. Frontiers in Cell & Developmental Biology, 2016, (14): 1221.

Huang C, Zhao Y, Li Z, et al. Enhanced elementary sulfur recovery with sequential sulfate-reducing, denitrifying sulfide-oxidizing processes in a cylindrical-type anaerobic baffled reactor [J]. Bioresource Technology, 2015, 192: 478-485.

Hur M, Kim Y, Song H R, et al. Effect of genetically modified poplars on soil microbial communities during the phytoremediation of waste mine tailings [J]. Applied & Environmental Microbiology, 2011, 77 (21): 7611-7619.

Huy H, Jin L, Lee Y, et al. *Arenimonas daechungensis* sp nov. , isolated from the sediment of a eutrophic reservoir [J]. International Journal of Systematic and Evolutionary Microbiology, 2013, 63 (2): 484-489.

Igalavithana A D, Lee S E, Lee Y H, et al. Heavy metal immobilization and microbial community abundance by vegetable waste and pine cone biochar of agricultural soils [J]. Chemosphere, 2017, 174: 593-603.

Ito T, Sugita K, Yumoto I, et al. *Thiovirga sulfuroxydans* gen. nov., sp. nov., a chemolithoautotrophic sulfur-oxidizing bacterium isolated from a microaerobic waste-water biofilm [J]. International Journal of Systematic & Evolutionary Microbiology, 2005, 55 (Pt 3): 1059.

Jeong H I, Jin H M, Jeon C O. *Arenimonas aestuarii* sp nov. , isolated from estuary sediment [J]. International Journal of Systematic and Evolutionary Microbiology, 2016, 66 (3): 1527-1532.

Jiang X, Zhe W, Zhang Y, et al. The mutual influence of speciation and combination of Cu and Pb on the photodegradation of dimethyl o -phthalate [J]. Chemosphere, 2016, 165: 80-86.

Jiménez-Rodríguez A M, Durán-Barrantes M M, Borja R, et al. Heavy metals removal from acid mine drainage water using biogenic hydrogen sulphide and effluent from anaerobic treatment: effect of pH [J]. Journal of Hazardous Materials, 2009, 165 (1-3): 759-765.

Jin Z J, Li Z Y, Li Q, et al. Canonical correspondence analysis of soil heavy metal pollution, microflora and enzyme activities in the Pb-Zn mine tailing dam collapse area of Sidi village, SW China [J]. Environmental Earth Sciences, 2014, 73 (1): 267-274.

Kai T, Suenaga Y, Migita A, et al. Kinetic model for simultaneous leaching of zinc sulfide and manganese dioxide in the presence of iron-oxidizing bacteria [J]. Chemical Engineering Science, 2000, 55 (17): 3429-3436.

Kanehisa M, Goto S, Hattori M, et al. From genomics to chemical genomics: new developments in KEGG [J]. Nucleic Acids Research, 2006, 34 (Database issue): 354-357.

Kelly J M, Henderson G S. Effects of nitrogen and phosphorus additions on deciduous litter decomposition [J]. Soil Science Society of America Journal, 1978, 42 (6): 972-976.

Kim S U, Owens V N, Kim Y G, et al. Effect of phosphate addition on cadmium precipitation and adsorption in contaminated arable soil with a low concentration of cadmium [J]. Bulletin of Environmental Contamination and Toxicology, 2015, 95 (5): 675-679.

Kojima H, Fukui M. *Sulfuritalea hydrogenivorans* gen. nov., sp. nov., afacultative autotroph isolated from a freshwater lake[J]. International Journal of Systematic and Evolutionary Microbiology, 2011, 61(7): 1651-1655.

Kojima H, Shinohara A, Fukui M. *Sulfurifustis variabilis* gen. nov., sp. nov., a novel sulfur oxidizer isolated from a lake, and proposal of *Acidiferrobacteraceae* fam. nov. and *Acidiferrobacterales* ord. nov. [J]. International Journal of Systematic & Evolutionary Microbiology, 2015, 65(10): 3709.

Lee S H, Cho J C. Group-specific PCR primers for the phylum *Acidobacteria* designed based on the comparative analysis of 16S rRNA gene sequences[J]. Journal of Microbiological Methods, 2011, 86(2): 195.

Lee S S, Lim J E, Elazeem S A M A, et al. Heavy metal immobilization in soil near abandoned mines using eggshell waste and rapeseed residue[J]. Environmental Science and Pollution Research, 2012, 20(3): 1719-1726.

Li N H, Feng Z T, Yong S S, et al. Biodiversity, abundance, and activity of nitrogen-fixing bacteria during primary succession on a copper mine tailings[J]. FEMS Microbiology Ecology, 2011, 78(3): 439-450.

Li P Z, Lin C Y, Cheng H G, et al. Contamination and health risks of soil heavy metals around a lead/zinc smelter in southwestern China[J]. Ecotoxicology and Environmental Safety, 2015, 113: 391-399.

Li Q, Zhou J L, Chen B, et al. Toxic metal contamination and distribution in soils and plants of a typical metallurgical industrial area in southwest of China[J]. Environmental Earth Sciences, 2014, 72(6): 2101-2109.

Li X, Bond P L, Nostrand J D V, et al. From lithotroph- to organotroph-dominant: directional shift of microbial community in sulphidic tailings during phytostabilization[J]. Scientific Reports, 2015a, 5: 12978.

Li X, Huang L, Bond P L, et al. Bacterial diversity in response to direct revegetation in the Pb-Zn-Cu tailings under subtropical and semi-arid conditions[J]. Ecological Engineering, 2014, 68(7): 233-240.

Li X, You F, Bond P L, et al. Establishing microbial diversity and functions in weathered and neutral Cu-Pb-Zn tailings with native soil addition[J]. Geoderma, 2015b, 247-248: 108-116.

Li X, Zhu Y G, Shaban B, et al. Assessing the genetic diversity of Cu resistance in mine tailings through high-throughput recovery of full-length *copA* genes[J]. Scientific Reports, 2015c, 5: 1-11.

Liang T W, Chen W T, Lin Z H, et al. An amphiprotic novel chitosanase from *Bacillus mycoides* and its application in the production of chitooligomers with their antioxidant and anti-inflammatory evaluation[J]. Molecular Breeding, 2003, 11(4): 287-293.

Liang Y, Wang X C, Cao X D, et al. Immobilization of Pb, Cu, and Zn in a multi-metal contaminated soil amended with triple superphosphate fertilizer and phosphate rock tailing[J]. Advanced Materials Research, 2012: 1716-1718.

Lin W, Sun S, Xu P, et al. Evaluating the primary and ready biodegradability of dianilinodithiophosphoric acid[J]. Environmental Monitoring & Assessment, 2016, 188(4): 1-7.

Lin X C, Jin T L, Chen Y T, et al. Shifts in microbial community composition and function in the acidification of a lead/zinc mine tailings[J]. Environmental Microbiology, 2013, 15(9): 2431-2444.

Liu C, Wang K, Jiang J H, et al. A novel bioflocculant produced by a salt-tolerant, alkaliphilic and biofilm-forming strain *Bacillus agaradhaerens* C9 and its application in harvesting *Chlorella minutissima* UTEX2341[J]. Biochemical Engineering Journal, 2015, 93: 166-172.

Liu J H, Zhang M L, Zhang R Y, et al. Comparative studies of the composition of bacterial microbiota associated with the ruminal content, ruminal epithelium and in the faeces of lactating dairy cows[J]. Microbial Biotechnology, 2016, 9(2): 257-268.

Liu J, Hua Z S, Chen L X, et al. Correlating microbial diversity patterns with geochemistry in an extreme and heterogeneous environment of mine tailings[J]. Applied and Environmental Microbiology, 2014, 80(12): 3677-3686.

Liu L, Hao Q, Hao Z, et al. Current status of the com-prehensive utilization of metallic mine tailings in China[J]. Geology and Exploration, 2013, 49(3): 437-443.

Liu Z, Huang S, Sun G, et al. Phylogenetic diversity, composition and distribution of bacterioplankton community in the Dongjiang River, China[J]. FEMS Microbiology Ecology, 2012, 80(1): 30-44.

Lombardi A T, Garcia Jr. O. Biological leaching of Mn, Al, Zn, Cu and Ti in an anaerobic sewage sludge effectuated by *Thiobacillus ferrooxidans* and its effect on metal partitioning[J]. Water Research, 2002, 36(13): 3193-3202.

Lu K, Yang X, Gielen G, et al. Effect of bamboo and rice straw biochars on the mobility and redistribution of heavy metals (Cd, Cu, Pb and Zn) in contaminated soil[J]. Journal of Environmental Management, 2017, 186: 285-292.

Ma K, Hu G, Pan L, et al. Highly efficient production of optically pure L-lactic acid from corn stover hydrolysate by thermophilic *Bacillus coagulans*[J]. Bioresource Technology, 2016, 219: 114-122.

Makk J, Homonnay Z G, Keki Z, et al. *Arenimonas subflava* sp nov. , isolated from a drinking water network, and emended description of the genus *Arenimonas*[J]. International Journal of Systematic and Evolutionary Microbiology, 2015, 65(6): 1915-1921.

Mcgrath T J, Morrison P D, Ball A S, et al. Selective pressurized liquid extraction of novel and legacy brominated flame retardants from soil[J]. Journal of Chromatography A, 2016, 1458: 118-125.

Mehrotra A, Sreekrishnan T R. Heavy metal bioleaching and sludge stabilization in a single-stage reactor using indigenous acidophilic heterotrophs[J]. Environmental Technology, 2017, 38(21): 2709-2724.

Mejias Carpio I E, Franco D C, Zanoli Sato M I, et al. Biostimulation of metal-resistant microbial consortium to remove zinc from contaminated environments[J]. Science of the Total Environment, 2016, 550: 670-675.

Mendez-Garcia C, Pelaez A I, Mesa V, et al. Microbial diversity and metabolic networks in acid mine drainage habitats[J]. Frontiers in Microbiology, 2015, 6(UNSP 475).

Mignardi S, Corami A, Ferrini V. Evaluation of the effectiveness of phosphate treatment for the remediation of mine waste soils contaminated with Cd, Cu, Pb, and Zn[J]. Chemosphere, 2012, 86(4): 354-360.

Muller G. Index of geoaccumulation in sediments of the Rhine River[J]. Geo Journal, 1969, 108(2): 108-118.

Nakasone K, Ikegami A, Kato C, et al. Mechanisms of gene expression controlled by pressure in deep-sea microorganisms[J]. Extremophiles, 1998, 2(3): 149-154.

Natarajan K A. Use of bioflocculants for mining environmental control[J]. Transactions of the Indian Institute of Metals, 2016, 70(2): 1-7.

Nelson K N, Neilson J W, Root R A, et al. Abundance and activity of 16S rRNA, amoA and *nifH* bacterial genes during assisted phytostabilization of mine tailings[J]. International Journal of Phytoremediation, 2015, 17(5): 493-502.

Niemeyer J C, Lolata G B, Gmd C, et al. Microbial indicators of soil health as tools for ecological risk assessment of a metal contaminated site in Brazil[J]. Applied Soil Ecology, 2012, 59(4): 96-105.

Ning D, Liang Y, Song A, et al. *In situ* stabilization of heavy metals in multiple-metal contaminated paddy soil using different steel slag-based silicon fertilizer[J]. Environmental Science and Pollution Research, 2016, 23(23): 23638-23647.

Niu F, He J, Zhang G, et al. Effects of enhanced UV-B radiation on the diversity and activity of soil microorganism of alpine meadow ecosystem in Qinghai-Tibet Plateau[J]. Ecotoxicology, 2014, 23(10):

1833-1841.

Nunezregueira L, Rodriguezanon J A, Proupincastineiras J, et al. Microcalorimetric study of changes in the microbial activity in a humic Cambisol after reforestation with eucalyptus in Galicia (NW Spain)[J]. Soil Biology & Biochemistry, 2006, 38(1): 115-124.

Okkenhaug G, Grasshorn Gebhardt K, Amstaetter K, et al. Antimony (Sb) and lead (Pb) in contaminated shooting range soils: Sb and Pb mobility and immobilization by iron based sorbents, a field study[J]. Journal of Hazardous Materials, 2016, 307: 336-343.

Osborne L R, Baker L L, Strawn D G. Lead immobilization and phosphorus availability in phosphate-amended, mine-contaminated soils[J]. Journal of Environmental Quality, 2015, 44(1): 183-190.

Pandey B, Agrawal M, Singh S. Ecological risk assessment of soil contamination by trace elements around coal mining area[J]. Journal of Soils and Sediments, 2015, 16(1): 159-168.

Paszkiewicz W, Kozyra I, Bigoraj E, et al. A molecular survey of farmed and edible snails for the presence of human enteric viruses: tracking of the possible environmental sources of microbial mollusc contamination[J]. Food Control, 2016, 69: 368-372.

Peijnenburg W J G M, Jager T. Monitoring approaches to assess bioaccessibility and bioavailability of metals: matrix issues[J]. Ecotoxicology and Environmental Safety, 2003, 56(1): 63-77.

Peng J, Shi-Can L, Ran T. On analysis and strategies for tailing ponds in Guangxi[J]. Shanxi Architecture, 2016, 42(2): 58-60.

Pereira L B, Vicentini R, Ottoboni L M M. changes in the bacterial community of soil from a neutral mine drainage channel[J]. Plos One, 2014, 9(5): e96605.

Perkins R B, Palmer C D. Solubility of $Ca_6[Al(OH)_6]_2(CrO_4)_3 \cdot 26H_2O$, the chromate analog of ettringite at $5\sim75℃$[J]. Applied Geochemistry, 2000, 15(8): 1203-1218.

Porter S, Scheckel K G, Impellitteri C A, et al. Toxic metals in the environment: thermodynamic considerations for possible immobilization strategies for Pb, Cd, As, and Hg[J]. Critical Reviews in Environmental Science and Technology, 2010, 34(6): 495-604.

Quadros P D D, Zhalnina K, Davis-Richardson A G, et al. Coal mining practices reduce the microbial biomass, richness and diversity of soil[J]. Applied Soil Ecology, 2016, 98: 195-203.

Radnagurueva A A, Lavrentieva E V, Budagaeva V G, et al. Organotrophic bacteria of the Baikal Rift Zone hot springs[J]. Microbiology, 2016, 85(3): 367-378.

Ramos Arroyo Y R, Siebe C. Weathering of sulphide minerals and trace element speciation in tailings of various ages in the Guanajuato mining district, Mexico[J]. Catena, 2007, 71(3): 497-506.

Renella G, Ortigoza A, Landi L, et al. Additive effects of copper and zinc on cadmium toxicity on phosphatase activities and ATP content of soil as estimated by the ecological dose (ED_{50})[J]. Soil Biology & Biochemistry, 2003, 35(9): 1203-1210.

Rodríguez L, Ruiz E, Alonso-Azcárate J, et al. Heavy metal distribution and chemical speciation in tailings and soils around a Pb-Zn mine in Spain[J]. Journal of Environmental Management, 2009, 90(2): 1106-1116.

Ryan M P, Adley C C. *Sphingomonas paucimobilis*: a persistent Gram-negative nosocomial infectious organism[J]. Journal of Hospital Infection, 2010, 75(3): 153-157.

Salanoubat M, Genin S, Artiguenave F, et al. Genome sequence of the plant pathogen *Ralstonia solanacearum*[J]. Nature, 2002, 415(6871): 497-502.

Sang S L, Lim J E, El-Azeem S A M A, et al. Heavy metal immobilization in soil near abandoned mines using eggshell waste and rapeseed residue[J]. Environmental Science and Pollution Research, 2013, 20(3):

1719-1726.

Sarvaramini A, Larachi F, Hart B. Ethyl xanthate collector interaction with precipitated iron and copper hydroxides—experiments and DFT simulations[J]. Computational Materials Science, 2016, 120: 108-116.

Scheckel K G, Diamond G L, Burgess M F, et al. Amending soils with phosphate as means to mitigate soil lead hazard: a critical review of the state of the science[J]. Journal of Toxicology & Environmental Health Part B Critical Reviews, 2013, 16(6): 337-380.

Singh S, Janardhanaraju N, Nazneen S. Environmental risk of heavy metal pollution and contamination sources using multivariate analysis in the soils of Varanasi environs, India[J]. Environmental Monitoring and Assessment, 2015, 187(6): 1-12.

Skennerton C T, Haroon M F, Briegel A, et al. Phylogenomic analysis of Candidatus 'Izimaplasma' species: free-living representatives from a Tenericutes clade found in methane seeps[J]. ISME Journal, 2016, 10(11): 2679-2692.

Song M. Distribution and assessment of heavy metals in water and sediments of the Pearl River Estuary[D]. Jinan: Jinan University, 2014.

Subrahmanyam G, Shen J P, Liu Y R, et al. Effect of long-term industrial waste effluent pollution on soil enzyme activities and bacterial community composition[J]. Environmental Monitoring and Assessment, 2016, 188(2): 112-124.

Sumei L, Guorui L, Minghui Z, et al. Comparison of the contributions of polychlorinated dibenzo-p-dioxins and dibenzofurans and other unintentionally produced persistent organic pollutants to the total toxic equivalents in air of steel plant areas[J]. Chemosphere, 2015, 126(2): 73-77.

Tangaromsuk J, Pokethitiyook P, Kruatrachue M, et al. Cadmium biosorption by Sphingomonas paucimobilis biomass[J]. Bioresource Technology, 2002, 85(1): 103-105.

Theodorakopoulos N, Bachar D, Christen R, et al. Exploration of Deinococcus-Thermus molecular diversity by novel group-specific PCR primers[J]. MicrobiologyOpen, 2013, 2(5): 862-872.

Thomas C M, Nielsen K M. Mechanisms of, and barriers to, horizontal gene transfer between bacteria[J]. Nature Reviews Microbiology, 2005, 3(9): 711-721.

Tiodjio R E, Sakatoku A, Issa, et al. Vertical distribution of Bacteria and Archaea in a CO_2-rich meromictic lake: a case study of Lake Monoun[J]. Limnologica-Ecology and Management of Inland Waters, 2016, 60: 6-19.

Uchida R, Silva F. Alicyclobacillus acidoterrestris spore inactivation by high pressure combined with mild heat: modeling the effects of temperature and soluble solids[J]. Food Control, 2017, 73(B): 426-432.

Valdés F, Camiloti P R, Rodriguez R P, et al. Sulfide-oxidizing bacteria establishment in an innovative microaerobic reactor with an internal silicone membrane for sulfur recovery from wastewater[J]. Biodegradation, 2016, 27(2): 119-130.

Wah C K, Chow K L. Synergistic toxicity of multiple heavy metals is revealed by a biological assay using a nematode and its transgenic derivative[J]. Aquatic Toxicology, 2002, 61(1-2): 53-64.

Wan D J, Liu Y D, Wang Y Y, et al. Simultaneous bio-autotrophic reduction of perchlorate and nitrate in a sulfur packed bed reactor: Kinetics and bacterial community structure[J]. Water Research, 2017, 108: 280-292.

Wang H, Fang L, Wen Q, et al. Application of β-glucuronidase (GusA) as an effective reporter for extremely acidophilic Acidithiobacillus ferrooxidans[J]. Microbiology and Biotechnology, 2017, 101(8): 3283-3294.

Wang Y, Yi L, Wang S, et al. Crystal structure and identification of two key amino acids involved in AI-2 production and biofilm formation in *Streptococcus suis* LuxS[J]. Plos One, 2015, 10(10): e0138826.

Wen J, Mclaughlin M J, Stacey S P. Effects of modified zeolite on the removal and stabilization of heavy metals in contaminated lake sediment using BCR sequential extraction[J]. Environmental Science and Pollution Research, 2016, 178: 63-69.

Wheaton G H. Extreme thermoacidophiles as biocatalysts for metal recovery: a delicate balance between biooxidation and metal resistance[D]. NC State University, 2016.

Wu W C, Wu J H, Liu X W, et al. Inorganic phosphorus fertilizer ameliorates maize growth by reducing metal uptake, improving soil enzyme activity and microbial community structure[J]. Ecotoxicology & Environmental Safety, 2017, 143: 322-329.

Wu W, Huang H, Ling Z, et al. Genome sequencing reveals mechanisms for heavy metal resistance and polycyclic aromatic hydrocarbon degradation in *Delftia lacustris* strain LZ-C[J]. Ecotoxicology, 2016, 25(1): 234-247.

Wu Y, Peng X, Hu X. Vertical distribution of heavy metal in soil of abandoned vehicles dismantling area[J]. Asian Journal of Chemistry, 2013, 25(15): 8423-8426.

Xiao E, Krumins V, Dong Y, et al. Microbial diversity and community structure in an antimony-rich tailings dump[J]. Applied Microbiology and Biotechnology, 2016, 100(17): 1-13, 7751-7763.

Xie P, Hao X, Herzberg M, et al. Genomic analyses of metal resistance genes in three plant growth promoting bacteria of legume plants in Northwest mine tailings, China[J]. Journal of Environmental Science, 2015, 27(1): 179-187.

Xie X, Fan F, Yuan X, et al. Impact on microbial diversity of heavy metal pollution in soils near Dexing copper mine tailings [J]. Microbiology China, 2012, 39(5): 624-637.

Xu S, Wang D, Zhang P, et al. Oral administration of *Lactococcus lactis*-expressed recombinant porcine epidermal growth factor (rpEGF) stimulates the development and promotes the health of small intestines in early-weaned piglets[J]. Journal of Applied Microbiology, 2015, 119(1): 225-235.

Yan L, Hu H X, Zhang S, et al. Arsenic tolerance and bioleaching from realgar based on response surface methodology by *Acidithiobacillus ferrooxidans* isolated from Wudalianchi volcanic lake, northeast China[J]. Electronic Journal of Biotechnology, 2016, 25: 50-57.

Yang J, Pan X, Zhao C, et al. Bioimmobilization of heavy metals in acidic copper mine tailings soil[J]. Geomicrobiology Journal, 2016, 33(3-4): 261-266.

Yang L, Zhao Y H, Zhang B X, et al. Isolation and characterization of a chlorpyrifos and 3, 5, 6-trichloro-2-pyridinol degrading bacterium[J]. FEMS Microbiology Letters, 2005, 251(1): 67-73.

Yi R, Cai D, Zhang Y, et al. Evaluation of biomonitoring methods using benthicbiatoms in Longjiang River, China[J]. Chinese Journal of Environmental Engineering, 2016, 10(6): 3345-3353.

Yin W Z, Wang J Z, Sun Z M. Structure-activity relationship and mechanisms of reagents used in scheelite flotation[J]. Rare Metals, 2015, 34(12): 882-887.

Yu D, Yang J, Teng F, et al. Bioaugmentation treatment of mature landfill leachate by new isolated ammonia nitrogen and humic acid resistant microorganism[J]. Journal of Microbiology & Biotechnology, 2014, 24(7): 987-997.

Yu X, Li Y, Zhang C, et al. Culturable heavy metal-resistant and plant growth promoting bacteria in V-Ti magnetite mine tailing soil from Panzhihua, China[J]. Plos One, 2013, 9(9): e106618.

Yuan X, Nogi Y, Tan X, et al. *Arenimonas maotaiensis* sp. nova, isolated from fresh water[J]. International Journal of Systematic and Evolutionary Microbiology, 2014, 64(12): 3994-4000.

Yuan Z M, Liu H J, Han J, et al. Monitoring soil microbial activities in different cropping systems using combined methods[J]. Pedosphere, 2017, 27(1): 138-146.

Yuan Z M, Zhao Y, Guo Z W, et al. Chemical and ecotoxicological assessment of multiple heavy metal-contaminated soil treated by phosphate addition[J]. Water Air & Soil Pollution, 2016, 227(11): 403-412.

Zappelini C, Karimi B, Foulon J, et al. Diversity and complexity of microbial communities from a chlor-alkali tailings dump[J]. Soil Biology & Biochemistry, 2015, 90(6): 101-110.

Zhang F P, Li C F, Tong L G, et al. Response of microbial characteristics to heavy metal pollution of mining soils in central Tibet, China[J]. Applied Soil Ecology, 2010, 45(3): 144-151.

Zhang H, Li M, Li J, et al. A key esterase required for the mineralization of quizalofop-*p*-ethyl by a natural consortium of *Rhodococcus* sp. JT-3 and *Brevundimonas* sp. JT-9[J]. Journal of Hazardous Materials, 2017, 327: 1-10.

Zhang M, Chen J, Zhang J, et al. The effects of RecO deficiency in Lactococcus lactis NZ9000 on resistance to multiple environmental stresses[J]. Journal of the Science of Food and Agriculture, 2014, 94(15): 3125-3133.

Zhang S, Xiao W, Xia Y, et al. *Arenimonas taoyuanensis* sp. nov., a novel bacterium isolated from rice-field soil in China[J]. Antonie Van Leeuwenhoek International Journal of General and Molecular Microbiology, 2015, 107(5): 1181-1187.

Zhang W, Chen L, Zhang R, et al. Effects of decabromodiphenyl ether on lead mobility and microbial toxicity in soil[J]. Chemosphere, 2015, 122: 99-104.

Zhang X, Liu X, Liang Y, et al. Adaptive evolution of extreme acidophile *Sulfobacillus thermosulfidooxidans* potentially driven by horizontal gene transfer and gene loss[J]. Applied and Environmental Microbiology, 2017, 83(7): e03098-16.

Zhang Z, Ren J, Wang M, et al. Competitive immobilization of Pb in an aqueous ternary-metals system by soluble phosphates with varying pH[J]. Chemosphere, 2016, 159: 58.

Zhao Y H, Zhang J, Zhou D, et al. Diversity analysis of arsenic resistance genes in *Acidithiobacillus* genus[J]. Ecology and Environmental Sciences, 2013, 22(7): 1141-1147.

Zhao, Mi D, Chen Y F, et al. Ecological risk assessment and sources of heavy metals in sediment from Daling River basin[J]. Environmental Science and Pollution Research, 2015, 22(8): 5975-5984.

Zhong X M, Yu Y, Lu S F, et al. Evaluation of heavy metal contamination in soils in mining-intensive areas of Nandan, Guangxi[J]. Journal of AAPOS, 2016, 35(9): 1694-1702.

Zornoza R, Acosta J A, Faz A, et al. Microbial growth and community structure in acid mine soils after addition of different amendments for soil reclamation[J]. Geoderma, 2016, 272: 64-72.